中国科学院中国孢子植物志编辑委员会　编辑

中 国 真 菌 志

第七十三卷

篮状菌属及青霉属补遗

王　龙　主编

国家自然科学基金重大项目
中国科学院前沿科学重点研究项目
(国家自然科学基金委员会　中国科学院　资助)

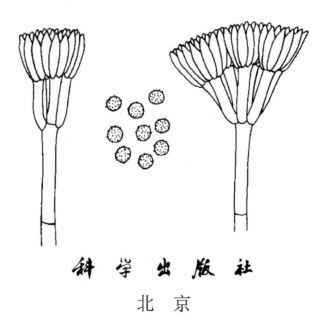

科 学 出 版 社

北 京

内 容 简 介

本卷是对我国篮状菌属物种分类学研究的阶段性总结,描述了在我国发现的该属 7 个组的 92 种,即篮状菌组 51 种、岛篮状菌组 16 种、糙刺孢篮状菌组 16 种、紫篮状菌组 3 种、螺旋篮状菌组 3 种、杆孢篮状菌组 2 种、细梗篮状菌组 1 种,增补了青霉属叉状亚属 16 种,共计 108 种。每个种均记录了汉名、学名、文献引证、种加词词源、模式菌株及其遗传标记的 GenBank 号,并提供了我国物种的形态描述及代表菌株在中国普通微生物菌种保藏管理中心的保藏号、遗传标记的 GenBank 号及菌落照片和显微结构照片。书末附有参考文献、索引和图版。

本卷可供真菌分类学、真菌生态学、环境和资源等领域的工作人员与相关专业大专院校师生及对微生物学感兴趣的读者使用和参考。

图书在版编目 (CIP) 数据

中国真菌志. 第七十三卷,篮状菌属及青霉属补遗 / 王龙主编.
北京:科学出版社,2025.2. — ISBN 978-7-03-080275-0

Ⅰ. Q949.32

中国国家版本馆 CIP 数据核字第 2024BQ8689 号

责任编辑:刘新新 赵小林/责任校对:杨 赛
责任印制:肖 兴/封面设计:刘新新

科 学 出 版 社 出版

北京东黄城根北街 16 号
邮政编码:100717
http://www.sciencep.com
北京建宏印刷有限公司印刷

科学出版社发行 各地新华书店经销

*

2025 年 2 月第 一 版 开本:787×1092 1/16
2025 年 2 月第一次印刷 印张:13 插页:54
字数:470 000

定价:298.00 元
(如有印装质量问题,我社负责调换)

CONSILIO FLORARUM CRYPTOGAMARUM SINICARUM
ACADEMIAE SINICAE EDITA

FLORA FUNGORUM SINICORUM

VOL. 73

TALAROMYCES ET SUPPLEMENTUM SPECIERUM PENICILLIUM

REDACTOR PRINCIPALIS

Wang Long

**A Major Project of the National Natural Science Foundation of China
A Project of the Key Research Program of Frontier Sciences of the
Chinese Academy of Sciences**

(Supported by the National Natural Science Foundation of China and the Chinese
Academy of Sciences)

Science Press
Beijing

篮状菌属及青霉属补遗

本 卷 著 者

王 龙

（中国科学院微生物研究所）

TALAROMYCES ET SUPPLEMENTUM SPECIERUM PENICILLIUM

AUCTORE

Wang Long

(*Institutum Microbiologicum, Academiae Sinicae*)

序

  中国孢子植物志是非维管束孢子植物志，分《中国海藻志》、《中国淡水藻志》、《中国真菌志》、《中国地衣志》及《中国苔藓志》五部分。中国孢子植物志是在系统生物学原理与方法的指导下对中国孢子植物进行考察、收集和分类的研究成果；是生物物种多样性研究的主要内容；是物种保护的重要依据，与人类活动及环境甚至全球变化都有不可分割的联系。

  中国孢子植物志是我国孢子植物物种数量、形态特征、生理生化性状、地理分布及其与人类关系等方面的综合信息库；是我国生物资源开发利用、科学研究与教学的重要参考文献。

  我国气候条件复杂，山河纵横，湖泊星布，海域辽阔，陆生和水生孢子植物资源极其丰富。中国孢子植物分类工作的发展和中国孢子植物志的陆续出版，必将为我国开发利用孢子植物资源和促进学科发展发挥积极作用。

  随着科学技术的进步，我国孢子植物分类工作在广度和深度方面将有更大的发展，这部著作也将不断被补充、修订和提高。

中国科学院中国孢子植物志编辑委员会

1984 年 10 月·北京

中国孢子植物志总序

　　中国孢子植物志是由《中国海藻志》、《中国淡水藻志》、《中国真菌志》、《中国地衣志》及《中国苔藓志》所组成。至于维管束孢子植物蕨类未被包括在中国孢子植物志之内，是因为它早先已被纳入《中国植物志》计划之内。为了将上述未被纳入《中国植物志》计划之内的藻类、真菌、地衣及苔藓植物纳入中国生物志计划之内，出席1972年中国科学院计划工作会议的孢子植物学工作者提出筹建"中国孢子植物志编辑委员会"的倡议。该倡议经中国科学院领导批准后，"中国孢子植物志编辑委员会"的筹建工作随之启动，并于1973年在广州召开的《中国植物志》、《中国动物志》和中国孢子植物志工作会议上正式成立。自那时起，中国孢子植物志一直在"中国孢子植物志编辑委员会"统一主持下编辑出版。

　　孢子植物在系统演化上虽然并非单一的自然类群，但是，这并不妨碍在全国统一组织和协调下进行孢子植物志的编写和出版。

　　随着科学技术的飞速发展，在人们对真菌知识的了解日益深入的今天，黏菌与卵菌已从真菌界中分出，分别归隶于原生动物界和管毛生物界。但是，长期以来，由于它们一直被当作真菌由国内外真菌学家进行研究，而且，在"中国孢子植物志编辑委员会"成立时已将黏菌与卵菌纳入中国孢子植物志之一的《中国真菌志》计划之内，因此，沿用包括黏菌与卵菌在内的《中国真菌志》广义名称是必要的。

　　自"中国孢子植物志编辑委员会"于1973年成立以后，作为"三志"的组成部分，中国孢子植物志的编研工作由中国科学院资助；自1982年起，国家自然科学基金委员会参与部分资助；自1993年以来，作为国家自然科学基金委员会重大项目，在国家基金委资助下，中国科学院及科技部参与部分资助，中国孢子植物志的编辑出版工作不断取得重要进展。

　　中国孢子植物志是记述我国孢子植物物种的形态、解剖、生态、地理分布及其与人类关系等方面的大型系列著作，是我国孢子植物物种多样性的重要研究成果，是我国孢子植物资源的综合信息库，是我国生物资源开发利用、科学研究与教学的重要参考文献。

　　我国气候条件复杂，山河纵横，湖泊星布，海域辽阔，陆生与水生孢子植物物种多样性极其丰富。中国孢子植物志的陆续出版，必将为我国孢子植物资源的开发利用，为我国孢子植物科学的发展发挥积极作用。

中国科学院中国孢子植物志编辑委员会

主编　曾呈奎

2000年3月　北京

Foreword of the Cryptogamic Flora of China

Cryptogamic Flora of China is composed of *Flora Algarum Marinarum Sinicarum*, *Flora Algarum Sinicarum Aquae Dulcis*, *Flora Fungorum Sinicorum*, *Flora Lichenum Sinicorum*, and *Flora Bryophytorum Sinicorum*, edited and published under the direction of the Editorial Committee of the Cryptogamic Flora of China, Chinese Academy of Sciences (CAS). It also serves as a comprehensive information bank of Chinese cryptogamic resources.

Cryptogams are not a single natural group from a phylogenetic point of view which, however, does not present an obstacle to the editing and publication of the Cryptogamic Flora of China by a coordinated, nationwide organization. The Cryptogamic Flora of China is restricted to non-vascular cryptogams including the bryophytes, algae, fungi, and lichens. The ferns, a group of vascular cryptogams, were earlier included in the plan of *Flora of China*, and are not taken into consideration here. In order to bring the above groups into the plan of Fauna and Flora of China, some leading scientists on cryptogams, who were attending a working meeting of CAS in Beijing in July 1972, proposed to establish the Editorial Committee of the Cryptogamic Flora of China. The proposal was approved later by the CAS. The committee was formally established in the working conference of Fauna and Flora of China, including cryptogams, held by CAS in Guangzhou in March 1973.

Although myxomycetes and oomycetes do not belong to the Kingdom of Fungi in modern treatments, they have long been studied by mycologists. *Flora Fungorum Sinicorum* volumes including myxomycetes and oomycetes have been published, retaining for *Flora Fungorum Sinicorum* the traditional meaning of the term fungi.

Since the establishment of the editorial committee in 1973, compilation of Cryptogamic Flora of China and related studies have been supported financially by the CAS. The National Natural Science Foundation of China has taken an important part of the financial support since 1982. Under the direction of the committee, progress has been made in compilation and study of Cryptogamic Flora of China by organizing and coordinating the main research institutions and universities all over the country. Since 1993, study and compilation of the Chinese fauna, flora, and cryptogamic flora have become one of the key state projects of the National Natural Science Foundation with the combined support of the CAS and the National Science and Technology Ministry.

Cryptogamic Flora of China derives its results from the investigations, collections, and classification of Chinese cryptogams by using theories and methods of systematic and evolutionary biology as its guide. It is the summary of study on species diversity of cryptogams and provides important data for species protection. It is closely connected with human activities, environmental changes and even global changes. Cryptogamic Flora of

China is a comprehensive information bank concerning morphology, anatomy, physiology, biochemistry, ecology, and phytogeographical distribution. It includes a series of special monographs for using the biological resources in China, for scientific research, and for teaching.

China has complicated weather conditions, with a crisscross network of mountains and rivers, lakes of all sizes, and an extensive sea area. China is rich in terrestrial and aquatic cryptogamic resources. The development of taxonomic studies of cryptogams and the publication of Cryptogamic Flora of China in concert will play an active role in exploration and utilization of the cryptogamic resources of China and in promoting the development of cryptogamic studies in China.

C.K. Tseng
Editor-in-Chief
The Editorial Committee of the Cryptogamic Flora of China
Chinese Academy of Sciences
March, 2000 in Beijing

《中国真菌志》序

  《中国真菌志》是在系统生物学原理和方法指导下，对中国真菌，即真菌界的子囊菌、担子菌、壶菌及接合菌四个门以及不属于真菌界的卵菌等三个门和黏菌及其类似的菌类生物进行搜集、考察和研究的成果。本志所谓"真菌"系广义概念，涵盖上述三大菌类生物(地衣型真菌除外)，即当今所称"菌物"。

  中国先民认识并利用真菌作为生活、生产资料，历史悠久，经验丰富，诸如酒、醋、酱、红曲、豆豉、豆腐乳、豆瓣酱等的酿制，蘑菇、木耳、茭白作食用，茯苓、虫草、灵芝等作药用，在制革、纺织、造纸工业中应用真菌进行发酵，以及利用具有抗癌作用和促进碳素循环的真菌，充分显示其经济价值和生态效益。此外，真菌又是多种植物和人畜病害的病原菌，危害甚大。因此，对真菌物种的形态特征、多样性、生理生化、亲缘关系、区系组成、地理分布、生态环境以及经济价值等进行研究和描述，非常必要。这是一项重要的基础科学研究，也是利用益菌、控制害菌、化害为利、变废为宝的应用科学的源泉和先导。

  中国是具有悠久历史的文明古国，古代科学技术一直处于世界前沿，真菌学也不例外。酒是真菌的代谢产物，中国酒文化博大精深、源远流长，有几千年历史。约在公元300年的晋代，江统在其《酒诰》诗中说："酒之所兴，肇自上皇。或云仪狄，一曰杜康。有饭不尽，委余空桑。郁积成味，久蓄气芳。本出于此，不由奇方。"作者精辟地总结了我国酿酒历史和自然发酵方法，比意大利学者雷蒂(Radi, 1860)提出微生物自然发酵法的学说约早1500年。在仰韶文化时期(5000～3000 B. C.)，我国先民已懂得采食蘑菇。中国历代古籍中均有食用菇蕈的记载，如宋代陈仁玉在其《菌谱》(1245)中记述浙江台州产鹅膏菌、松蕈等11种，并对其形态、生态、品级和食用方法等作了论述和分类，是中国第一部地方性食用蕈菌志。先民用真菌作药材也是一大创造，中国最早的药典《神农本草经》(成书于102～200 A. D.)所载365种药物中，有茯苓、雷丸、桑耳等10余种药用真菌的形态、色泽、性味和疗效的叙述。明代李时珍在《本草纲目》(1578)中，记载"三菌"、"五蕈"、"六芝"、"七耳"以及羊肚菜、桑黄、鸡㙡、雪蚕等30多种药用真菌。李时珍将菌、蕈、芝、耳集为一类论述，在当时尚无显微镜帮助的情况下，其认识颇为精深。该籍的真菌学知识，足可代表中国古代真菌学水平，堪与同时代欧洲人(如 C. Clusius，1529～1609)的水平比拟而无逊色。

  15世纪以后，居世界领先地位的中国科学技术逐渐落后。从18世纪中叶到20世纪40年代，外国传教士、旅行家、科学工作者、外交官、军官、教师以及负有特殊任务者，纷纷来华考察，搜集资料，采集标本，研究鉴定，发表论文或专辑。如法国传教士西博特(P.M. Cibot)1759年首先来到中国，一住就是25年，写过不少关于中国植物(含真菌)的文章，1775年他发表的五棱散尾菌(*Lysurus mokusin*)，是用现代科学方法研究发表的第一个中国真菌。继而，俄国的波塔宁(G.N. Potanin，1876)、意大利的吉拉迪(P. Giraldii，1890)、奥地利的汉德尔-马泽蒂(H. Handel-Mazzetti，1913)、美国的梅里尔(E.D. Merrill，1916)、瑞典的史密斯(H. Smith，1921)等共27人次来我国采集标本。研究发表中国真菌论著114篇册，作者多达60余人次，报道中国真菌2040种，其中含

10 新属、361 新种。东邻日本自 1894 年以来，特别是 1937 年以后，大批人员涌到中国，调查真菌资源及植物病害，采集标本，鉴定发表。据初步统计，发表论著 172 篇册，作者 67 人次以上，共报道中国真菌约 6000 种（有重复），其中含 17 新属、1130 新种。其代表人物在华北有三宅市郎（1908），东北有三浦道哉（1918），台湾有泽田兼吉（1912）；此外，还有斋藤贤道、伊藤诚哉、平冢直秀、山本和太郎、逸见武雄等数十人。

国人用现代科学方法研究中国真菌始于 20 世纪初，最初工作多侧重于植物病害和工业发酵，纯真菌学研究较少。在一二十年代便有不少研究报告和学术论文发表在中外各种刊物上，如胡先骕 1915 年的"菌类鉴别法"，章祖纯 1916 年的"北京附近发生最盛之植物病害调查表"以及钱穟孙（1918）、邹钟琳（1919）、戴芳澜（1920）、李寅恭（1921）、朱凤美（1924）、孙豫寿（1925）、俞大绂（1926）、魏喦寿（1928）等的论文。三四十年代有陈鸿康、邓叔群、魏景超、凌立、周宗璜、欧世璜、方心芳、王云章、裘维蕃等发表的论文，为数甚多。他们中有的人终生或大半生都从事中国真菌学的科教工作，如戴芳澜（1893～1973）著"江苏真菌名录"（1927）、"中国真菌杂录"（1932～1939）、《中国已知真菌名录》（1936，1937）、《中国真菌总汇》（1979）和《真菌的形态和分类》（1987）等，他发表的"三角枫上白粉病菌之一新种"（1930），是国人用现代科学方法研究、发表的第一个中国真菌新种。邓叔群（1902～1970）著"南京真菌之记载"（1932～1933）、"中国真菌续志"（1936～1938）、《中国高等真菌》（1939）和《中国的真菌》（1963）等，堪称《中国真菌志》的先导。上述学者以及其他许多真菌学工作者，为《中国真菌志》研编的起步奠定了基础。

在 20 世纪后半叶，特别是改革开放以来的 20 多年，中国真菌学有了迅猛的发展，如各类真菌学课程的开设，各级学位研究生的招收和培养，专业机构和学会的建立，专业刊物的创办和出版，地区真菌志的问世等，使真菌学人才辈出，为《中国真菌志》的研编输送了新鲜血液。1973 年中国科学院广州"三志"会议决定，《中国真菌志》的研编正式启动，1987 年由郑儒永、余永年等编撰的《中国真菌志》第 1 卷《白粉菌目》出版，至 2000 年《中国真菌志》已出版 14 卷。《中国真菌志》自第 2 卷开始实行主编负责制，2.《银耳目和花耳目》（刘波，1992）；3.《多孔菌科》（赵继鼎，1998）；4.《小煤炱目Ⅰ》（胡炎兴，1996）；5.《曲霉属及其相关有性型》（齐祖同，1997）；6.《霜霉目》（余永年，1998）；7.《层腹菌目 黑腹菌目 高腹菌目》（刘波，1998）；8.《核盘菌科 地舌菌科》（庄文颖，1998）；9.《假尾孢属》（刘锡琎、郭英兰，1998）；10.《锈菌目（一）》（王云章、庄剑云，1998）；11.《小煤炱目Ⅱ》（胡炎兴，1999）；12.《黑粉菌科》（郭林，2000）；13.《虫霉目》（李增智，2000）；14.《灵芝科》（赵继鼎、张小青，2000）。盛世出巨著，在国家"科教兴国"英明政策的指引下，《中国真菌志》的研编和出版，定将为中华灿烂文化做出新贡献。

余永年
庄文颖　谨识
中国科学院微生物研究所
中国·北京·中关村
2002 年 9 月 15 日

Foreword of Flora Fungorum Sinicorum

Flora Fungorum Sinicorum summarizes the achievements of Chinese mycologists based on principles and methods of systematic biology in intensive studies on the organisms studied by mycologists, which include non-lichenized fungi of the Kingdom Fungi, some organisms of the Chromista, such as oomycetes etc., and some of the Protozoa, such as slime molds. In this series of volumes, results from extensive collections, field investigations, and taxonomic treatments reveal the fungal diversity of China.

Our Chinese ancestors were very experienced in the application of fungi in their daily life and production. Fungi have long been used in China as food, such as edible mushrooms, including jelly fungi, and the hypertrophic stems of water bamboo infected with *Ustilago esculenta*; as medicines, like *Cordyceps sinensis* (caterpillar fungus), *Poria cocos* (China root), and *Ganoderma* spp. (lingzhi); and in the fermentation industry, for example, manufacturing liquors, vinegar, soy-sauce, *Monascus*, fermented soya beans, fermented bean curd, and thick broad-bean sauce. Fungal fermentation is also applied in the tannery, paperma-king, and textile industries. The anti-cancer compounds produced by fungi and functions of saprophytic fungi in accelerating the carbon-cycle in nature are of economic value and ecological benefits to human beings. On the other hand, fungal pathogens of plants, animals and human cause a huge amount of damage each year. In order to utilize the beneficial fungi and to control the harmful ones, to turn the harmfulness into advantage, and to convert wastes into valuables, it is necessary to understand the morphology, diversity, physiology, biochemistry, relationship, geographical distribution, ecological environment, and economic value of different groups of fungi.

China is a country with an ancient civilization of long standing. In ancient times, her science and technology as well as knowledge of fungi stood in the leading position of the world. Wine is a metabolite of fungi. The Wine Culture history in China goes back to thousands of years ago, which has a distant source and a long stream of extensive knowledge and profound scholarship. In the Jin Dynasty (*ca.* 300 A.D.), JIANG Tong, the famous writer, gave a vivid account of the Chinese fermentation history and methods of wine processing in one of his poems entitled *Drinking Games* (Jiu Gao), 1500 years earlier than the theory of microbial fermentation in natural conditions raised by the Italian scholar, Radi (1860). During the period of the Yangshao Culture (5000—3000 B.C.), our Chinese ancestors knew how to eat mushrooms. There were a great number of records of edible mushrooms in Chinese ancient books. For example, back to the Song Dynasty, CHEN Ren-Yu (1245) published the *Mushroom Menu* (Jun Pu) in which he listed 11 species of edible fungi including *Amanita* sp. and *Tricholoma matsutake* from Taizhou, Zhejiang Province, and described in detail their morphology, habitats, taxonomy, taste, and way of cooking. This was the first local flora of the Chinese edible mushrooms. Fungi used as medicines originated in ancient China. The earliest Chinese pharmacopocia, *Shen-Nong Materia Medica* (Shen Nong Ben Cao Jing), was published in 102—200 A.D. Among the 365 medicines recorded, more than 10 fungi, such as *Poria cocos* and *Polyporus mylittae*, were included. Their fruitbody shape, color, taste, and medical functions were provided. The great pharmacist of Ming Dynasty, LI Shi-Zhen published his eminent work *Compendium Materia Medica* (Ben Cao Gang Mu) (1578) in which more than thirty fungal species were accepted as medicines, including *Aecidium mori*, *Cordyceps sinensis*, *Morchella* spp., *Termitomyces* sp., etc. Before the invention of microscope, he managed to bring fungi of different classes together, which demonstrated his intelligence and profound knowledge of biology.

After the 15th century, development of science and technology in China slowed down. From middle of the 18th century to the 1940's, foreign missionaries, tourists, scientists, diplomats, officers, and other professional workers visited China. They collected specimens of plants and fungi, carried out taxonomic studies, and published papers, exsi ccatae, and monographs based on Chinese materials. The French missionary, P.M. Cibot, came to China in 1759 and stayed for 25 years to investigate plants including fungi in different regions of China. Many papers were written by him. *Lysurus mokusin*, identified with modern techniques and published in 1775, was probably the first Chinese fungal record by these visitors. Subsequently, around 27 man-times of foreigners attended field excursions in China, such as G.N. Potanin from Russia in 1876, P. Giraldii from Italy in 1890, H. Handel-Mazzetti from Austria in 1913, E.D. Merrill from the United States in 1916, and H. Smith from Sweden in 1921. Based on examinations of the Chinese collections obtained, 2040 species including 10 new genera and 361 new species were reported or described in 114 papers and books. Since 1894, especially after 1937, many Japanese entered China. They investigated the fungal resources and plant diseases, collected specimens, and published their identification results. According to incomplete information, some 6000 fungal names (with synonyms) including 17 new genera and 1130 new species appeared in 172 publications. The main workers were I. Miyake (1908) in the Northern China, M. Miura (1918) in the Northeast, K. Sawada (1912) in Taiwan, as well as K. Saito, S. Ito, N. Hiratsuka, W. Yamamoto, T. Hemmi, etc.

Research by Chinese mycologists started at the turn of the 20th century when plant diseases and fungal fermentation were emphasized with very little systematic work. Scientific papers or experimental reports were published in domestic and international journals during the 1910's to 1920's. The best-known are "Identification of the fungi" by H.H. Hu in 1915, "Plant disease report from Peking and the adjacent regions" by C.S. Chang in 1916, and papers by S.S. Chian (1918), C.L. Chou (1919), F.L. Tai (1920), Y.G. Li (1921), V.M. Chu (1924), Y.S. Sun (1925), T.F. Yu (1926), and N.S. Wei (1928). Mycologists who were active at the 1930's to 1940's are H.K. Chen, S.C. Teng, C.T. Wei, L. Ling, C.H. Chow, S.H. Ou, S.F. Fang, Y.C. Wang, W.F. Chiu, and others. Some of them dedicated their lifetime to research and teaching in mycology. Prof. F.L. Tai (1893—1973) is one of them, whose representative works were "List of fungi from Jiangsu"(1927), "Notes on Chinese fungi"(1932—1939), *A List of Fungi Hitherto Known from China* (1936, 1937), *Sylloge Fungorum Sinicorum* (1979), *Morphology and Taxonomy of the Fungi* (1987), etc. His paper entitled "A new species of *Uncinula* on *Acer trifidum* Hook. & Arn." (1930) was the first new species described by a Chinese mycologist. Prof. S.C. Teng (1902—1970) is also an eminent teacher. He published "Notes on fungi from Nanking" in 1932—1933, "Notes on Chinese fungi" in 1936—1938, *A Contribution to Our Knowledge of the Higher Fungi of China* in 1939, and *Fungi of China* in 1963. Work done by the above-mentioned scholars lays a foundation for our current project on *Flora Fungorum Sinicorum*.

Significant progress has been made in development of Chinese mycology since 1978. Many mycological institutions were founded in different areas of the country. The Mycological Society of China was established, the journals *Acta Mycological Sinica* and *Mycosystema* were published as well as local floras of the economically important fungi. A young generation in field of mycology grew up through postgraduate training programs in the graduate schools. In 1973, an important meeting organized by the Chinese Academy of Sciences was held in Guangzhou (Canton) and a decision was made, uniting the related scientists from all over China to initiate the long term project "Fauna, Flora, and Cryptogamic Flora of China". Work on *Flora Fungorum Sinicorum* thus started. The first volume of Chinese Mycoflora on the Erysiphales (edited by R.Y. Zheng & Y.N. Yu, 1987) appeared. Up to now, 14 volumes have been published: Tremellales and Dacrymycetales edited by B. Liu (1992), Polyporaceae by J.D. Zhao (1998), Meliolales Part I (Y.X. Hu, 1996), *Aspergillus* and its related teleomorphs (Z.T. Qi, 1997), Peronosporales (Y.N. Yu, 1998), Hymenogastrales, Melanogastrales and Gautieriales (B. Liu, 1998), Sclerotiniaceae and Geoglossaceae (W.Y. Zhuang, 1998), *Pseudocercospora* (X.J. Liu & Y.L. Guo, 1998), Uredinales Part I (Y.C. Wang & J.Y. Zhuang, 1998), Meliolales Part II (Y.X. Hu, 1999), Ustilaginaceae (L. Guo, 2000), Entomophthorales (Z.Z. Li, 2000), and Ganodermataceae (J.D. Zhao & X.Q. Zhang, 2000). We eagerly await the coming volumes and expect the completion of Flora *Fungorum Sinicorum* which will reflect the flourishing of Chinese culture.

Y.N. Yu and W.Y. Zhuang
Institute of Microbiology, CAS, Beijing
September 15, 2002

致 谢

《中国真菌志 第七十三卷 篮状菌属及青霉属补遗》是在国家自然科学基金委员会、中国科学院的资助下完成的。

中国科学院微生物研究所庄文颖老师、庄剑云老师、郭英兰老师在本卷编研工作中自始至终给予指导和支持，对书稿进行了全面阅读并提出宝贵意见和建议。

在野外考察与采集工作中，得到了中国科学院微生物研究所白逢彦、蔡磊、陈海鹃、郭良栋、郭林、韩培杰、李伟、刘小勇、容东、宋福行、孙敬祖、王启明、王有智、魏铁铮、张小青、郑焕娣、朱向菲等热心人士的鼎力帮助。

作者曾经的同学及同事何亮、金世宇、阮永明、孙剑秋、王大乐、王伟成、余知和、余仲东帮助采集样品，研究生余芸、魏尚竹、徐可心参加了部分样品采集、菌株分离和鉴定工作。

本书付梓之际，对所有在各方面给予帮助的单位和个人表示诚挚的谢意，并衷心感谢前人和同行在青霉、曲霉和篮状菌的研究中所积累的宝贵材料。

说　明

本卷概况：本卷是对我国篮状菌属分类学研究的阶段性总结，随着分子种系学的广泛应用，将会有更多的物种被发现。本卷共描述了我国已报道的篮状菌 92 种，并附加了其相关类群——青霉属叉状亚属的 16 种，共 108 种。全书包括说明、绪论、专论、参考文献、索引和图版等部分。

名词翻译：在忠实原文的基础上尽量简单明确。在本卷中，phylogenetics（Gr. *Phyle* = tribe + *genesis* = birth）译为种系发生学，简称种系学，避免与 systematics（系统学）混淆；population (s)译为居群，而非种群[species group (s)，该词在链格孢属（*Alternaria* Nees）的分类中广泛使用]，也非群体[group (s)]；(taxonomic) character (s)译为（分类学）性状，而非（分类学）特征，因为一个性状具有不同的性状状态，比如菌丝颜色是一个性状，白色、黄色、橙色、红色等为其不同的状态，又如核酸序列做对位排列以后，一个位点为一个性状，有 A、G、C、T 和 gap（空格）5 个状态。

内容结构：本卷由绪论和专论两部分组成，绪论概述了篮状菌的分类地位、重要性、分类学性状、分类学研究简史（包括全球和我国已报道篮状菌物种名录及其原始发表文献和在我国的地理分布）。专论部分以 Houbraken 等（2020）分类系统作为主要分类依据，描述了我国篮状菌属 7 个组的 92 种，即篮状菌组 51 种、岛篮状菌组 16 种、糙刺孢篮状菌组 16 种、紫篮状菌组 3 种、螺旋篮状菌组 3 种、杆孢篮状菌组 2 种、细梗篮状菌组 1 种。各组按其物种数目多少顺序排列，物种描述顺序按其学名（scientific name）种加词（specific epithet）字母顺序排列，包括汉名、学名、文献引证、种加词词源、模式菌株及其遗传标记、菌落和显微形态描述、菌株在我国的分布（按地名汉语拼音顺序）和基物及讨论等。全部描述的物种均提供了我国代表菌株的彩色菌落照片和显微照片及其在中国普通微生物菌种保藏管理中心的编号（CGMCC）和遗传标记的 GenBank 号。附录部分收录了与篮状菌在形态学上相关的青霉属叉状亚属的 16 个种，物种描述顺序按其学名种加词字母顺序排列。

菌株来源：分布和基物中引证的各个物种的菌株是作者从国内各地采样分离、收集，以及他人提供并经作者研究的材料，其中冠以"AS"和"CGMCC"的菌株编号为中国普通微生物菌种保藏管理中心（China General Microbiological Culture Collection Center）编号，冠以"ACCC"的菌株编号为中国农业微生物菌种保藏管理中心（Agricultural Culture Collection of China）编号，其他菌株编号为作者编号，菌株保存于中国科学院微生物研究所真菌室。

目 录

绪　论

一、篮状菌属的概况

（一）篮状菌属的分类地位

篮状菌属 *Talaromyces* C.R. Benj.（Gr. *Talaros* = basket + *myces* = fungus）属于真菌界 Fungi 子囊菌门 Ascomycota 散囊菌纲 Eurotiomycetes 散囊菌目 Eurotiales 发菌科 Trichocomaceae（Kirk *et al.*，2008）。发菌科曾经包括了篮状菌属及其相关的重要霉菌属，如青霉属 *Penicillium* Link、曲霉属 *Aspergillus* P. Micheli ex Haller 和拟青霉属 *Paecilomyces* Bainier 等。Houbraken 和 Samson（2011）根据 4 个基因，即 *Rpb1*（RNA 多聚酶Ⅱ大亚基基因，DNA-dependent RNA polymerase Ⅱ largest subunit gene）、*Rpb2*（RNA 多聚酶Ⅱ第二大亚基基因，DNA-dependent RNA polymerase Ⅱ second largest subunit gene）、*Cct8*（含 TCP-1 的胞质伴侣蛋白的 θ 亚基基因，the theta subunit of the cytosolic chaperonin containing TCP-1 gene）和 *Tsr1*（TSR1 核糖体成熟因子基因，TSR1 ribosome maturation factor gene）将发菌科拆分为 3 个科，即曲霉科 Aspergillaceae Link、嗜热子囊菌科 Thermoascaceae Apinis 和发菌科。篮状菌属被划分在发菌科，青霉属、曲霉属和红曲属 *Monascus* Tiegh. 等被划分在曲霉科，而拟青霉属则被归于嗜热子囊菌科。Houbraken 等（2020）根据 9 个基因，即 β-微管蛋白基因（β-tubulin gene，*BenA*）、钙调蛋白基因（calmodulin gene，*CaM*）、*Cct8*、rDNA ITS1-5.8S-ITS2（ITS）、LSU rDNA（*LSU*）、*Rpb1*、*Rpb2*、SSU rDNA（*SSU*）、*Tsr1* 将散囊菌目划分为 5 个科，即除了以上 3 科，又增加了大团囊菌科 Elaphomycetaceae Tul. ex Paol. 和近青霉科 Penicillaginaceae Houbraken, Frisvad & Samson，而上述各属的分类地位不变。

（二）篮状菌的重要性

篮状菌是一类适应性非常强的腐生真菌，广泛分布于自然界的土壤、空气、水体（淡水和海水）和人类活动场所，是自然界的重要分解者。有些种能产生活性很高的纤维素酶，也有些种能产生鲜艳的黄色、橙色和红色嗜氮酮类（azaphilone）色素，还有些种栖息于植物叶际和根际，对植物矿物质吸收、抗病、抗逆和生长起重要作用。但是，某些种是人类和动物的机会致病菌（opportunistic pathogen），对于一些特殊人群，如免疫系统受到干扰（如免疫缺陷、器官移植或放疗化疗）的人群，它们便乘虚而入，对人的健康甚至生命造成巨大威胁；有些种则是发酵工业的污染菌；有些种还产生真菌毒素（mycotoxin），威胁粮食和饲料的安全。

1. 篮状菌的有利性

篮状菌是土壤中植物残体的重要分解菌，如嗜松篮状菌 *Talaromyces pinophilus*

(Hedgc.) Samson, N. Yilmaz, Frisvad & Seifert（= *T. cellulolyticus* T. Fujii, Tam. Hoshino, H. Inoue & S. Yano）和细疣篮状菌 *T. verruculosus* (Peyronel) Samson, N. Yilmaz, Frisvad & Seifert 能分泌高效的纤维素酶水解植物木质纤维素，从而增加土壤腐殖质（Fujii *et al.*, 2014; Goyari *et al.*, 2015）。嗜松篮状菌分泌的有机酸可溶解钾长石（$K_2O·Al_2O_3·6SiO_2$）促进植物生长；有些种，如黄色篮状菌 *T. flavus* (Klöcker) Stolk & Samson 和产紫篮状菌 *T. purpureogenus* (Stoll) Samson, N. Yilmaz, Houbraken, Spierenb, Seifert, Peterson, Varga & Frisvad 分泌的有机酸可溶解磷酸三钙并矿化磷酸酯，使其变为植物可吸收的磷酸盐形式（Yadav & Tarafdar, 2011; Maity *et al.*, 2014）。黄色篮状菌分泌的磷酸酯酶（phosphatase）可以矿化有机磷，如卵磷脂和植酸，以供植物生长（Della Mónica *et al.*, 2017）。还有些种，如沃特曼篮状菌 *T. wortmannii* (Klöcker) C.R. Benj.在根际土壤中分泌挥发性有机物（volatile organic compound，VOC），从而促进籽苗生长并促使某些植物，如油菜 *Brassica campestris* L.产生抗病性（Yamagiwa *et al.*, 2011）。有些种栖息于植物根际和叶际，可以作为农业生防制剂（bio-control agent）拮抗真菌病原菌，如黄色篮状菌可用于防治大丽花轮枝孢 *Verticillium dahliae* Kleb.、黑白轮枝孢 *V. albo-atrum* Reinke & Berthold、茄丝核菌 *Rhizoctonia solani* J.G. Kühn 和核盘菌 *Sclerotinia sclerotiorum* (Lib.) de Bary 等（Naraghi *et al.*, 2010a, 2010b, 2012）。

篮状菌的许多种是重要的酶制剂生产菌。例如，嗜松篮状菌、产紫篮状菌和绳状篮状菌 *Talaromyces funiculosus* (Thom) Samson, N. Yilmaz, Frisvad & Seifert 可用于工业产纤维素酶、木聚糖酶和 α-淀粉酶（Pol *et al.*, 2012; Maeda *et al.*, 2013; Xian *et al.*, 2015），而细疣篮状菌可以产生多达 9 种的纤维素酶（Morozova *et al.*, 2010）。皱褶篮状菌 *T. rugulosus* (Thom) Samson, N. Yilmaz, Frisvad & Seifert 可用于生产 β-芸香苷酶和磷酸酶等（Narikawa *et al.*, 2000）。

篮状菌大多产生黄色、橙色和红色色素，即嗜氮酮类生物碱（azaphilone alkaloid），其主要成分是嗜氮酮类聚酮化合物（azaphilone polyketide）。呈现黄色的色素主要是丝红素类色素，红色的主要是红曲红色素（*Monascus* red pigment），这些色素均没有毒性。有些物种的色素只存在于菌丝中，如黄色篮状菌、微黄篮状菌 *Talaromyces minioluteus* (Dierckx) Samson, N. Yilmaz, Frisvad & Seifert、赤篮状菌 *T. ruber* (Stoll) N. Yilmaz, Houbraken, Frisvad & Samson、艾米斯托克篮状菌 *T. amestolkiae* N. Yilmaz, Houbraken, Frisvad & Samson 和斯托尔篮状菌 *T. stollii* N. Yilmaz, Houbraken, Frisvad & Samson（Yilmaz *et al.*, 2012）；有些则为可溶性色素，能分泌到培养基中，如产紫篮状菌、马尔尼菲篮状菌 *T. marneffei* (Segretain, Capponi & Sureau) Samson, N. Yilmaz, Frisvad & Seifert（旧称马尔尼菲青霉 *Penicillium marneffei* Segretain, Capponi & Sureau）、白双轮篮状菌 *Talaromyces albobiverticillius* (H.M. Hsieh, Y.M. Ju & S.Y. Hsieh) Samson, N. Yilmaz, Frisvad & Seifert、暗玫瑰篮状菌 *T. atroroseus* N. Yilmaz, Frisvad, Houbraken & Samson 和红色素篮状菌 *T. rubrifaciens* W.W. Gao。其中，白双轮篮状菌、暗玫瑰篮状菌和红色素篮状菌的某些菌株能产生大量黄色的丝红素和红色的红曲红色素而不产生其他任何真菌毒素，因此这 3 种有可能用于食用色素的工业化生产（Frisvad *et al.*, 2013; Liu & Wang, 2021）。目前人类食用色素主要来源于植物、动物材料，如花青素、类胡萝卜素、甜菜苷、姜黄素和胭脂红酸等。红曲红色素属于嗜氮酮类色素，是一类非常

具有开发前景的天然色素。除了红曲属，已报道有 8 属真菌可以产生嗜氮酮类色素，其中篮状菌属和青霉属是产生嗜氮酮类色素最具潜力的两个属（Morales-Oyervides et al.，2020）。已有报道，利用暗玫瑰篮状菌发酵生产一种嗜氮酮类色素，即暗玫瑰素 S（atrorosin S），产量可达 0.9 g/L，而且成本低、纯度高、无任何真菌毒素（Isbrandt et al.，2020；Tolborg et al.，2020）。篮状菌至少有 25 个种可产生嗜氮酮类色素（Gao et al.，2013）。

有些篮状菌属于真菌重寄生菌（mycoparasite），如皱褶篮状菌可以寄生于黄曲霉 *Aspergillus flavus* Link 的菌落并很快将其吞噬（Wang et al.，2020）。根据作者经验，还有些种，如黄色篮状菌、嗜松篮状菌、根篮状菌 *Talaromyces radicus* (A.D. Hocking & Whitelaw) Samson, N. Yilmaz, Frisvad & Seifert 和明尼苏达篮状菌 *T. minnesotensis* Guevara-Suarez, Cano & Dania García 等也可以生长在其他霉菌的菌落并将其吞噬，这些种有可能被开发为土壤生防菌。篮状菌还有许多特性有待发现和研究开发。

2. 篮状菌的有害性

篮状菌的某些种是人类和动物的条件致病菌（conditioned pathogen），即机会病原菌。例如，马尔尼菲篮状菌对于免疫缺陷患者来说是一种相当危险的继发感染病原菌，它是人类篮状菌病（talaromycosis），旧称青霉病（penicillosis）的第一大病原菌，严重时可以导致致死率非常高的肺篮状菌病（pulmonary talaromycosis）。该病菌在我国广西、台湾及东南亚国家如泰国、越南等较常见。该菌是一种两型霉菌，在 25℃时呈现菌丝形态，而在 37℃时呈现酵母形态（Hien et al.，2001）。云杉篮状菌 *Talaromyces piceae* (Raper & Fennell) Samson, N. Yilmaz, Houbraken, Spierenb., Seifert, Peterson, Varga & Frisvad（新组合种加词误为"*piceus*"，Samson et al.，2011）可以导致患者真菌血症（fungemia）和骨髓炎（osteomyelitis）（Horré et al.，2001；Santos et al.，2006）。另外，在免疫缺陷患者的肺部和痰中也分离出了艾米斯托克篮状菌和斯托尔篮状菌（Yilmaz et al.，2012）。靛蓝篮状菌 *T. indigoticus* Takada & Udagawa 也有可能是继发感染的霉菌，有报道称从患者指甲藓中分离出了该菌（Weisenborn et al.，2010）。根篮状菌也可能是继发感染菌，有报道称该菌感染德国牧羊犬（de Vos et al.，2009）。也有报道称螺旋篮状菌 *T. helicus* (Raper & Fennell) C.R. Benj.导致拉布拉多寻回犬淋巴结炎（Tomlinson et al.，2011）。

篮状菌的某些种是食品工业生产中的常见污染霉菌。例如，大孢篮状菌 *Talaromyces macrosporus* (Stolk & Samson) Frisvad, Samson & Stolk、黄色篮状菌、杆孢篮状菌 *T. bacillisporus* (Swift) C.R. Benj.、螺旋篮状菌、柄篮状菌 *T. stipitatus* (Thom ex C.W. Emmons) C.R. Benj.、糙刺孢篮状菌 *T. trachyspermus* (Shear) Stolk & Samson 和沃特曼篮状菌产生的子囊孢子具有耐热性，能经受得住巴氏消毒（pasteurization，即 63℃，30 min），因此这些种是常见的水果产品，如果汁的污染菌（Pitt & Hocking，2009）。

篮状菌的有些种还能产生真菌毒素，进而污染粮食、饮料和饲料，人类和动物若食用或饮用了这些受污染的食品或饲料则会发生食物中毒。例如，产紫篮状菌会产生赤毒素 A/B（rubratoxin A/B），该毒素具有肝毒性，但具有一定的抗癌细胞活性。据报道，荷兰的一名男童饮用了被其污染的饮料造成肝中毒，不得不进行肝移植（Richer et al.，

1997）。岛篮状菌 *Talaromyces islandicus* (Sopp) Samson, N. Yilmaz, Frisvad & Seifert 在我国南方、日本及东南亚地区是常见的大米污染霉菌，导致大米发黄，称为黄变米（yellowed rice）。岛篮状菌能产生多种真菌毒素，如环氯素（cyclochlorotine）、岛毒素（islanditoxin）、红醌茜素（erythroskyrin）和土黄醌茜素（luteoskyrin），这些毒素均具有肝毒性和致癌性，但红醌茜素具有一定的抗肿瘤活性（Oh *et al.*，2008）。另外，岛篮状菌、根篮状菌、皱褶篮状菌和沃特曼篮状菌能产生醌茜素（skyrin）和皱褶菌素（rugulosin），这些毒素均有一定的肝毒性。有学者发现，醌茜素是一种非多肽类的小分子降血糖物质（Parker *et al.*，2000），但此后再也没有相关的研究报道；另外，皱褶菌素具有一定的抗金黄色葡萄球菌活性（Stark *et al.*，1978；Yilmaz *et al.*，2014）。

二、篮状菌属的分类学性状

篮状菌通常形成绒状菌落，少数形成絮状、绳状或束丝状菌落；分生孢子颜色通常为草绿色、深绿色、灰绿色等；产生鲜艳颜色的菌丝体，如黄色、橙色、粉红色、绿黄色、橄榄黄色等，通常在边缘的菌丝体呈白色，也有些种的菌丝体一直呈白色；有些种产生黄色、橙色、红色可溶性色素。

篮状菌若产生有性阶段（teleomorph），多为同宗配合（homothallic），少数为异宗配合（heterothallic），如德尔克斯篮状菌 *Talaromyces derxii* Takada & Udagawa、黄绿篮状菌 *T. flavovirens* (Durieu & Mont.) Visagie, Llimona & Seifert、艾米斯托克篮状菌（Yilmaz *et al.*，2016c）。篮状菌的子囊果称为裸囊壳（gymnothecium），因其由菌丝相互缠绕而成的子囊果壁像篮子状，故称篮状菌。裸囊壳颜色多呈现鲜艳的黄色或橙色，偶尔为白色、油黄色、粉色或红色。原基（initial）通常由膨大而扭曲的细胞或螺旋形和棒形的菌丝构成，如沃特曼篮状菌；有时由形态不同的配子囊（gametangium）构成，其中粗大的为产囊体（ascogonium），较细的为雄器（antheridium），雄器螺旋缠绕在产囊体上，如螺旋篮状菌和黄色篮状菌。子囊单个产生或成串产生，球形或椭球形至长椭球形，单囊壁，成熟后消解，子囊含 8 个子囊孢子，无规则排列于子囊中。子囊孢子单细胞，球形、椭球形至长椭球形，无色或呈黄色，子囊孢子壁通常刺状粗糙，有的带条纹、脊或光滑（图 1~图 3）。

篮状菌的无性阶段（anamorph）的产孢结构为分生孢子梗（conidiophore），通常产生对称双轮生帚状枝（symmetrical biverticillate penicillus），有时产生单轮生、三轮生或不规则、不对称帚状枝；孢梗茎（stipe）直立，通常具有横隔，透明或带褐黄色，顶端有时膨大；孢梗茎上着生多个圆柱状梗基（metula），有时顶端膨大成研杵形，典型的对称双轮生帚状枝各个梗基的长度和直径几乎相等，通常排列紧密，有时不紧密；产孢细胞称为瓶梗（phialide），多为披针形，有时为安瓿形，通常多个轮生于梗基上，梗基长度和直径几乎相等，通常排列紧密，有时不紧密，通常瓶梗与梗基的长度和直径相等。分生孢子（conidium）通常椭球形、长椭球形、柠檬形至梭形，少数球形、卵形或梨形，壁光滑或粗糙，呈链状向基性生长于瓶梗顶端（图 1，图 4）。

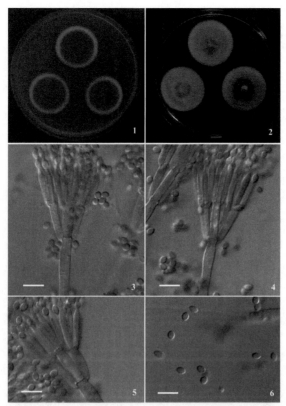

图1　产紫篮状菌 *Talaromyces purpureogenus* (Stoll) Samson, N. Yilmaz, Houbraken, Spierenb, Seifert,
Peterson, Varga & Frisvad（AS 3.5160）（彩图请扫文末二维码）

1. 在麦芽精琼脂（MEA）上 25℃培养 7 天，可见淡橙黄色菌丝体和暗灰绿色分生孢子；2. 在酵母精蔗糖琼脂（YES）上
25℃培养 7 天，可见橙黄色菌丝体和灰绿色分生孢子；3~5. 对称双轮生帚状枝，披针形瓶梗；6. 椭球形至梭形分生孢子，
壁光滑。标尺 = 10 μm

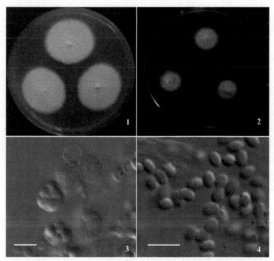

图2　艾斯尤特篮状菌 *Talaromyces assiutensis* Samson & Abdel-Fattah（AS 3.15819）（彩图请扫文末
二维码）

1. 在麦芽精琼脂（MEA）上 25℃培养 7 天，可见白色颗粒状裸囊壳和白色夹杂淡黄色的菌丝体；2. 在酵母精蔗糖琼脂（YES）
上 25℃培养 7 天，可见淡蓝灰色分生孢子；3. 子囊；4. 椭球形至长椭球形子囊孢子，壁具小刺。标尺 = 10 μm

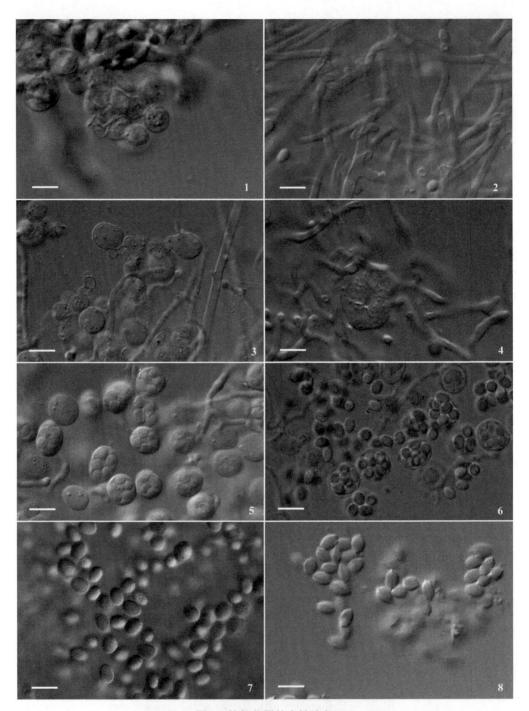

图 3　篮状菌属的有性阶段

1. 原基由不规则膨大的细胞构成[糙刺孢篮状菌 *Talaromyces trachyspermus* (Shear) Stolk & Samson]；2. 原基由螺旋形缠绕棒形菌丝构成[螺旋篮状菌 *T. helicus* (Raper & Fennell) C.R. Benj.]；3. 子囊单生（金黄篮状菌 *T. aureolinus* L. Wang）；4. 子囊链生[藤本篮状菌 *T. liani* (Kamyschko) N. Yilmaz, Frisvad & Samson]；5. 子囊球形至长椭球形，未成熟[沃特曼篮状菌 *T. wortmannii* (Klöcker) C.R. Benj.]；6. 子囊球形和椭球形，已成熟（阿根廷篮状菌 *T. argentinensis* Jurjević & S.W. Peterson）；7. 子囊孢子椭球形至长椭球形，壁具小刺（海头篮状菌 *T. haitouensis* L. Wang）；8. 子囊孢子椭球形至长椭球形，壁具一个赤道脊，凸面光滑（镇海篮状菌 *T. zhenhaiensis* L. Wang）。标尺 = 10 μm

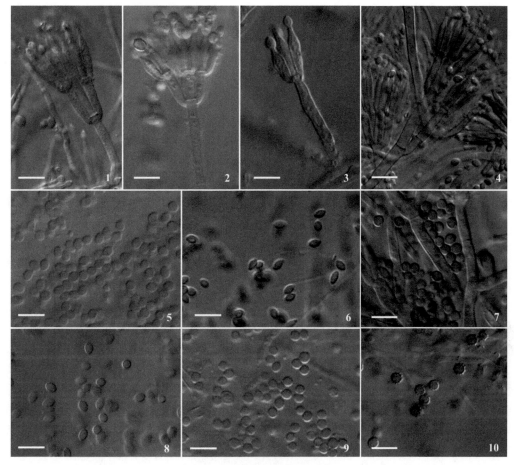

图 4 篮状菌属的无性阶段

1. 对称双轮生帚状枝，瓶梗披针形[产紫篮状菌 *Talaromyces purpureogenus* (Stoll) Samson, N. Yilmaz, Houbraken, Spierenb, Seifert, Peterson, Varga & Frisvad]；2. 对称双轮生帚状枝，瓶梗安瓿形（暗玫瑰篮状菌 *T. atroroseus* N. Yilmaz, Frisvad, Houbraken & Samson）；3. 单轮生帚状枝，瓶梗安瓿形（多样篮状菌 *T. versatilis* Bridge & Buddie）；4. 三轮生帚状枝，瓶梗披针形（斯托尔篮状菌 *T. stollii* N. Yilmaz, Houbraken, Frisvad & Samson）；5. 椭球形分生孢子，壁光滑[绳状篮状菌 *T. funiculosus* (Thom) Samson, N. Yilmaz, Frisvad & Seifert]；6. 梭形分生孢子，壁光滑（梭形篮状菌 *T. fusiformis* A.J. Chen, Frisvad & Samson）；7. 球形至近球形分生孢子，壁光滑（云南篮状菌 *T. yunnanensis* Doilom & C.F. Liao）；8. 椭球形至长椭球形分生孢子，壁光滑（浅橘黄篮状菌 *T. subaurantiacus* Visagie, N. Yilmaz & K. Jacobs）；9. 球形至近球形分生孢子，壁稍粗糙[嗜松篮状菌 *T. pinophilus* (Hedgc.) Samson, N. Yilmaz, Frisvad & Seifert]；10. 球形分生孢子，壁具小刺[棘刺篮状菌 *T. aculeatus* (Raper & Fennell) Samson, N. Yilmaz, Frisvad & Seifert]。标尺 = 10 μm

三、篮状菌属的分类学研究简史

篮状菌曾经很长时间被当作青霉来研究。1877 年，法国学者 van Tieghem 报道了一株特殊的青霉，他把该菌接在一粒种子上，将其放在潮湿的环境中，该菌便产生了分生孢子和黄色的团絮状子囊果（即裸囊壳）并在其内部产生了子囊孢子。他又把分生孢子和子囊孢子分别接种在面包和橘子上，均长出了同样的分生孢子和子囊孢子结构。随后 van Tieghem 描述了该青霉的全型生活史，并将其命名为金色青霉 *Penicillium aureum*

Corda。其他学者也偶尔报道过类似的产生黄色团絮状裸囊壳的霉菌，如 Klöcker 在 1902 年发现了一株产生黄色裸囊壳的霉菌，但他只观察了该菌的有性阶段，没有观察到该菌还会产生类似青霉的无性阶段，因此把它归于裸囊霉属 *Gymnoascus* Baranetzki，命名为黄色裸囊霉 *G. flavus* Klöcker；Dangeard 在 1907 年也发现了类似 Klöcker 类型的霉菌，并依据其无性阶段将其鉴定为青霉，即蠕形青霉 *Penicillium vermiculatum* Dangeard（Thom，1930）。

1930 年，Thom 撰写了《青霉》（*The Penicillia*）一书。其中记录了所有以前描述过的青霉，约 300 种及一些异名，并建立了第一个有序且全面的分类系统。该系统按照帚状枝分枝形态将青霉分为 4 个部分，又进一步分为组和亚组。通常青霉产生不规则的帚状枝（penicillus），单轮生（monoverticillate）、两轮生（biverticillate）、三轮生（terverticillate），偶尔四轮生（quadriverticillate），或不规则生（irregular），排列不对称也不紧密；瓶梗安瓿形，与梗基长度差别较大；分生孢子呈球形、椭圆形、卵形、梨形、梭形、柠檬形，整体通常呈蓝绿色或灰绿色；菌丝体多为白色。但其中有些种的帚状枝为对称两轮生（双轮生）且排列紧密，瓶梗多为披针形且长度与梗基相等或相近，分生孢子多为椭球形至梭形，少有球形；菌丝体的颜色常比较鲜艳，如黄色、橙色和红色。这些分类学性状与其他青霉的分类学性状有明显区别，因此 Thom 为它们新建立一个组，即青霉双轮对称组 *Penicillium* section *Biverticillata-Symmetrica*（Thom，1930）。

Raper 和 Fennell 参考了 Thom 的大量记录、材料及建议，于 1949 年撰写了《青霉手册》（*A Manual of the Penicillia*）（Raper & Thom，1949）。此书是青霉分类史的重要里程碑。Raper、Thom 和 Fennell 系统研究了所有已描述过的种，把大多数种名作为异名处理，只剩下 137 个种，按照帚状枝分枝形态分别属于 4 个组和 41 个系，仍然保留了青霉双轮对称组并包括了 34 个种。这本专著一直被青霉分类工作者沿用至今，是重要的参考资料。

1955 年，Benjamin 依据当时的国际植物命名法规（International Code of Botanical Nomenclature，ICBN），给这类菌提出了一个有性型的属名，即 *Talaromyces* C.R. Benj.（由于其子囊果由菌丝相互缠绕编织而成子囊果壁，其形态像篮子），模式种为蠕形青霉，后改为蠕形篮状菌 *T. vermiculatus* (Dangeard) C.R. Benj.（Benjamin，1955）。实际上，van Tieghem 于 1877 年报道的金色青霉应是篮状菌属的一个种，因此 van Tieghem 应该是第一个报道篮状菌的学者。

Stolk 和 Samson（1971）在其论文《篮状菌属和相关属的研究 I. 钩囊霉和丝衣霉》（"Studies on *Talaromyces* and related genera I. *Hamigera* gen. nov. and *Byssochlamys*"）中，重新划分了篮状菌属，将其中子囊单生的种独立出来另立钩囊霉属 *Hamigera* Stolk & Samson，其模式种为榛色钩囊霉 *H. avellanea* Stolk & Samson，无性阶段为榛色青霉 *Penicillium avellaneum* Thom & Turesson。次年，Stolk 和 Samson（1972）又发表了《篮状菌属和相关属的研究 II》的论文（"The genus *Talaromyces*: studies on *Talaromyces* and related genera II"），他们重新定义了篮状菌属，认为黄色裸囊霉和蠕形篮状菌是同一个种，指定黄色裸囊霉为篮状菌属的模式种，即黄色篮状菌。在该论文中，他们将 14 个种和 4 个变种分成 4 个组，还将无性阶段属于拟青霉属的一些种也归入篮状菌属。

Pitt（1979）并不认可钩囊霉属，因而将其作为篮状菌属的异名。他在其专著《青霉属及其有性阶段正青霉属和篮状菌属》（"The genus *Penicillium* and its teleomorphic states *Eupenicillium* and *Talaromyces*"）中，根据双重命名系统（dual naming system），分别处理无性型和有性型，将只发现无性型的物种归入青霉属，进而又根据帚状枝形态将其分为4个亚属，即曲霉状亚属 subgenus *Aspergilloides* Diercks、叉状亚属 subgenus *Furcatum* Pitt、青霉亚属 subgenus *Penicillium* 和双轮亚属 subgenus *Biverticillium* Diercks；将只发现有性阶段的种分别归入正青霉属 *Eupenicillium* F. Ludw.和篮状菌属（正青霉属通常产生双凸透镜形或扁豆形子囊孢子，篮状菌属通常产生椭球形子囊孢子）；将未发现有性阶段且具有青霉双轮对称组分类学性状的种放在双轮亚属中。其中，篮状菌属被分为3个组5个系共16个种，双轮亚属分为2个组4个系17个种。但按最新的分子种系学研究结果，其中的棒形青霉 *Penicillium claviforme* Bainier，即狐粪青霉 *P. vulpinum* (Cooke & Massee) Seifert & Samson 和束型青霉 *P. isariiforme* Stolk & J.A. Mey 应归于青霉属，实际应有 15 个种。另外，他将篮状菌属的某些种的无性阶段移至乔斯霉属 *Geosmithia* Pitt 和梅丽霉属 *Merimbla* Pitt。

篮状菌属和双轮亚属的种与其他亚属的青霉种除了在形态学性状，如子囊果类型、帚状枝类型、菌丝体颜色和分生孢子形态等方面具有明显区别，在生态学上也存在明显区别，如双轮亚属的种通常栖息于纤维素基物上，而其他亚属的青霉则通常栖息于油脂类或蛋白质类基物上（Malloch, 1985）。随着分子种系发生学（phylogenetics, Gr. *Phyle* = tribe + *genesis* = birth）的发展，继 ITS（White *et al.*, 1990；LoBuglio *et al.*, 1993）后，又增加了 3 个蛋白质基因，即 *BenA*（Glass & Donaldson, 1995；Samson *et al.*, 2004；Wang & Wang, 2013）、*CaM*（Wang & Zhuang, 2004, 2007）和 *Rpb2*（Liu et al., 1999；Houbraken & Samson, 2011；Jiang *et al.*, 2018），这些基因在青霉、曲霉和篮状菌分类学中得到广泛应用，也证实了双轮亚属的种与其他亚属的青霉种分属不同的演化支（如 Peterson, 2000；Wang & Zhuang, 2007；Houbraken & Samson, 2011；Houbraken *et al.*, 2012）。篮状菌与青霉的主要显微形态区别见图5。

Houbraken 和 Samson（2011）根据 4 个基因，即 *Cct8*、*Tsr1*、*Rpb1* 和 *Rpb2*，将发菌科拆分为 3 个科，即曲霉科 Aspergillaceae、嗜热子囊菌科 Thermoascaceae 和发菌科。篮状菌属被划分在发菌科，青霉属、曲霉属、红曲属等被划分在曲霉科，而拟青霉属则被归于嗜热子囊菌科。

2012 年的《国际藻类、真菌和植物命名法规》（墨尔本法规）[International Code of Nomenclature for Algae, Fungi, and Plants（Melbourne Code）]及 2018 年取而代之的深圳法规取消了真菌的双重命名系统，明确规定一种真菌只有一个名称（one fungus, one name）（McNeill *et al.*, 2012；Turland *et al.*, 2018），因此 *Talaromyces* 成为上述青霉属双轮亚属和篮状菌属物种的合法属名。随后，Houbraken 等（2012）将嗜热和耐热篮状菌分离出来分别归入热霉属 *Thermomyces* Tsikl.、嗜热子囊菌属 *Thermoascus* Miehe 和新成立的阿埃萨姆森属 *Rasamsonia* Houbraken & Frisvad，而篮状菌属则只包括中温型种 [注：根据 Cooney 和 Emerson（1964）的定义，嗜热指的是在温度大于等于 50℃时能生长，小于等于 20℃时不能生长；耐热指的是在温度大于等于 50℃时不能生长，小于等于 20℃时能生长]。

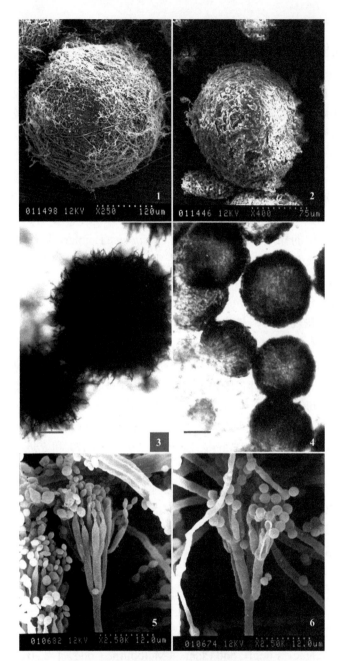

图 5　篮状菌与青霉的主要显微形态区别

1. 扫描电镜下篮状菌的裸囊壳，壳壁由互相缠绕的菌丝构成[藤本篮状菌 *Talaromyces liani* (Kamyschko) N. Yilmaz, Frisvad & Samson]；2. 扫描电镜下青霉的闭囊壳，壳壁由拟薄壁组织构成（爪哇青霉 *Penicillium javanicum* J.F.H. Beyma）；3. 光学显微镜下篮状菌的裸囊壳 [藤本篮状菌 *Talaromyces liani* (Kamyschko) N. Yilmaz, Frisvad & Samson]；4. 光学显微镜下青霉的闭囊壳（爪哇青霉 *Penicillium javanicum* J.F.H. Beyma）；5. 扫描电镜下篮状菌的对称双轮生帚状枝[橘黄篮状菌 *Talaromyces aurantiacus* (J.H. Mill., Giddens & A.A. Foster) Samson, N. Yilmaz & Frisvad]，梗基和瓶梗呈轴对称排列，瓶梗为披针形，梗基和瓶梗的维度相近；6. 扫描电镜下青霉的叉状两轮生帚状枝（橘青霉 *Penicillium citrinum* Thom），梗基和瓶梗非对称排列，瓶梗为安瓿形，梗基和瓶梗的维度差别较大。3, 4. 标尺 = 100 μm

Samson 等（2011）承认了 71 个篮状菌物种。随后，篮状菌属许多新种被发现，如 Visagie 和 Jacobs（2012）发现了 3 个新种，Manoch 等（2013）报道了 2 个新种，Peterson 和 Jurjević（2013）发现了 1 个新种，Sang 等（2013）报道了 2 个新种，Frisvad 等（2013）报道了 1 个新种，Visagie 等（2014）报道了 3 个新种。

Yilmaz 等（2014）根据 *BenA*、*CaM*、*Rpb2* 和 ITS 将已发现的 88 种篮状菌（巴塞篮状菌 *Talaromyces barcinensis* Yaguchi & Udagawa 和凹皱篮状菌 *T. concavorugulosus* S. Abe 遗漏未收录）分为 7 个组：杆孢篮状菌组 section *Bacillispori* N. Yilmaz, Frisvad & Samson、螺旋篮状菌组 section *Helici* N. Yilmaz, Frisvad & Samson、岛篮状菌组 section *Islandici* (Pitt) N. Yilmaz, Frisvad & Samson、紫篮状菌组 section *Purpurei* Stolk & Samson、近膨篮状菌组 section *Subinflati* N. Yilmaz, Frisvad & Samson、篮状菌组 section *Talaromyces* 和糙刺孢篮状菌组 section *Trachyspermi* Yaguchi & Udagawa。后来 Sun 等（2020）又增加了一个组，即细梗篮状菌组 section *Tenues* B.D. Sun, A.J. Chen, Houbraken & Samson，并报道了该组的 1 个种。从 Yilmaz 等（2014）以后至本卷定稿，全球陆续报道的新种和新组合见表 1。

表 1　Yilmaz 等（2014）以后至本卷定稿，全球报道的篮状菌新种和新组合

作者	期刊、年份	组别	物种
Visagie *et al.*	Studies in Mycology 78: 63–139, 2014	*Talaromyces*	*T. oumae-annae* Visagie, N. Yilmaz, Seifert & Samson
			T. sayulitensis Visagie, N. Yilmaz, Seifert & Samson
		Islandici	*T. yelensis* Visagie, N. Yilmaz, Seifert & Samson
Visagie *et al.*	Mycoscience 56: 486–502, 2015	*Talaromyces*	*T. australis* Visagie, N. Yilmaz & Frisvad
			T. fuscoviridis Visagie, N. Yilmaz & Samson
			T. kendrickii Visagie, N. Yilmaz, Seifert & Frisvad
			T. veerkampii Visagie, N. Yilmaz & Samson
			T. stellenboschensis Visagie & K. Jacobs
Yilmaz *et al.*	Persoonia 36: 37–56, 2016a	*Islandici*	*T. acaricola* Visagie, N. Yilmaz & K. Jacobs
			T. crassus Visagie, N. Yilmaz & K. Jacobs
			T. infraolivaceus Visagie, N. Yilmaz & K. Jacobs
			T. subaurantiacus Visagie, N. Yilmaz & K. Jacobs
Wang *et al.*	Scientific Reports 6: 18622, 2016a	*Talaromyces*	*T. neofusisporus* L. Wang
			T. qii L. Wang
Romero *et al.*	Nova Hedwigia 102: 241–256, 2016	*Trachyspermi*	*T. systylus* S.M. Romero, V.A. Barrera, A.I. Romero & Comerio
Luo *et al.*	Mycologia 108: 773–779, 2016	*Trachyspermi*	*T. rubrifaciens* W.W. Gao
Wang *et al.*	Phytotaxa 267: 187–200, 2016b	*Talaromyces*	*T. xishaensis* X.C. Wang, L. Wang & W.Y. Zhuang
Yilmaz *et al.*	Mycological Progress 15: 1041–1056, 2016b	*Talaromyces*	*T. francoae* N. Yilmaz, López-Quint., Vasco-Pal. & Houbraken
			T. amazonensis N. Yilmaz, López-Quint., Vasco-Pal., Frisvad & Houbraken

作者	期刊、年份	组别	物种
Yilmaz *et al*.	Mycological Progress 15: 1041–1056, 2016b	*Talaromyces*	*T. purgamentorum* N. Yilmaz, López-Quint., Vasco-Pal. & Houbraken
Yilmaz *et al*.	Mycological Progress 15: 1041–1056, 2016b	*Bacillispori*	*T. columbiensis* N. Yilmaz, López-Quint., Vasco-Pal., Frisvad & Houbraken
Chen *et al*.	Studies in Mycology 84: 119–144, 2016	*Talaromyces*	*T. beijingensis* A.J. Chen, Frisvad & Samson
			T. fusiformis A.J. Chen, Frisvad & Samson
			T. adpressus A.J. Chen, Frisvad & Samson
		Helici	*T. diversiformis* A.J. Chen, Frisvad & Samson
			T. reverso-olivaceus A.J. Chen, Frisvad & Samson
		Islandici	*T. cerinus* A.J. Chen, Frisvad & Samson
			T. chlamydosporus A.J. Chen, Frisvad & Samson
			T. neorugulosus A.J. Chen, Frisvad & Samson
		Trachyspermi	*T. aerius* A.J. Chen, Frisvad & Samson
Crous *et al*.	Persoonia 37: 253, 2016	*Talaromyces*	*T. kabodanensis* Houbraken, Arzanlou, Samadi & M. Meijer
Wang *et al*.	Mycological Progress 16: 73–81, 2017	*Trachyspermi*	*T. heiheensis* X.C. Wang & W.Y. Zhuang
		Talaromyces	*T. mangshanicus* X.C. Wang & W.Y. Zhuang
Guevara-Suarez *et al*.	Mycoses 60: 651–662, 2017	*Talaromyces*	*T. alveolaris* Guevara-Suarez, Cano & J. Guarro
			T. rapidus Guevara-Suarez, Dania García & Gené
		Helici	*T. georgiensis* Guevara-Suarez, Deanna A. Sutton & Wiederh.
		Trachyspermi	*T. minnesotensis* Guevara-Suarez, Cano & Dania García
Peterson & Jurjević	Mycologia 109: 537–556, 2017	*Islandici*	*T. siglerae* S.W. Peterson & Z. Jurjević
			T. kilbournensis Z. Jurjević & S.W. Peterson
			T. novojersensis Z. Jurjević & S.W. Peterson
			T. delawarensis Z. Jurjević & S.W. Peterson
			T. herodensis Z. Jurjević & S.W. Peterson
			T. ricevillensis Z. Jurjević & S.W. Peterson
			T. subtropicalis Z. Jurjević & S.W. Peterson
			T. juglandicola Z. Jurjević & S.W. Peterson
			T. rogersiae Z. Jurjević & S.W. Peterson
			T. tiftonensis Z. Jurjević & S.W. Peterson
		Subinflati	*T. tzapotlensis* Z. Jurjević & S.W. Peterson
Crous *et al*.	Persoonia 39: 270–467, 2017.	*Talaromyces*	*T. annesophieae* Houbraken
		Islandici	*T. musae* Houbraken, Kraak & M. Meijer
Su & Niu	Mycologia 110: 375–386, 2018	*Talaromyces*	*T. cucurbitiradicus* L. Su & Y.C. Niu
		Islandici	*T. endophyticus* L. Su & Y.C. NIu
Jiang *et al*.	Scientific Reports 8: 4932, 2018	*Talaromyces*	*T. dimorphus* X.Z. Jiang & L. Wang
			T. lentulus X.Z. Jiang & L. Wang

作者	期刊、年份	组别	物种
			T. mae X.Z. Jiang & L. Wang
Varriale *et al.*	Mycologia 110: 318, 2018	*Helici*	*T. borbonicus* Houbraken
Barbosa *et al.*	Antonie van Leeuwenhoek Int J G 111: 1883–1912, 2018	*Helici*	*T. pigmentosus* R.N. Barbosa, Souza-Motta, N.T. Oliveira & Houbraken
		Talaromyces	*T. mycothecae* R.N. Barbosa, Souza-Motta, N.T. Oliveira & Houbraken
		Trachyspermi	*T. brasiliensis* R.N. Barbosa, Souza-Motta, N.T. Oliveira & Houbraken
Crous *et al.*	Persoonia 40: 323, 2018a	*Helici*	*T. tabacinus* Jurjević, S.W. Peterson & G. Perrone
Crous *et al.*	Persoonia 41: 407, 2018b	*Purpurei*	*T. iowaensis* Jurjević, G. Perrone, S.W. Peterson, A. Susca & F. Epifani
Crous *et al.*	Persoonia 42: 467, 2019a	*Trachyspermi*	*T. pernambucoensis* R. Cruz, Cl. Santos, Houbraken, R.N. Barbosa & Souza-Motta
Crous *et al.*	Pessoonia 43: 223–425, 2019b	*Trachyspermi*	*T. clemensii* Visagie & N. Yilmaz
		Subinflati	*T. guatemalensis* A. Nováková, Svec, F. Sklenar, Kubátová & M. Kolařík
Peterson & Jurjević	Fungal Biology 123: 745–762, 2019	*Talaromyces*	*T. argentinensis* Jurjević & S.W. Peterson
			T. californicus Jurjević & S.W. Peterson
			T. louisianensis Jurjević & S.W. Peterson
			T. domesticus Jurjević & S.W. Peterson
			T. pratensis Jurjević & S.W. Peterson
			T. soli Jurjević & S.W. Peterson
			T. tumuli Jurjević & S.W. Peterson
			T. malicola Jurjević & S.W. Peterson
Rodríguez-Andrade *et al.*	IMA Fungus 10: 10–30, 2019	*Trachyspermi*	*T. basipetosporus* Stchigel, Cano & Rodr.-Andr.
			T. affinitatimellis Rodr.-Andr., Stchigel & Cano
		Purpurei	*T. brunneosporus* Rodr.-Andr., Cano & Stchigel
Rajeshkumar *et al.*	MycoKeys 45: 47, 2019	*Trachyspermi*	*T. amyrossmaniae* Rajeshkumar, Yilmaz & Seifert
Rodríguez-Andrade *et al.*	Microorganisms 8: 12, 2020	*Trachyspermi*	*T. subericola* Rodr.-Andr., Cano & Stchigel
			T. speluncarum Rodr.-Andr., Cano & Stchigel
You *et al.*	Mycobiology 48: 133–138, 2020	*Trachyspermi*	*T. halophytorum* Y.H. You & S.B. Hong
Sun *et al.*	MycoKeys 68: 75–133, 2020	*Talaromyces*	*T. brevis* B.D. Sun, A.J. Chen, Houbraken & Samson
			T. rufus B.D. Sun, A.J. Chen, Houbraken & Samson
			T. aspriconidius B.D. Sun, A.J. Chen, Houbraken & Samson
		Subinflati	*T. guizhouensis* B.D. Sun, A.J. Chen, Houbraken & Samson

作者	期刊、年份	组别	物种
Sun *et al.*	MycoKeys 68: 75–133, 2020	*Trachyspermi*	*T. albisclerotius* B.D. Sun, A.J. Chen, Houbraken & Samson
		Tenues	*T. tenuis* B.D. Sun, A.J. Chen, Houbraken & Samson
Guevara-Suarez *et al.*	Fungal Systematics and Evolution 5: 39–75, 2020	*Trachyspermi*	*T. catalonicus* Guevara-Suarez, Gené & Guarro
		Talaromyces	*T. coprophilus* M. Guevara-Suarez, J.F. Cano & D. García
			T. pseudofuniculosus M. Guevara-Suarez, D. García & J. Gené
Houbraken *et al.*	Studies in Mycology 95: 5–169, 2020	*Trachyspermi*	*T. resinae* (Z.T. Qi & H.Z. Kong) Houbraken & X.C. Wang
Houbraken *et al.*	Studies in Mycology 95: 5–169, 2020	*Talaromyces*	*T. striatoconidius* Houbraken, Frisvad & Samson
Doilom *et al.*	Frontiers in Microbiology 11: 585215, 2020	*Talaromyces*	*T. yunnanensis* Doilom & C.F. Liao
Crous *et. al.*	Persoonia 45: 251–409, 2020	*Purpurei*	*T. pulveris* Crous
Wei *et al.*	Mycologia 113: 492–508, 2021	*Talaromyces*	*T. aureolinus* L. Wang
			T. bannicus L. Wang
			T. penicillioides L. Wang
			T. sparsus L. Wang
Zhang *et al.*	Biology 10: 745, 2021b	*Trachyspermi*	*T. chongqingensis* X.C. Wang & W.Y. Zhuang
		Talaromyces	*T. wushanicus* X.C. Wang & W.Y. Zhuang
Zhang *et al.*	Biodiversity Data Journal 9: e70088, 2021a	*Talaromyces*	*T. rosorhizae* H. Zhang & Y.L. Jiang
Nguyen *et al.*	Journal of Fungi 7: 722, 2021	*Purpurei*	*T. gwangjuensis* Hyang B. Lee & T.T.T. Nguyen
		Helici	*T. koreanus* Hyang B. Lee (as 'koreana')
			T. teleomorphus Hyang B. Lee, Frisvad, P.M. Kirk, H.J. Lim & T.T.T. Nguyen
Pyrri *et al.*	Journal of Fungi 7: 993, 2021	*Trachyspermi*	*T. africanus* Houbraken, Pyrri & Visagie
			T. calidominioluteus Houbraken & Pyrri
			T. germanicus Houbraken & Pyrri
			T. gaditanus (C. Ramírez & A.T. Martínez) Houbraken & Soccio
			T. samsonii (Quintan.) Houbraken & Pyrri
Trovão *et al.*	International Journal of Systematic and Evolutionary Microbiology 71: 005175, 2021	*Purpurei*	*T. saxoxalicus* J. Trovão, F. Soares, I. Tiago & A. Portugal
Han *et al.*	Journal of Fungi 8: 36, 2022	*Talaromyces*	*T. haitouensis* L. Wang
			T. zhenhaiensis L. Wang
Sun *et al.*	Journal of Fungi 8: 155, 2022	*Talaromyces*	*T. nanjingensis* X.R. Sun, M.Y. Xu, W.L. Kong, Fei Wu, X.L. Xie, Yu Zhang, D.W. Li & X.Q. Wu

作者	期刊、年份	组别	物种
Wang & Zhuang	Journal of Fungi 8: 647, 2022	*Talaromyces*	*T. ginkgonis* X.C. Wang & W.Y. Zhuang *T. shilinensis* X.C. Wang & W.Y. Zhuang
Nuankaew *et al.*	Journal of Fungi 8: 825, 2022	*Trachyspermi*	*T. phuphaphetensis* Nuankaew, Chuaseehar. & Somrith. *T. satunensis* Nuankaew, Chuaseehar. & Somrith.
Alves *et al.*	Fungal Systematics and Evolution 10: 139–167, 2022.	*Talaromyces*	*T. cavernicola* V.C.S. Alves, J.D.P. Bezerra & R.N. Barbosa
Tan *et al.*	Persoonia 49: 261–350, 2022	*Talaromyces*	*T. atkinsoniae* Y.P. Tan, Bishop-Hurley, Bransgr. & R.G. Shivas
Zang *et al.*	Mycopathologia 188: 793–804, 2023	*Trachyspermi*	*T. albidus* L. Wang *T. rubidus* L. Wang
Nguyen & Lee	Mycobiology 51: 320–332, 2023	*Talaromyces*	*T. echinulatus* Hyang B. Lee & T.T.T. Nguyen
Špetík *et al.*	Scientific Reports 13: 14903, 2023	*Bacillispori*	*T. clematidis* Spetík & Houbraken
Liu *et al.*	Journal of Fungi 9: 960, 2023	*Talaromyces*	*T. virens* C. Liu, Z.Q. Zeng & W.Y. Zhuang
Mo *et al.*	Phytopathology 114: 618–629, 2024	*Trachyspermi*	*T. cystophila* Y.X. Mo & H.Y. Wu
Okubo *et al.*	International Journal of Systematic and Evolutionary Microbiology 74: 006212, 2024	*Trachyspermi*	*T. mellisjaponici* A. Okubo & D. Hirose
Lacey *et al.*	The Journal of Antibiotics 77: 147–155, 2024	*Talaromyces*	*T. johnpittii* E. Lacey, Piggott, Y.P. Tan & R.G. Shivas
Zhou *et al.*	Antonie van Leeuwenhoek Int J G 117: 44, 2024	*Trachyspermi*	*T. sedimenticola* Y. Wang & H. Zhou
Abe	The Journal of General and Applied Microbiology 2: 1–193, 1956	*Islandici*	*T. concavorugulosus* S. Abe[*]
Yaguchi *et al.*	Transactions of the Mycological Society of Japan 34: 15–19, 1993	*Helici*	*T. barcinensis* Yaguchi & Udagawa[*]

[*]Yilmaz 等（2014）和 Houbraken 等（2020）未收录

在分子种系学应用于分类学之前（即 2000 年以前），我国对篮状菌的分类学研究均依据 Thom（1930）、Raper 和 Thom（1949）及 Pitt（1979）的分类系统。例如，戴芳澜（1979）主编的《中国真菌总汇》记录了青霉双轮亚属和篮状菌属 7 个种，其中的榛色篮状菌 *Talaromyces avellaneus* (Thom & Turesson) C.R. Benj. 现称为榛色钩囊霉 *Hamigera avellanea* Stolk & Samson。曾显雄等撰写的专著《台湾青霉及其相关有性型》（*Penicillium and Related Teleomorphs from Taiwan*）包括青霉 47 种、正青霉 2 种和篮状菌 7 种（Tzean *et al.*，1994）。孔华忠和王龙（2007）编写的《中国真菌志 第三十五卷 青霉属及其相关有性型属》描述了青霉 80 种、正青霉 9 种和篮状菌属 8 种，其中双轮亚属 14 种，但其中的狐粪青霉 *Penicillium vulpinum*、台湾青霉 *P. formosanum* H.M. Hsieh, H.J. Su & Tzean、短密篮状菌 *Talaromyces brevicompactus* H.Z. Kong 和榛色篮状菌不属于篮状菌，所以该专著实际包括了双轮亚属 12 种和篮状菌属 6 种，共 18 种。后来随着分子种系学的广泛应用，如 ITS、*BenA*、*CaM* 和 *Rpb2* 作为遗传标记，我国陆续报道了许多新种和新记录种。Wang 等（2016b）统计了我国已报道的 34 种篮状菌，但按照最近的分类系统，其中有 5 个种不属于篮状菌，有 1 个种为异名，实际只有 28 种。

随着分子种系学在青霉属、曲霉属和篮状菌属分类学中的广泛应用，这 3 个属已发现的物种数量从 1990 年以后翻了两倍多（Pitt & Samson，1993；Pitt *et al.*，2000；Houbraken *et al.*，2020）。2000 年以来，我国学者陆续发现了许多篮状菌新种和新记录种，见表 2（孙剑秋等，2021）。本卷共收录 92 种篮状菌（篮状菌组 51 种、岛篮状菌组 16 种、糙刺孢篮状菌组 16 种、紫篮状菌组 3 种、螺旋篮状菌组 3 种、杆孢篮状菌组 2 种、细梗篮状菌组 1 种）见表 3。由于在形态学上青霉属叉状亚属的物种也产生两轮生帚状枝，有些种从形态上较难判断是青霉还是篮状菌，如虫瘿篮状菌 *Talaromyces cecidicola* (Seifert, Hoekstra & Frisvad) Samson, N. Yilmaz, Frisvad & Seifert、绿缘篮状菌 *T. chlorolomus* Visagie & K. Jacobs 和胶州湾青霉 *Penicillium jiaozhouwanicum* L. Wang。本卷选取了该亚属与篮状菌形态学相关的 16 个种（表 4）作为补充，并在附录中描述。

表 2　自 Yilmaz 等（2014）以后至本卷定稿，我国报道、描述的篮状菌新种和新记录种

作者	期刊、年份	组别	物种
Wang *et al.*	Scientific Reports 6: 18622, 2016a	*Talaromyces*	新梭孢篮状菌 *T. neofusisporus* L. Wang
			齐氏篮状菌 *T. qii* L. Wang
Luo *et al.*	Mycologia 108: 773–779, 2016	*Trachyspermi*	红色素篮状菌 *T. rubrifaciens* W.W. Gao
Wang *et al.*	Phytotaxa 267: 187–200, 2016b	*Talaromyces*	西沙篮状菌 *T. xishaensis* X.C. Wang, L. Wang & W.Y. Zhuang
Chen *et al.*	Studies in Mycology 84: 119–144, 2016	*Talaromyces*	空气篮状菌 *T. aerius* A.J. Chen, Frisvad & Samson
			紧密篮状菌 *T. adpressus* A.J. Chen, Frisvad & Samson
			梭形篮状菌 *T. fusiformis* A.J. Chen, Frisvad & Samson
			北京篮状菌 *T. beijingensis* A.J. Chen, Frisvad & Samson
		Islandici	蜡黄篮状菌 *T. cerinus* A.J. Chen, Frisvad & Samson
			厚垣孢篮状菌 *T. chlamydosporus* A.J. Chen, Frisvad & Samson
			新皱褶篮状菌 *T. neorugulosus* A.J. Chen, Frisvad & Samson
		Helici	多形篮状菌 *T. diversiformis* A.J. Chen, Frisvad & Samson
			背橄榄色篮状菌 *T. reverso-olivaceus* A.J. Chen, Frisvad & Samson
Wang *et al.*	Mycological Progress 16: 73–81, 2017	*Trachyspermi*	黑河篮状菌 *T. heiheensis* X.C. Wang & W.Y. Zhuang
		Talaromyces	莽山篮状菌 *T. mangshanicus* X.C. Wang & W.Y. Zhuang
Su & Niu	Mycologia 110: 375–386, 2018	*Talaromyces*	南瓜根篮状菌 *T. cucurbitiradicus* L. Su & Y.C. Niu
		Islandici	植内生篮状菌 *T. endophyticus* L. Su & Y.C. Niu
Jiang *et al.*	Scientific Reports 8: 4932, 2018	*Talaromyces*	两型篮状菌 *T. dimorphus* X.Z. Jiang & L. Wang
			迟缓篮状菌 *T. lentulus* X.Z. Jiang & L. Wang
			马氏篮状菌 *T. mae* X.Z. Jiang & L. Wang

作者	期刊、年份	组别	物种
王龙等	聊城大学学报(自然科学版) 33 (4): 78–84, 2020	*Islandici*	安拉阿巴德篮状菌 *T. allahabadensis* (B.S. Mehrotra & D. Kumar) Samson, N. Yilmaz & Frisvad
			鸽色篮状菌 *T. columbinus* S.W. Peterson & Jurjević
Sun *et al.*	MycoKeys 68: 75–133, 2020	*Talaromyces*	短梗篮状菌 *T. brevis* B.D. Sun, A.J. Chen, Houbraken & Samson
			红束篮状菌 *T. rufus* B.D. Sun, A.J. Chen, Houbraken & Samson
			糙孢篮状菌 *T. aspriconidius* B.D. Sun, A.J. Chen, Houbraken & Samson
		Subinflati	贵州篮状菌 *T. guizhouensis* B.D. Sun, A.J. Chen, Houbraken & Samson
			木犀草篮状菌 *T. resedanus* (McLennan & Ducker) A.J. Chen, Houbraken & Samson
		Trachyspermi	白核篮状菌 *T. albisclerotius* B.D. Sun, A.J. Chen, Houbraken & Samson
		Tenues	细梗篮状菌 *T. tenuis* B.D. Sun, A.J. Chen, Houbraken & Samson
Houbraken *et al.*	Studies in Mycology 95: 5–169, 2020	*Trachyspermi*	树脂篮状菌 *T. resinae* (Z.T. Qi & H.Z. Kong) Houbraken & X.C. Wang
Doilom *et al.*	Frontiers in Microbiology 11: 585215, 2020	*Talaromyces*	云南篮状菌 *T. yunnanensis* Doilom & C.F. Liao
单夏男等	菌物学报 40 (5): 1216–1231, 2021	*Talaromyces*	暗绿篮状菌 *T. fuscoviridis* Visagie, N. Yilmaz & Samson
			肯德里克篮状菌 *T. kendrickii* Visagie, N. Yilmaz, Seifert & Frisvad
			斯托尔篮状菌 *T. stollii* N. Yilmaz, Houbraken, Frisvad & Samson
			多样篮状菌 *T. versatilis* Bridge & Buddie
陈晗等	菌物学报 40 (5): 1200–1215, 2021		亚马孙篮状菌 *T. amazonensis* N. Yilmaz, López-Quint., Vasco-Pal., Frisvad & Houbraken
			绿缘篮状菌 *T. chlorolomus* Visagie & K. Jacobs
			明尼苏达篮状菌 *T. minnesotensis* Guevara-Suarez, Cano & Dania García
王龙等	聊城大学学报(自然科学版) 34 (4): 80–87, 2021	*Purpurei*	虫瘿篮状菌 *T. cecidicola* (Seifert, Hoekstra & Frisvad) Samson, N. Yilmaz, Frisvad & Seifert
			伪子座篮状菌 *T. pseudostromaticus* (Hodges, G.M. Warner & Rogerson) Samson, N. Yilmaz, Frisvad & Seifert
徐可心等	菌物学报 40 (8): 2181–2190, 2021	*Talaromyces*	蛇床篮状菌 *T. cnidii* S.H. Yu, T.J. An & H.K. Sang
			苹果篮状菌 *T. malicola* Jurjević & S.W. Peterson
			丘陵篮状菌 *T. tumuli* Jurjević & S.W. Peterson
王龙和金世宇	聊城大学学报(自然科学版) 35 (3): 56-61, 2022	*Talaromyces*	安妮索菲篮状菌 *T. annesophieae* Houbraken
			土壤篮状菌 *T. soli* Jurjević & S.W. Peterson
Wei *et al.*	Mycologia 113: 492–508, 2021	*Talaromyces*	金黄篮状菌 *T. aureolinus* L. Wang
			版纳篮状菌 *T. bannicus* L. Wang
			青霉状篮状菌 *T. penicillioides* L. Wang
			稀疏篮状菌 *T. sparsus* L. Wang

作者	期刊、年份	组别	物种
Zhang et al.	Biology 10: 745, 2021a	*Trachyspermi*	重庆篮状菌 *T. chongqingensis* X.C. Wang & W.Y. Zhuang
		Talaromyces	巫山篮状菌 *T. wushanicus* X.C. Wang & W.Y. Zhuang
Zhang et al.	Biodiversity Data Journal 9: e70088, 2021a	*Talaromyces*	刺梨根篮状菌 *T. rosorhizae* H. Zhang & Y.L. Jiang
Han et al.	Journal of Fungi 8: 36, 2021	*Talaromyces*	海头篮状菌 *T. haitouensis* L. Wang
			镇海篮状菌 *T. zhenhaiensis* L. Wang
Sun et al.	Journal of Fungi 8: 155, 2022	*Talaromyces*	南京篮状菌 *T. nanjingensis* X.R. Sun, M.Y. Xu, W.L. Kong, Fei Wu, X.L. Xie, Yu Zhang, D.W. Li & X.Q. Wu
孙剑秋等	菌物学报 41 (4): 680–688, 2022	*Islandici*	螨生篮状菌 *T. acaricola* Visagie, N. Yilmaz & K. Jacobs
			根篮状菌 *T. radicus* (A.D. Hocking & Whitelaw) Samson, N. Yilmaz, Frisvad & Seifert
			哒叻篮状菌 *T. tratensis* Manoch, Dethoup & N. Yilmaz
孙剑秋等	微生物学通报 49 (10): 4080–4089, 2022	*Talaromyces*	阿根廷篮状菌 *T. argentinensis* Jurjević & S.W. Peterson
		Helici	巴塞篮状菌 *T. barcinensis* Yaguchi & Udagawa
		Trachyspermi	乌克兰篮状菌 *T. ucrainicus* (Panas.) Udagawa
Wang & Zhuang	Journal of Fungi 8: 647, 2022	*Talaromyces*	银杏篮状菌 *T. ginkgonis* X.C. Wang & W.Y. Zhuang
			石林篮状菌 *T. shilinensis* X.C. Wang & W.Y. Zhuang
王龙	聊城大学学报(自然科学版) 79(6): 79–87, 2023	*Trachyspermi*	热微黄篮状菌 *T. calidominioluteus* Houbraken & Pyrri
			卡迪斯篮状菌 *T. gaditanus* (C. Ramírez & A.T. Martínez) Houbraken & Soccio
Zang et al.	Mycopatholoiga 188: 793–804, 2023	*Trachyspermi*	白色篮状菌 *T. albidus* L. Wang
			深红篮状菌 *T. rubidus* L. Wang
Liu et al.	Journal of Fungi 9: 960, 2023	*Talaromyces*	变绿篮状菌 *T. virens* C. Liu, Z.Q. Zeng & W.Y. Zhuang
Mo et al.	Phytopathology 114: 618–629, 2024	*Trachyspermi*	孢囊篮状菌 *T. cystophila* Y.X. Mo & H.Y. Wu

表 3　本卷收录的我国篮状菌物种及其分布（共 92 个种）

序号	物种	中文名	分布
1	*T. acaricola*	螨生篮状菌	西藏
2	*T. aculeatus*	棘刺篮状菌	浙江、（文献记载：广东、广西、河北、台湾）
3	*T. adpressus*	紧密篮状菌	北京、福建、广西、河北、河南、黑龙江、山东、四川
4	*T. aerius*	空气篮状菌	北京
5	*T. albidus*	白色篮状菌	上海
6	*T. albisclerotius*	白核篮状菌	新疆
7	*T. albobiverticillius*	白双轮篮状菌	台湾
8	*T. allahabadensis*	安拉阿德篮状菌	福建、河南、青海、（文献记载：海南）
9	*T. amazonensis*	亚马孙篮状菌	北京、云南
10	*T. amestolkiae*	艾米斯托克篮状菌	北京、福建、贵州、海南、黑龙江、湖北、青海、山东、陕西、新疆、浙江、（文献记载：广东）
11	*T. annesophieae*	安妮索菲篮状菌	贵州、内蒙古

序号	物种	中文名	分布
12	*T. apiculatus*	尖刺篮状菌	福建、广东、广西、江苏、山西、四川、浙江
13	*T. argentinensis*	阿根廷篮状菌	福建
14	*T. aspriconidius*	糙孢篮状菌	云南
15	*T. assiutensis*	艾斯尤特篮状菌	海南、河北、河南、新疆、浙江、（文献记载：台湾）
16	*T. atroroseus*	暗玫瑰篮状菌	北京、辽宁、西藏
17	*T. aurantiacus*	橘黄篮状菌	北京、（文献记载：广东）
18	*T. aureolinus*	金黄篮状菌	内蒙古、云南
19	*T. bannicus*	版纳篮状菌	云南
20	*T. barcinensis*	巴塞篮状菌	福建
21	*T. beijingensis*	北京篮状菌	北京、浙江
22	*T. brevis*	短梗篮状菌	甘肃、江苏、山东、四川
23	*T. calidicanius*	热狗束篮状菌	台湾
24	*T. calidominioluteus*	热微黄篮状菌	安徽、新疆
25	*T. cecidicola*	虫瘿篮状菌	河南
26	*T. cerinus*	蜡黄篮状菌	北京
27	*T. chlamydosporus*	厚垣孢篮状菌	北京、江苏、内蒙古
28	*T. chlorolomus*	绿缘篮状菌	北京、山东
29	*T. chongqingensis*	重庆篮状菌	重庆
30	*T. cnidii*	蛇床篮状菌	福建、甘肃、辽宁、山东、山西、浙江
31	*T. columbinus*	鸽色篮状菌	河南
32	*T. concavorugulosus*	凹皱篮状菌	甘肃、广西、海南、河南、江西、山东、西藏、云南
33	*T. cucurbitiradicus*	南瓜根篮状菌	北京
34	*T. dimorphus*	两型篮状菌	海南
35	*T. diversus*	异生篮状菌	四川、（文献记载：广西、湖北、贵州、新疆）
36	*T. duclauxii*	杜克劳篮状菌	广西
37	*T. endophyticus*	植内生篮状菌	海南、内蒙古、山东
38	*T. funiculosus*	绳状篮状菌	北京、福建、广东、贵州、河南、山东、浙江、西藏、（文献记载：福建、甘肃、广东、广西、贵州、河北、江苏、青海、陕西、山东、上海、四川、西藏、香港、云南、浙江）
39	*T. fuscoviridis*	暗绿篮状菌	江西
40	*T. fusiformis*	梭形篮状菌	北京、贵州、海南、江西、上海、西藏、浙江
41	*T. gaditanus*	卡迪斯篮状菌	西藏
42	*T. haitouensis*	海头篮状菌	江苏
43	*T. heiheensis*	黑河篮状菌	黑龙江、贵州
44	*T. helicus*	螺旋篮状菌	福建、江苏、（文献记载：广东）
45	*T. islandicus*	岛篮状菌	北京、广东、河北、（文献记载：安徽、北京、贵州、湖北、江苏、山东、台湾、新疆）
46	*T. kendrickii*	肯德里克篮状菌	北京、河南、黑龙江、江苏
47	*T. lentulus*	迟缓篮状菌	福建、河南、山东
48	*T. liani*	藤本篮状菌	北京、福建、甘肃、黑龙江、湖南、江苏、辽宁、新疆、浙江
49	*T. mae*	马氏篮状菌	山东、上海

序号	物种	中文名	分布
50	*T. malicola*	苹果篮状菌	四川
51	*T. mangshanicus*	莽山篮状菌	广东、湖南、云南、（文献记载：中国南海）
52	*T. marneffei*	马尔尼菲篮状菌	云南、（文献记载：福建、广东、广西、湖南、四川、台湾、香港、云南）
53	*T. minnesotensis*	明尼苏达篮状菌	北京、福建、海南、河南、江苏、江西、宁夏、陕西、西藏、新疆、云南
54	*T. muroii*	室井篮状菌	福建、吉林、江苏、浙江、（文献记载：南海）
55	*T. neofusisporus*	新梭孢篮状菌	西藏
56	*T. neorugulosus*	新皱褶篮状菌	北京
57	*T. penicillioides*	青霉状篮状菌	广东、贵州、黑龙江
58	*T. piceae*	云杉篮状菌	广西、（文献记载：河北、湖北、西藏、新疆）
59	*T. pinophilus*	嗜松篮状菌	北京、福建、甘肃、贵州、海南、河南、江苏、江西、内蒙古、四川、天津、浙江、（文献记载：广西、江苏、辽宁、青海、台湾）
60	*T. proteolyticus*	解蛋白篮状菌	贵州、云南
61	*T. pseudostromaticus*	伪子座篮状菌	海南、内蒙古
62	*T. purpureogenus*	产紫篮状菌	福建、广西、贵州、河南、黑龙江、湖北、湖南、四川、山西、西藏、（文献记载：广东、广西、贵州、河北、湖北、江苏、青海、四川、山东、台湾、西藏、香港、新疆）
63	*T. qii*	齐氏篮状菌	西藏
64	*T. radicus*	根篮状菌	北京、云南
65	*T. reverso-olivaceus*	背橄榄色篮状菌	北京
66	*T. ruber*	赤篮状菌	福建、黑龙江、江西、陕西、新疆、（文献记载：广西、湖北）
67	*T. rubidus*	深红篮状菌	云南
68	*T. rubrifaciens*	红色素篮状菌	北京、陕西、西藏、（文献记载：北京、江苏）
69	*T. rufus*	红束篮状菌	云南
70	*T. rugulosus*	皱褶篮状菌	北京、广西、海南、河北、黑龙江、四川、新疆、（文献记载：福建、甘肃、广东、广西、海南、河北、黑龙江、湖北、青海、四川、台湾、云南）
71	*T. siamensis*	暹罗篮状菌	北京、湖南、西藏、（文献记载：江苏）
72	*T. soli*	土壤篮状菌	山东
73	*T. sparsus*	稀疏篮状菌	北京、山西
74	*T. stellenboschensis*	斯泰伦博斯篮状菌	安徽
75	*T. stipitatus*	柄篮状菌	江苏、山东、浙江、（文献记载：广东、湖南、山东、台湾）
76	*T. stollii*	斯托尔篮状菌	海南、河南、黑龙江、辽宁、山西、四川、西藏、（文献记载：辽宁、山西、新疆）
77	*T. subaurantiacus*	浅橘黄篮状菌	吉林
78	*T. tenuis*	细梗篮状菌	贵州
79	*T. trachyspermus*	糙刺孢篮状菌	河北、浙江、（文献记载：广东、河南、台湾、浙江）
80	*T. tratensis*	哒叻篮状菌	湖南、江苏、内蒙古
81	*T. tumuli*	丘陵篮状菌	河北、山东

序号	物种	中文名	分布
82	*T. ucrainicus*	乌克兰篮状菌	江苏、辽宁、山东、（文献记录：四川）
83	*T. unicus*	单脊篮状菌	台湾
84	*T. variabilis*	变幻篮状菌	河北、广西
85	*T. veerkampii*	威尔坎普篮状菌	湖北、辽宁
86	*T. verruculosus*	细疣篮状菌	广西、（文献记录：广东、广西、河北、湖北、江苏、陕西、台湾）
87	*T. versatilis*	多样篮状菌	安徽、福建、江苏
88	*T. wortmannii*	沃特曼篮状菌	江苏、（文献记录：甘肃、广东、广西、台湾）
89	*T. wushanicus*	巫山篮状菌	重庆
90	*T. xishaensis*	西沙篮状菌	海南
91	*T. yunnanensis*	云南篮状菌	河南、（文献记录：云南）
92	*T. zhenhaiensis*	镇海篮状菌	海南、浙江

表 4　本卷收录的我国青霉属叉状亚属物种及其分布（共 16 个种）

序号	物种	中文名	分布
1	*P. brasilianum*	巴西青霉	贵州、西藏、（文献记录：云南、南海）
2	*P. chrzaszczii*	科萨斯奇青霉	黑龙江
3	*P. citreosulfuratum*	橘硫黄青霉	贵州、（文献记录：上海）
4	*P. copticola*	油酥面青霉	福建、（文献记录：海南、云南）
5	*P. cremeogriseum*	奶油灰青霉	山东、（文献记录：云南）
6	*P. donggangicum*	东港青霉	辽宁
7	*P. fructuariae-cellae*	果干室青霉	山西
8	*P. griseopurpureum*	灰紫青霉	内蒙古、河南、（文献记录：河南）
9	*P. hepuense*	合浦青霉	广西
10	*P. jiaozhouwanicum*	胶州湾青霉	山东、福建
11	*P. koreense*	韩国青霉	北京
12	*P. pancosmium*	广布青霉	北京、贵州
13	*P. skrjabinii*	斯克亚宾青霉	北京
14	*P. sumatraense*	苏门答腊青霉	福建、（文献记录：渤海、贵州、广西）
15	*P. virgatum*	纹刺青霉	浙江、（文献记录：重庆）
16	*P. yarmokense*	雅牟克青霉	北京、辽宁

　　随着高通量测序技术的发展和广泛应用，全球真菌物种数目已经由原来的约 150 万种增加到约 380 万种，但已发现的物种只占其中的 3%~8%，即 12 万~15 万种（Hawksworth & Lücking，2017）。虽然各种组学在微生物学研究中得到广泛应用，但是菌种（株）的分离、纯化、鉴定、保藏仍然是对微生物菌种（株）资源进一步深入研究和应用开发的前提基础。我国地大物博，自然环境丰富多样，气候类型复杂多变，从

北到南划分为 5 个温度带和 1 个高原区，即寒温带、中温带、暖温带、亚热带、热带和青藏高原气候区。根据作者目前的统计，我国已报道的篮状菌 90% 分布在暖温带、亚热带和热带地区。原因可能是这 3 个温度带地区植被的多样性比其他温度带都要高，可为篮状菌提供丰富多样的植物来源的分解基质。另外，我国还有许多特殊环境地带，如西部无人区（罗布泊、阿尔金、可可西里、羌塘等）缺乏系统的调查研究。此外，我国海岸线长约 32 000 km，沿海滩涂面积约 20 000 km^2（Long et al.，2016），这些特殊环境蕴含着丰富的霉菌物种，若能深入调查这些地区的篮状菌、青霉、曲霉等物种，同时开展针对一些特殊基物，如植物叶面、果实、花蕊、海洋生物等栖息真菌的调查研究，将会有更多的新种和新记录及具有特殊生理生化特性的物种与菌株被发现。我国是生物多样性相当丰富的国家，全球 36 个生物多样性热点地区中就有 4 个主要或部分分布于我国境内，即中亚山地、喜马拉雅地区、中国西南山地和印-缅地区。另外，我国已规划出 32 个内陆陆地及水域生物多样性保护优先区和 3 个海洋及海岸生物多样性保护优先区，这些区域的真菌多样性仍需深入调查（薛达元，2011；Mi et al.，2021）。

四、材料和方法

（一）样品采集

样品采集选择不同地理环境，如农田、山地、森林、草原、荒野、沙漠、公园等的不同基物，如土壤、垃圾、肥料、霉腐物、动植物残体、粮食、果蔬、种子、叶子等，将 10~20 g 样品置于无菌的塑料袋中封好，尽量完整记录采集地、采集日期、基物类型、经纬度、海拔和采集人信息，样品带回实验室并在 4℃ 冰箱或冷冻条件下保存。

（二）菌株分离、纯化和保藏

采用倍比稀释涂布平皿法，稀释度为 10^{-5}~10^{-1}（参考 Malloch，1981 的方法，稍加改进）。将样品碾碎混匀，取约 1 g 样品放入装有 9 ml 灭菌的 0.1% 琼脂水溶液的大试管中（200 mm × 20 mm），盖紧无菌硅胶试管塞，剧烈混匀成悬浊液，作为第一稀释度（10^{-1}）。然后取该稀释度的悬浊液 1 ml 倒入第二个同样的大试管中摇匀，作为第二稀释度，依此类推直到第五个稀释度（10^{-5}），将第一稀释度的试管放在 60℃ 条件下温浴 30 min（分离耐热的有性型种）。取最后两个连续的稀释度和 60℃ 温浴的悬浊液约 1 ml 倾倒于事先倒好凝固的氯硝胺孟加拉红氯霉素琼脂（dichloran rose bengal chloramphenicol agar，DRBC）培养基平皿（90 mm）中，用无菌涂布棒均匀涂布，于 25℃ 倒置培养（无需封口膜，若温箱风扇风力较大，为防止培养基被吹干，可将平皿倒置放入有盖的盒子或塑料袋内，不要将口封死）。从第 3 天开始观察并用接种钩挑取单菌落转接于 MEA 小平皿（60 mm），于 25℃ 倒置培养 10 天或更长时间，需随时观察，若发现有污染则重新转接（培养方法同上）。等培养基快干时用不锈钢小切刀切下 15~20 mm × 5 mm 长方形菌落小块置于装有 60%~80% 的无菌甘油的冻存管（2 ml）中，并于 –20℃ 或 –80℃ 保存，也可备份一份至矿物油或 15% 的海藻糖水溶液中于 4℃ 保存（常见与常用真菌编写组，1973；Pitt & Hocking，2009）。（注：接种钩比接种针更方便实用，可将接种针头 2 mm 弯曲成 120° 的钝角。也可用直径 2 mm 的不锈钢焊条制作接种钩：找一根长约 20 cm 的不锈钢焊条，将一端用砂轮磨出长约 15 mm 的圆锥形细尖，再将尖端 1~2 mm 弯曲成 120°的钝角细钩。不锈钢小切刀也可用直径 2 mm 的不锈钢焊条制作：找一根长约 20 cm 的不锈钢焊条，将一端砸扁成长×宽为 10 mm × 4 mm 的薄片，然后用砂轮磨成刀形并磨出刀刃。）

（三）培养基

本研究所用的各种培养基均可用自来水代替蒸馏水配制，于 115℃灭菌 15 min。

（1）查氏浓缩液（Czapek concentrate），无需灭菌，可室温或 4℃长期保存，若有 $Fe(OH)_3$ 沉淀，使用前需摇匀（Pitt & Hocking，1999）。

硝酸钠（$NaNO_3$）：30 g

氯化钾（KCl）：5 g

七水硫酸镁（$MgSO_4 \cdot 7H_2O$）：5 g

七水硫酸亚铁（$FeSO_4 \cdot 7H_2O$）：0.1 g

蒸馏水（distilled water）：100 ml

（2）微量金属溶液（trace metal solution），无需灭菌，室温可长期保存（Pitt & Hocking，1999，2009）。

五水硫酸铜（$CuSO_4 \cdot 5H_2O$）：0.5 g

七水硫酸锌（$ZnSO_4 \cdot 7H_2O$）：1 g

蒸馏水（distilled water）：100 ml

（3）分离培养基：氯硝胺孟加拉红氯霉素琼脂（DRBC）（Pitt & Hocking，1999）。

葡萄糖（glucose）：10 g

蛋白胨（peptone）：5 g

磷酸二氢钾（KH_2PO_4）：1 g

七水硫酸镁（$MgSO_4 \cdot 7H_2O$）：0.5 g

孟加拉红（rose bengal）：0.025 g（5% m/V 水溶液，0.5 ml）

氯硝胺（dichloran）：2 g（0.2% m/V 乙醇溶液，1 ml）

氯霉素（chloramphenicol）：0.1 g

琼脂（agar）：15 g

自来水（tap water）：1000 ml

（4）鉴定培养基有以下几种。

i. 查氏琼脂（Czapek dox agar，CA）（Raper & Thom，1949；Frisvad & Samson，2004）。

磷酸氢二钾（K_2HPO_4）：1 g

查氏浓缩液（Czapek concentrate）：10 ml

微量金属溶液（trace metal solution）：1 ml

蔗糖（sucrose）：30 g

琼脂（agar）：15 g

自来水（tap water）：1000 ml

ii. 查氏酵母精琼脂（Czapek yeast extract agar，CYA）（Pitt，1979；Pitt & Hocking，

1999）。

　　磷酸氢二钾（K_2HPO_4）：1 g

　　查氏浓缩液（Czapek concentrate）：10 ml

　　微量金属溶液（trace metal solution）：1 ml

　　酵母精（粉状）［yeast extract（powdered）］：5 g

　　蔗糖（sucrose）：30 g

　　琼脂（agar）：15 g

　　自来水（tap water）：1000 ml

　　iii. 麦芽精琼脂（MEA：malt extract agar）（Samson *et al.*，2010）。

　　麦芽精（粉状）[malt extract（powdered）]：50 g

　　微量金属溶液（trace metal solution）：1 ml

　　琼脂（agar）：20 g

　　自来水（tap water）：1000 ml

　　iv. 酵母精蔗糖琼脂（yeast extract sucrose agar，YES）（Frisvad，1981）。

　　酵母精（粉状）[yeast extract（powdered）]：20 g

　　蔗糖（sucrose）：150 g

　　七水硫酸镁（$MgSO_4 \cdot 7H_2O$）：0.5 g

　　微量金属溶液（trace metal solution）：1 ml

　　琼脂（agar）：15 g

　　自来水（tap water）：1000 ml

　　v. 燕麦琼脂（oatmeal agar，OA）（Samson *et al.*，2010）（该培养基用于促进有性阶段的发育，若菌株在上述前 4 种鉴定培养基上产生有性阶段，则无需此培养基。发表新种时需要此培养基上的菌落描述）。

　　燕麦片（oatmeal flakes）：30 g 于 1200 ml 水中煮 15min，静置沉淀后取上清液 1000 ml

　　微量金属溶液（trace metal solution）：1 ml

　　琼脂（agar）：20 g

　　自来水（tap water）：1000 ml

　　vi. 肌酸蔗糖琼脂（creatine sucrose agar，CREA）（Frisvad，1981）（该培养基用于观察菌株是否产酸，若产酸则菌落周围的培养基由紫色变为黄色。篮状菌大多数种在该培养基上不生长，即使生长多数种也不产酸，而且具有菌株特异性，即同一物种有些菌株产酸，有些则不产酸，因此本研究未采用该培养基）。

　　一水肌酸（creatine·H_2O）：3 g

　　蔗糖（sucrose）：30 g

　　氯化钾（KCl）：0.5 g

　　七水磷酸三钾（$K_3PO_4 \cdot 7H_2O$）：1.6 g

　　七水硫酸镁（$MgSO_4 \cdot 7H_2O$）：0.5 g

　　七水硫酸亚铁（$FeSO_4 \cdot 7H_2O$）：0.01 g

　　微量金属溶液（trace metal solution）：1 ml

溴甲酚紫（bromocresol purple）：0.05 g

琼脂（agar）：20 g

自来水（tap water）：1000 ml

（四）传统分类学方法[①]

（1）接种：采用 90 mm 平皿，三点式接种。培养基灭菌后，每个 90 mm 平皿倒入约 20 ml 培养基，等凝固后将培养基倒置，用接种钩或灭菌的牙签（或无菌的 20 μl 移液器吸头）挑取微量菌丝体块（小于半个粟米粒大小），按正三角形的三个顶点进行三点式倒置接种，每个点接一小块菌丝体，接种后倒置培养。尽量不要接孢子，因为篮状菌、青霉、曲霉等霉菌的分生孢子属于干孢子，容易飞散而污染平皿，尤其是塑料培养皿会产生静电，更容易导致干孢子飞散。若有些菌的分生孢子很多而不见菌丝体，则需要将接种钩戳入无菌培养基中润湿后再轻轻粘取微量孢子倒置接种，也可用 0.05% 的吐温 80（tween 80）水溶液制作孢子悬液，再用移液器吸取 1 μl 倒置接种。若培养期间观察生长情况，须将倒置培养的平皿举到额头前上方仰视，不要将平皿翻正观察。

（2）鉴定参考资料：Pitt（1979）、Raper 和 Thom（1949）、Yilmaz 等（2014）的专著和论文；对菌落颜色的描述可参照 Ridgway（1912）或 Kornerup 和 Wanscher（1978）的色谱。本卷采用 Ridgway（1912）的色谱，颜色名称后面标有"R. Pl."及色板的罗马数字序号。

（3）菌落形态：于查氏琼脂（CA）25℃，查氏酵母精琼脂（CYA）25℃、5℃、37℃，麦芽精琼脂（MEA）25℃和酵母精蔗糖琼脂（YES）25℃培养 7 天，观察、记录和拍照（使用分辨率较高的全自动数码相机背光拍照即可，如 Canon IXUS100 IS）。菌落形态观察特征见表 5。

表 5 菌落形态观察特征

性状	CA	CYA			MEA 25℃培养 7 天	YES 25℃培养 7 天	OA 25℃培养 7 天
	25℃培养 7 天	25℃培养 7 天	5℃培养 7 天	37℃培养 7 天			
直径（mm）							
厚薄							
表面和边缘情况							
质地							
产分生孢子情况							
菌丝体							
渗出液							
可溶性色素							
菌落背面							

（4）显微形态：对于无性阶段，在 MEA 上生长旺盛时，用接种钩挑取 1~2 小块（毛虾眼睛大小）菌落近边缘的产分生孢子的结构，置于一小滴（半个粳米粒大小）

---

① 有关形态和结构描述的详细说明请参考孔华忠和王龙，2007

85%~90%乳酸水溶液中，用两个接种钩将其撕散开，盖上盖玻片后用 1 ml 移液器吸头的底部垂直用力压紧制作成显微镜载片，并进行观察和记录。若仍有气泡，可在酒精灯火焰上面烤一会儿，看到有气泡溢出，迅速压紧。对于有性阶段，要等到子囊孢子成熟后（一般 14 天后）再制作载片观察、记录和拍照[显微镜最好有微分干涉相差（differential interference contrast，DIC）功能，目镜用 100× 油镜]；对于发生于培养基内的孢梗茎长度的测量，可将 MEA 平皿培养基垂直切去 15 mm × 5 mm 的长条，然后将孢子接种于内侧培养基截面处，这样培养后孢梗茎会水平生长，可用解剖镜或显微镜的低倍镜观测。显微形态观察特征见表 6。

表 6　显微形态观察特征（各随机选取 20~30 个）

显微性状			性状状态	
1 分生孢子梗			发生部位：基质、表面菌丝、气生菌丝、菌丝绳、菌丝束等	
2 孢梗茎	大小（µm）：长 × 直径		壁：光滑、粗糙、具刺、具疣等	
3 帚状枝			分枝情况：单轮生、两轮生、三轮生、对称双轮生、不规则生等	
副枝	形状	每轮数目	大小（µm）：长 × 直径	壁
次副枝	形状	每轮数目	大小（µm）：长 × 直径	壁
梗基	形状	每轮数目	大小（µm）：长 × 直径	壁
瓶梗	形状	每轮数目	大小（µm）：长 × 直径	梗颈（现少用）
4 分生孢子	形状	大小（µm）	壁	分生孢子链（现少用）
5 原基	形状	大小（µm）		
6 裸囊壳	形状	大小（µm）	颜色	成熟时间
7 子囊	形状	大小（µm）	着生方式	子囊孢子数目
8 子囊孢子	形状	大小（µm）	壁	

　　（5）图版的制作：挑选质量好的菌落和显微照片，复制粘贴到 PowerPoint 竖版页面中，在显示比例为 100% 时将菌落照片中的平皿直径调整为 6 cm 并裁切成正方形；显微照片依据显微测量数据调整大小为 1 µm（等于标尺的 1 mm），然后裁切并与菌落照片拼图成宽度约为 13 cm、高度占满 PowerPoint 竖版页面的图版，加上标尺后另存为 tif 格式的图片，但分辨率只有 96 dpi，需更改设置：对于 PowerPoint 2010，在 Windows 系统同时按快捷键 win+R 运行 regedit，依次选择：计算机→HKEY_CURRENT_USER→Software→Microsoft→Office→14.0→PowerPoint→Options，然后依次点击：编辑→新建→DWORD（32 位）值（D），将"新值 #1"名称改为 ExportBitmapResolution，用左键双击它打开，选择十进制基数，将数值数据改为 307。设置后可以使 PowerPoint 输出图片的分辨率至 307 dpi。最后，图片用 Photoshop 裁切，锁定长宽比例后调整图像大小高度为 23 cm，宽度不用理会。此法制作的图版可以满足各种期刊对图片的要求（一般期刊要求宽度≤17.5 cm，高度≤23 cm）。

（五）分子种系学方法

1. 核基因组 DNA 的提取

　　参考 Wang 和 Zhuang（2004）并做了改进，各步骤均可在室温下操作，各种丝状真菌和大型真菌及干标本均可用此法。

（1）挑选生长旺盛的菌落，用不锈钢小切刀从菌落边缘向内水平削取约 5 mm × 5 mm 或绿豆粒至大米粒大小的菌落垫，尽量不要带有培养基，也可刮取菌落表面的分生孢子和菌丝体放入装有 100 μl 提取液 [提取液配方见下面第（3）步] 或 70%~75%乙醇的 1.5 ml 圆锥底平盖离心管中。

（2）加入等体积的 50 目无菌石英砂，用玻璃研杵（直径 8 mm，长 150 mm，锥度 8：14）手工用力研磨成匀浆状，约 10 min。也可用电动工具如电钻、电动研磨棒等，但转速一定要控制在低速（≤400 r/min），边伸缩边研磨 10~15 s，成匀浆状即停，千万不要研磨过度，否则 DNA 会降解。如果使用的是乙醇，研磨过程挥发了，再添加适量到湿润即可。

（3）加入 0.65~0.70 ml TTESS 提取液（10 mmol/L Tris-HCl，pH 8.0，2% Triton X-100，1 mmol/L EDTA-Na$_2$，1% SDS，100 mmol/L NaCl），盖紧盖子用力振荡混匀（Hoffman & Winston，1987）。

（4）室温下以 8000 r/min 的转速离心 10 min，转移上清液 0.46 ml 至新的 1.5 ml 离心管中，加入 0.23 ml 的 2.5 mol/L 乙酸钾（CH$_3$COOK），盖紧盖子用力振荡混匀。然后在 10 000~12 000 r/min 的转速下离心 10 min，转移上清液 0.46 ml 至新的 1.5 ml 的离心管中（Makimura *et al.*，1994）。

（5）加入 1 ml 无水乙醇，盖紧盖子用力振荡混匀后于–20℃沉淀 DNA 至少 120 min。

（6）在 10 000~12 000 r/min 的转速下离心 10 min，弃去乙醇，再用 70%~75%的乙醇洗涤 1 次，弃去乙醇，在 37~65℃条件下干燥 30 min，也可室温干燥。干燥后加入 100 μl 双蒸水或 TE[10 mmol/L Tris-HCl（pH 8.0），1.0 mmol/L EDTA]溶解 DNA（此方法得到的 DNA 浓度至少 10 ng/μl），可直接用于 PCR 扩增，但有些真菌物种的 DNA 需要纯化，使用 DNA 纯化试剂盒参考说明书进行即可。

（7）电泳检测（可选）：用移液器吸取 5 μl DNA 溶液混入 1 μl 载样缓冲液[0.25%溴酚蓝和 40%蔗糖（*m/V*）的水溶液]，移入 1%~2%琼脂糖凝胶（agarose gel）点样孔中，在 1× TAE[1× TAE 缓冲液：40 mmol/L Tris，20 mmol/L 乙酸，1 mmol/L EDTA-Na$_2$（pH 8.0）]中于 80 V 电泳 15~20 min。然后在 0.5 μg/ml 的溴乙锭（ethidium bromide，EB）溶液中浸泡染色 10 min，在波长 365 nm 和 254 nm 的紫外线下观察。

注：第（4）步可用 0.46 ml 的氯仿-异戊醇（24：1）代替乙酸钾，离心后转移上清液约 0.4 ml。为了提高效率，可以直接进行菌体 PCR，挑取头发丝直径至毛虾眼睛大小的微量菌丝体代替模板 DNA 直接扩增，但扩增程序的第一步预变性温度设为 98℃，其他不变；酵母、细菌、放线菌的菌体 PCR 也可按此法操作，关键是菌体材料务必不要多。

附：

（1）50× TAE 溶液的配制（1000 ml）（可室温长期保存，使用时稀释成 1× TAE 溶液）：

Tris：242 g

EDTA-Na$_2$：37.2 g

冰醋酸：57.1 ml

蒸馏水：定容到 1000 ml

（2）TTESS 提取液配方[10 mmol/L Tris-HCl，pH 8.0；2% Triton X-100；1 mmol/L EDTA-Na$_2$；1% SDS；100 mmol/L NaCl；1% PVP40（可选）]（Hoffman & Winston，1987）。Triton X-100 不易溶解，可常温放置 12 h。配制 1000 ml 的配方如下：

Tris：1.21 g（先溶于 800 ml 蒸馏水，然后用 HCl 调节至 pH 8.0）

Triton X-100：20 ml

EDTA-Na$_2$：0.372 g

SDS：10 g

NaCl：5.85 g

PVP40：10 g（可选）

蒸馏水：定容到 1000 ml

2. 遗传标记（genetic marker）的 PCR 扩增

1）篮状菌、青霉和曲霉的物种鉴定需要的 4 个遗传标记，正反向引物分别任选一条组成一对，一个反应体系只能用一对引物。

（1）β-微管蛋白基因（β-tubulin gene，*BenA*）（Glass & Donaldson，1995；Wang & Wang，2013）（约 400 bp 或 700 bp）

正向引物：bt 2a：5′-GGT AAC CAA ATC GGT GCT GCT TTC-3′

bt I2：5′-CCG TCA AGA TGC GTG AGA TCG T-3′

反向引物：bt 2b：5′-ACC CTC AGT GTA GTG ACC CTT GGC-3′

（2）钙调蛋白基因（calmodulin gene，*CaM*）（Wang，2012）（约 700 bp）

正向引物：cmd AD1：5′-GCC GAC TCT TTG ACT GAA GAG C-3′

cmd AD2：5′-GCC GAT TCT TTG ACC GAG GAA C-3′

反向引物：cmd Q1：5′-G CAT CAT GAG CTG GAC GAA CTC-3′

cmd Q2：5′-G CAT CAT GAG CTG GAC GAA TTC-3′

（3）RNA 多聚酶Ⅱ第二大亚基基因（DNA-dependent RNA polymerase Ⅱ second largest subunit gene，*Rpb2*）（Jiang *et al*.，2018）（约 800 bp）

正向引物：rpb2 T1：5′-ACT GGT AAC TGG GGT GAG CA-3′

rpb2 T2：5′-ACG GGT AAC TGG GGT GAA CA-3′

反向引物：rpb2 E1：5′-TC ACA GTG AGT CCA GGT GTG-3′

rpb2 E2：5′-TC GCA ATG CGT CCA GGT ATG-3′

（4）rDNA ITS1-5.8S-ITS2（ITS）（White *et al*.，1990）（约 600 bp，对于篮状菌、青霉和曲霉物种的鉴定用处不大）

正向引物：ITS5：5′-GGA AGT AAA AGT CGT AAC AAG G-3′

ITS1：5′-TCC GTA GGT GAA CCT GCG G-3′

反向引物：ITS4：5′-TCC TCC GCT TAT TGA TAT GC-3′

注：PCR 引物设计，长度一般为 18~24 bp；若有连续 G/C 或 A/T 的最好不超过 3 个；GC 含量最好为 50%~60%，退火温度参考 GC 含量（如 GC 含量的百分比数值对应摄氏度），也可参考公式 4 × (G + C) + 2 × (A + T) −10，无需使用任何引物设计软件（Wang & Zhuang，2004）。

2）PCR 扩增。

（1）扩增反应在无菌的 0.2 ml 薄壁平盖 Eppendorf 管中进行（20 μl 反应体系）：

DNA 模板：1.0 μl 基因组 DNA

正向和反向引物：各 0.5 μl（10 μmol/L）

双蒸水：8 μl

2× PCR 缓冲液（PCR buffer：0.05 U/μl Taq polymerase，4 mmol/L MgCl$_2$，0.4 mmol/L dNTPs）：10 μl

（2）PCR 扩增反应程序：先 94℃加热 3 min 30s 使模板 DNA 预变性，然后共进行 30 个温度循环：94℃变性 30 s，52℃（50~55℃）退火 30 s，72℃延伸 30 s，最后在 72℃ 条件下延伸 3 min，有时会用到降落 PCR，程序设定参考 Wang 和 Zhuang（2004）。若 进行菌体 PCR，预变性设为 98℃，5 min，其他不变。

3. PCR 扩增产物的检测及测序

PCR 产物与 100 bp DNA ladder 分别取 5 μl 加 1 μl 载样缓冲液[0.25%溴酚蓝，40% 蔗糖（m/V）]，用 2%的琼脂糖 TAE 凝胶在 80 V 电压下电泳 15~20 min，用 0.5 μg/ml 的溴乙锭溶液浸泡染色 10 min 后在波长 365 nm 和 254 nm 的紫外线下观察。显示单一、 明亮扩增区段长度条带的 PCR 扩增产物交由生物技术公司用 ABI 3730（Applied Biosystems）进行双向直通测序。

4. 原始序列的校对编辑

测序得到的正向和反向原始序列各有 2 个文件，即图谱文件和序列文件，要用生物 学软件 BioEdit v7.0.9（Hall，1999）进行人工校对、编辑，才能得到准确无误的全区段 序列。具体操作为：先读取正向序列，然后依次点击 File→Import→Sequence alignment file，输入反向序列。然后选定反向序列，依次点击 Sequence→Nucleic Acid→Reverse complement 将其转变为正向序列。最后同时选定正向和转变后的反向序列进行对位排 列 alignment，依次点击 Accessory application→ClustalW multiple alignment→Run ClustalW→OK。此时正向和转变后的反向序列的各个位点（site）均已对齐，将 Mode 改为 Edit 模式即可进行人工校对、编辑。此时，在转变后的反向序列前面可以找到正 向引物序列，在正向序列后面可以找到反向引物序列，然后选定并删除正向和反向引物 序列。依次检查每个位点的两条序列的碱基是否相同，若发现有位点碱基不同，则要根 据图谱文件确定该位点的碱基，最后选定并删去反向序列，将校对编辑好的正向序列另 存为 fasta 格式的序列，此格式可以提交到 GenBank，对于蛋白质基因要标记编码区（图 6~图 9）。

5. 序列矩阵的制作

将不同菌株同一基因的校对编辑好的序列依次读入 BioEdit v7.0.9，然后读入相关 各种模式菌株的该基因序列和一个外群（outgroup）物种的该基因序列（外群选择很重 要，选择与内群物种关系最近的非内群物种），另存为 fasta 格式的序列集（也可用记 事本制作序列集，最后将文件扩展名 txt 改为 fas 即可）。用 MEGA 6（Tamura *et al.*，

2013）打开序列集，使用 MUSCLE 功能进行对位排列，删除前后没有对齐的部分，即将其修剪成序列矩阵。这个序列矩阵即可用于种系发生学分析。

6. 种系发生学分析

1）邻位连接法（neighbor-joining method，NJ）

此方法速度快，但有时不太准确。分析推断出系统发育树，并用自展法（bootstrap）进行 1000 次重复评估各分支的可靠性。操作步骤为依次点击 Data→phylogenetic analysis→No；phylogeny construct/test neighbor-joining tree→Yes。

2）最大似然法（maximum likelihood，ML）

此方法速度较慢，依赖合适的替代模型，但具有坚实的统计学基础，较可靠。首先确定碱基替代模型及替代率：操作步骤为依次点击models→find best DNA/protein（ML），程序计算后会显示最佳碱基替代模型及替代率。然后进行系统学分析，操作步骤为依次点击 Data→Phylogenetic analysis→No；Phylogeny→Construct/test maximum likelihood tree→Yes，然后根据得到的模型更改参数，采用自展法进行 1000 次重复评估各分支的可靠性，其中空格（gaps）选择 partial deletion（Hall，2013）。

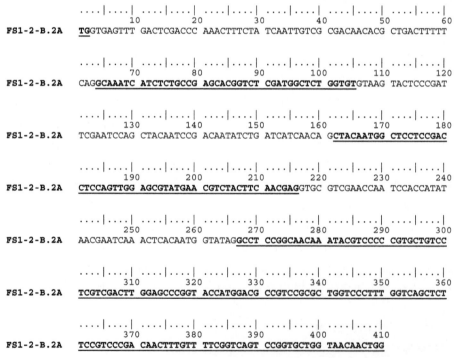

图 6 稀疏篮状菌 *Talaromyces sparsus* AS 3.16003 用引物 bt 2a 和 bt 2b 进行 PCR 扩增得到的 *BenA* 序列（GenBank: MT083924）的编码区（以下画线粗体显示）

FS1-2c [organism=Talaromyces sparsus] [strain=AS 3.16003] [molecule=DNA] [moltype=genomic]
[location=genomic]

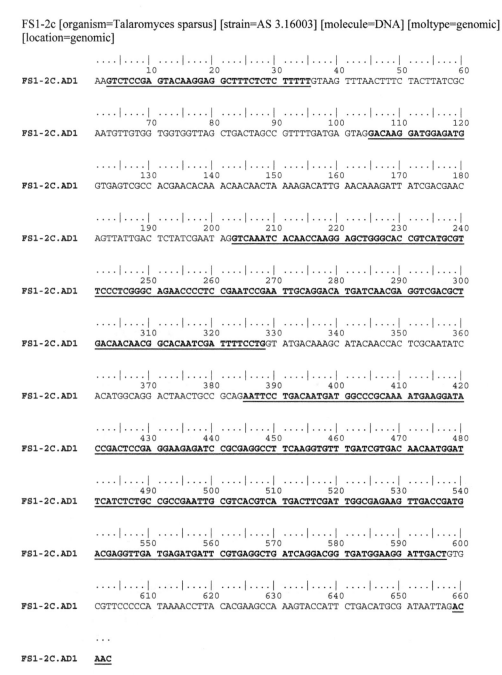

```
            ....|....|....|....|....|....|....|....|....|....|....|....|
                    10        20        30        40        50        60
FS1-2C.AD1  AAGTCTCCGA GTACAAGGAG GCTTTCTCTC TTTTTGTAAG TTTAACTTTC TACTTATCGC

            ....|....|....|....|....|....|....|....|....|....|....|....|
                    70        80        90        100       110       120
FS1-2C.AD1  AATGTTGTGG TGGTGGTTAG CTGACTAGCC GTTTTGATGA GTAGGACAAG GATGGAGATG

            ....|....|....|....|....|....|....|....|....|....|....|....|
                    130       140       150       160       170       180
FS1-2C.AD1  GTGAGTCGCC ACGAACACAA ACAACAACTA AAAGACATTG AACAAAGATT ATCGACGAAC

            ....|....|....|....|....|....|....|....|....|....|....|....|
                    190       200       210       220       230       240
FS1-2C.AD1  AGTTATTGAC TCTATCGAAT AGGTCAAATC ACAACCAAGG AGCTGGGCAC CGTCATGCGT

            ....|....|....|....|....|....|....|....|....|....|....|....|
                    250       260       270       280       290       300
FS1-2C.AD1  TCCCTCGGGC AGAACCCCTC CGAATCCGAA TTGCAGGACA TGATCAACGA GGTCGACGCT

            ....|....|....|....|....|....|....|....|....|....|....|....|
                    310       320       330       340       350       360
FS1-2C.AD1  GACAACAACG GCACAATCGA TTTTCCTGGT ATGACAAAGC ATACAACCAC TCGCAATATC

            ....|....|....|....|....|....|....|....|....|....|....|....|
                    370       380       390       400       410       420
FS1-2C.AD1  ACATGGCAGG ACTAACTGCC GCAGAATTCC TGACAATGAT GGCCCGCAAA ATGAAGGATA

            ....|....|....|....|....|....|....|....|....|....|....|....|
                    430       440       450       460       470       480
FS1-2C.AD1  CCGACTCCGA GGAAGAGATC CGCGAGGCCT TCAAGGTGTT TGATCGTGAC AACAATGGAT

            ....|....|....|....|....|....|....|....|....|....|....|....|
                    490       500       510       520       530       540
FS1-2C.AD1  TCATCTCTGC CGCCGAATTG CGTCACGTCA TGACTTCGAT TGGCGAGAAG TTGACCGATG

            ....|....|....|....|....|....|....|....|....|....|....|....|
                    550       560       570       580       590       600
FS1-2C.AD1  ACGAGGTTGA TGAGATGATT CGTGAGGCTG ATCAGGACGG TGATGGAAGG ATTGACTGTG

            ....|....|....|....|....|....|....|....|....|....|....|....|
                    610       620       630       640       650       660
FS1-2C.AD1  CGTTCCCCCA TAAAACCTTA CACGAAGCCA AGTACCATT CTGACATGCG ATAATTAGAC

            ...

FS1-2C.AD1  AAC
```

图 7　稀疏篮状菌 *Talaromyces sparsus* AS 3.16003 用引物 cmd AD1 和 cmd Q1 进行 PCR 扩增得到的
CaM 序列（GenBank: MT083925）的编码区（以下画线粗体显示）

FS1-2r [organism=Talaromyces sparsus] [strain=AS 3.16003] [molecule=DNA] [moltype=genomic]
[location=genomic]

```
                ....|....| ....|....| ....|....| ....|....| ....|....| ....|....|
                    10         20         30         40         50         60
FS1-2-R.T1      GAAGAAGGCA ATGAGCTCGA AAGCAGGTGT TTCTCAGGTG CTCAGTCGAT ACACCTTTGC

                ....|....| ....|....| ....|....| ....|....| ....|....| ....|....|
                    70         80         90        100        110        120
FS1-2-R.T1      CTCTACTTTG TCTCATTTGA GACGTACTAA TACACCTATT GGTCGTGATG GAAAAATCGC

                ....|....| ....|....| ....|....| ....|....| ....|....| ....|....|
                   130        140        150        160        170        180
FS1-2-R.T1      CAAGCCTCGT CAGCTACATA ACACTCATTG GGGTTTGGTT TGTCCTGCCG AGACTCCTGA

                ....|....| ....|....| ....|....| ....|....| ....|....| ....|....|
                   190        200        210        220        230        240
FS1-2-R.T1      AGGTCAAGCT TGTGGTTTGG TCAAGAACTT GGCATTGATG TGCTCTATTA CTGTGGGTTC

                ....|....| ....|....| ....|....| ....|....| ....|....| ....|....|
                   250        260        270        280        290        300
FS1-2-R.T1      TCCTAGCGAG CCAATTGTTG ATTTCATGAT TCAGCGAAAC ATGGAAGTGC TTGAGGAGTT

                ....|....| ....|....| ....|....| ....|....| ....|....| ....|....|
                   310        320        330        340        350        360
FS1-2-R.T1      CGAACCGCTA GTTACGCCTC ATGCCACCAA GGTCTTTGTC AATGGCGTTT GGGTTGGTAT

                ....|....| ....|....| ....|....| ....|....| ....|....| ....|....|
                   370        380        390        400        410        420
FS1-2-R.T1      TCATCGTGAC CCGGCCCACT TGGTCAGCAC TGTCCAGTCA CTACGTCGAC GAAACATGAT

                ....|....| ....|....| ....|....| ....|....| ....|....| ....|....|
                   430        440        450        460        470        480
FS1-2-R.T1      TTCGCACGAA GTTAGTTTGG TTCGTGATAT TCGTGACCGG GAGTTCAAGA TCTTCACAGA

                ....|....| ....|....| ....|....| ....|....| ....|....| ....|....|
                   490        500        510        520        530        540
FS1-2-R.T1      TGCTGGCCGT GTTTGTCGCC CACTTTTCGT CATTGACAAT GATCCACGAA GCGAGAACTG

                ....|....| ....|....| ....|....| ....|....| ....|....| ....|....|
                   550        560        570        580        590        600
FS1-2-R.T1      TGGTTCTTTG GTACTCAACA AAGACCATAT CCGCAGACTC GAAGCGGACC GTGAGCTTCC

                ....|....| ....|....| ....|....| ....|....| ....|....| ....|....|
                   610        620        630        640        650        660
FS1-2-R.T1      ACCAGACCTC GACCCCGAAG AACGAAGAGA ACAGTACTAC GGCTGGGAGG GTCTTGTCAA

                ....|....| ....|....| ....|....| ....|....| ....|....| ....|....|
                   670        680        690        700        710        720
FS1-2-R.T1      ATCGGGAGTC ATTGAGTATG TTGATGCTGA AGAAGAGGAA ACTATTATGA TTGCCATGTC

                ....|....| ....|....| ....|....| ....|....| ....|....| ....|....|
                   730        740        750        760        770        780
FS1-2-R.T1      TCCTGAAGAT CTCGAAATTT CGAAACAACT ACAAGCCGGT TATGCTTTGC CCGAGGACAA

                ....|....| ....|....| ....|....| ....|....| ....|....| ....|.
                   790        800        810        820
FS1-2-R.T1      TAGTGATCCA AATAAGCGTG TACGTTCAGT GTTGAGTCAG AGGGCA
```

图8　稀疏篮状菌 *Talaromyces sparsus* AS 3.16003 用引物 rpb2 T1 和 rpb2 E2 进行 PCR 扩增得到的 *Rpb2*
序列（GenBank: MT083926）的编码区（以下画线粗体显示）

0803L-8r [organism=Talaromyces adpressus] [strain=AS 3.15897] [molecule=DNA]
[moltype=genomic] [location=genomic]

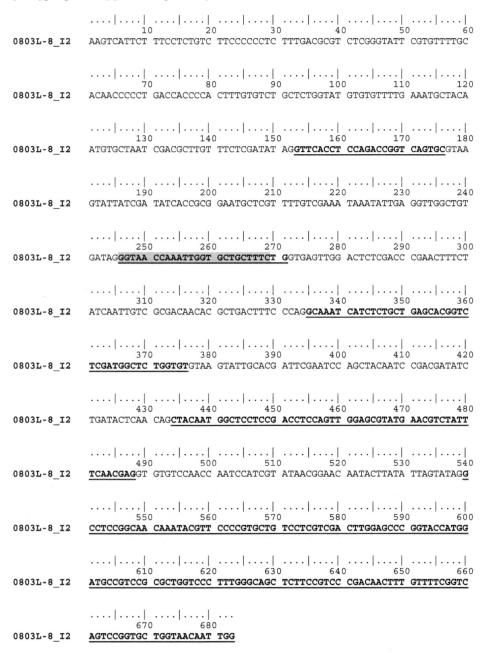

```
                ....|....| ....|....| ....|....| ....|....| ....|....| ....|....|
                    10        20        30        40        50        60
0803L-8_I2      AAGTCATTCT TTCCTCTGTC TTCCCCCCTC TTTGACGCGT CTCGGGTATT CGTGTTTTGC

                ....|....| ....|....| ....|....| ....|....| ....|....| ....|....|
                    70        80        90       100       110       120
0803L-8_I2      ACAACCCCCT GACCACCCCA CTTTGTGTCT GCTCTGGTAT GTGTGTTTTG AAATGCTACA

                ....|....| ....|....| ....|....| ....|....| ....|....| ....|....|
                   130       140       150       160       170       180
0803L-8_I2      ATGTGCTAAT CGACGCTTGT TTCTCGATAT AG**GTTCACCT CCAGACCGGT CAGTGC**GTAA

                ....|....| ....|....| ....|....| ....|....| ....|....| ....|....|
                   190       200       210       220       230       240
0803L-8_I2      GTATTATCGA TATCACCGCG GAATGCTCGT TTTGTCGAAA TAAATATTGA GGTTGGCTGT

                ....|....| ....|....| ....|....| ....|....| ....|....| ....|....|
                   250       260       270       280       290       300
0803L-8_I2      GATAGGGTAA CCAAATTGGT GCTGCTTTCT GGTGAGTTGG ACTCTCGACC CGAACTTTCT

                ....|....| ....|....| ....|....| ....|....| ....|....| ....|....|
                   310       320       330       340       350       360
0803L-8_I2      ATCAATTGTC GCGACAACAC GCTGACTTTC CCAG**GCAAAT CATCTCTGCT GAGCACGGTC**

                ....|....| ....|....| ....|....| ....|....| ....|....| ....|....|
                   370       380       390       400       410       420
0803L-8_I2      **TCGATGGCTC TGGTGT**GTAA GTATTGCACG ATTCGAATCC AGCTACAATC CGACGATATC

                ....|....| ....|....| ....|....| ....|....| ....|....| ....|....|
                   430       440       450       460       470       480
0803L-8_I2      TGATACTCAA CAG**CTACAAT GGCTCCTCCG ACCTCCAGTT GGAGCGTATG AACGTCTATT**

                ....|....| ....|....| ....|....| ....|....| ....|....| ....|....|
                   490       500       510       520       530       540
0803L-8_I2      **TCAACGAG**GT GTGTCCAACC AATCCATCGT ATAACGGAAC AATACTTATA TTAGTATAG**G**

                ....|....| ....|....| ....|....| ....|....| ....|....| ....|....|
                   550       560       570       580       590       600
0803L-8_I2      **CCTCCGGCAA CAAATACGTT CCCCGTGCTG TCCTCGTCGA CTTGGAGCCC GGTACCATGG**

                ....|....| ....|....| ....|....| ....|....| ....|....| ....|....|
                   610       620       630       640       650       660
0803L-8_I2      **ATGCCGTCCG CGCTGGTCCC TTTGGGCAGC TCTTCCGTCC CGACAACTTT GTTTTCGGTC**

                ....|....| ....|....| ....|
                   670       680
0803L-8_I2      **AGTCCGGTGC TGGTAACAAT TGG**
```

图 9　紧密篮状菌 *Talaromyces adpressus* AS 3.15897 用引物 bt I2 和 bt 2b 进行 PCR 扩增得到的 *BenA*
序列（GenBank: MW727229）的编码区（以下画线粗体显示）其中 bt 2a 引物区段位于第二个编码区
（用暗底纹显示）

3）贝叶斯推断（Bayes inference，BI）

此方法速度较慢，依赖于合适的替代模型，但具有坚实的统计学基础，通常与 ML 联合使用。先用 Clustal X 1.81（Thompson *et al.*，1997）比对修剪，再将序列矩阵转换成 NEXUS 格式，放在 MrBayes 3.2（Ronquist *et al.*，2012）文件夹的 examples 子文件夹中，双击 mrbayes 打开程序进行计算。其中碱基替代模型及替代率与 ML 的相同。将"Ploidy"改为"Haploid"，其他参数默认。当 average standard deviation of split frequencies 小于等于 0.05 时结束。键入 sump 回车，然后键入 sumt 回车。此时在 MrBayes 文件夹下的 examples 子文件夹中生成一个后缀为.con 的一致树（consensus tree），可用 FigTree 1.4.3 打开，并将演化支的后验概率大于等于 0.95 的标注在 ML 树的相应演化支上面。

4）最大简约法（maximum parsimony，MP）

此方法较准确但速度很慢，现在很少使用。先用 Clustal X 1.81（Thompson *et al.*，1997）比对修剪，然后将序列矩阵转换成 NEXUS 格式，再用 PAUP 4.0（Swofford，2001）进行计算。系统发育树的推断以随机添加序列（random sequence addition）的次序做 1000 次重复进行启发式搜索（heuristic search）而得到。分析结果用 Treeview 3.2 打开，此时会有多个等简约树，需用根据形态学确定这些物种的相互关系，从中选择一个最合适的树，复制并选择性粘贴到 PowerPoint 竖版页面。然后用 PAUP 的自展法进行 1000 次重复，评估各分支的可靠性，得到一致树，用 Treeview 3.2 打开，将分化支 Clade 支持率大于 70% 的标注到 PowerPoint 的那棵树相应的分支上。

5）系统发育树编辑

种系树做好后用 MEGA 自带的工具调整树形分支使其美观（呈阶梯状），若外群在内群里，则说明外群选择不合适，需重新选择外群。调整好的树复制粘贴到 PowerPoint 竖版页面，依次点击：选择性粘贴→增强型图元文件，在图片上点击右键，组合→取消组合，再次点击右键，组合→取消组合，之后即可编辑各项。编辑好后可以另存为 tif 格式的图片（见前述图版的制作）或 pdf 格式的文件。

6）居群遗传多样性（population genetic diversity）分析

同一个物种可由多个居群构成，尤其是对一些广布种和致病菌物种，如绳状篮状菌、嗜松篮状菌、产黄青霉、烟曲霉、黄曲霉、黑曲霉等（Li *et al.*，2014）。同一物种不同的居群具有不同的生理生化特性，居群结构分析可用软件 Structure（Pritchard *et al.*，2000）和 ClonalFrame（Didelot & Falush，2007）分析，详见软件说明。

专　　论

篮状菌组 section *Talaromyces*

模式种：*Talaromyces flavus* (Klöcker) Stolk & Samson, Stud. Mycol. 2: 10, 1972.

篮状菌组目前是篮状菌属中最大的一个组（表 7），该组的许多物种在自然界及人类活动场所广泛分布，如绳状篮状菌 *T. funiculosus*、藤本篮状菌 *T. liani*、嗜松篮状菌 *T. pinophilus*、产紫篮状菌 *T. purpureogenus*。本组还有一些重要的条件致病菌，如马尔尼菲篮状菌 *T. marneffei*、艾米斯托克篮状菌 *T. amestolkiae*、斯托尔篮状菌 *T. stollii*。另外，本组的一些产生耐热子囊孢子的种，如黄色篮状菌 *T. flavus*、大孢篮状菌 *T. macrosporus*、柄篮状菌 *T. stipitatus* 是食品工业的常见污染菌。还有，本组的产紫篮状菌通常污染发酵型果醋饮料并产生具有肝毒性的赤毒素。

本组物种通常生长较快，产生绿黄色至橙黄色菌丝体和裸囊壳及灰绿色分生孢子。其裸囊壳通常呈球形至近球形，子囊为球形、近球形至椭球形，子囊孢子呈椭球形、长椭球形至近球形，壁具小刺，个别种的子囊孢子壁具小脊。其分生孢子梗通常发生于表面菌丝和气生菌丝，帚状枝通常双轮生兼单轮生，瓶梗通常披针形，分生孢子椭球形、近球形至球形，壁通常光滑，少数粗糙。

篮状菌组全球已报道 90 种，本卷研究和描述我国发现的 51 种，在表 7 中以粗体显示。

表 7　截至本卷定稿，全球已报道篮状菌组物种及其模式菌株、分离地和遗传标记

物种	模式菌株	模式菌株分离地	遗传标记			
			ITS	*BenA*	*CaM*	*Rpb2*
T. aculeatus	CBS 289.48= NRRL 2129	美国	KF741995	KF741929	KF741975	KM023271
T. adpressus	CGMCC 3.18211= CBS 140620	中国	KU866657	KU866844	KU866741	KU867001
T. alveolaris	CBS 142379	美国	LT558969	LT559086	LT795596	LT795597
T. amazonensis	CBS 140373 = IBT 23215	哥伦比亚	KX011509	KX011490	KX011502	MN969186
T. amestolkiae	CBS 132696 = DTO 179-F5	南非	JX315660	JX315623	KF741937	JX315698
T. angelicae [as 'angelicus']	KACC 46611	韩国	KF183638	KF183640	KJ885259	KX961275
T. annesophieae	CBS 142939 = DTO 377-F3	荷兰	MF574592	MF590098	MF590104	MN969199
T. apiculatus	CBS 312.59 = FRR 635	日本	JN899375	KF741916	KF741950	KM023287

物种	模式菌株	模式菌株分离地	遗传标记			
			ITS	*BenA*	*CaM*	*Rpb2*
T. argentinensis	NRRL 28750	加纳	MH793045	MH792917	MH792981	MH793108
T. aspriconidius	CBS 141835 = DTO 340-F8	中国	MN864274	MN863343	MN863320	MN86333
T. atkinsoniae	BRIP 72528a	澳大利亚	OP059084	OP087524	N/A	OP087523
T. aurantiacus	CBS 314.59 = NRRL 3398	美国	JN899380	KF741917	KF741951	KX961285
T. aureolinus	AS 3.15865	中国	MK837953	MK837937	MK837945	MK837961
T. australis	CBS 137102 = IBT 14256	澳大利亚	KF741991	KF741922	KF741971	KX961284
T. bannicus	AS 3.15862	中国	MK837955	MK837939	MK837947	MK837963
T. beijingensis	CBS 140617= CGMCC 3.18200	中国	KU866649	KU866837	KU866733	KU866993
T. brevis	CGMCC 3.16278 = CBS 118436 = DTO 004-D8	中国	MN864269	MN863338	MN863315	MN863328
T. calidicanius	CCRC 33728 = AS 3.26030 = CBS 112002	中国	JN899319	HQ156944	KF741934	KM023311
T. californicus	NRRL 58168	美国	MH793056	MH792928	MH792992	MH793119
T. cavernicola	URM 8448	巴西	ON862935	OP672383	OP290543	OP290515
T. cnidii	KACC 46617	韩国	KF183639	KF183641	KJ885266	KM023299
T. coprophilus	CBS 142756	西班牙	LT899794	LT898319	LT899776	LT899812
T. cucurbitiradicus	ACCC 39155 = CGMCC 3.26140	中国	KY053254	KY053228	KY053246	N/A
T. derxii	CBS 412.89 = NHL 2981	日本	JN899327	JX494306	KF741959	KM023282
T. dimorphus	AS 3.15692 = NN072337	中国	KY007095	KY007111	KY007103	KY112593
T. domesticus	NRRL 58121	美国	MH793055	MH792927	MH792991	MH793118
T. duclauxii	CBS 322.48 = NRRL 1030	法国	JN899342	JX091384	KF741955	JN121491
T. echinulatus	CNUFC HB1206	韩国	OR462362	OR507571	OR608367	OR591610
T. euchlorocarpius	DTO 176I3 = CBM PF1203	日本	AB176617	KJ865733	KJ885271	KM023303
T. flavovirens	CBS 102801 = IBT 27044	西班牙	JN899392	JX091376	KF741933	KX961283
T. flavus	CBS 310.38 NRRL 2098	新西兰	JN899360	JX494302	KF741949	JF417426
T. francoae	CBS 113134 = IBT 23221	哥伦比亚	KX011510	KX011489	KX011501	MN969188
T. funiculosus	CBS 272.86 = IMI 193019	印度	JN899377	JX091383	KF741945	KM023293

物种	模式菌株	模式菌株分离地	遗传标记			
			ITS	*BenA*	*CaM*	*Rpb2*
T. fuscoviridis	CBS 193.69 = IBT 14846	荷兰	KF741979	KF741912	KF741942	MN969156
T. fusiformis	CBS 140637= CGMCC 3.18210	中国	KU866656	KU866843	KU866740	KU867000
T. galapagensis	NRRL 13068 = CBS 751.74	厄瓜多尔	JN899358	JX091388	KF741966	MH793105
T. ginkgonis	CGMCC 3.20698	中国	OL638158	OL689844	OL689846	OL689848
T. haitouensis	AS 3.16101 = HR1-7	中国	MZ045695	MZ054634	MZ054637	MZ054631
T. indigoticus	CBS 100534 = IBT 17590	日本	JN899331	JX494308	KF741931	KX961278
T. intermedius	CBS 152.65 = IMI 100874	英国	JN899332	JX091387	KJ885290	KX961282
T. johnpittii	BRIP 72504a = MST-FP2594	澳大利亚	OP712677	OP712647	OP712645	OP712646
T. kabodanensis	CBS 139564 = DTO 204-F2	伊朗	KP851981	KP851986	KP851995	MN969190
T. kendrickii	CBS 136666 = IBT 13593	加拿大	KF741987	KF741921	KF741967	MN969158
T. lentulus	AS 3.15689 = NN071323	中国	KY007088	KY007104	KY007096	KY112586
T. liani	CBS 225.66 = NRRL 3380	中国	JN899395	JX091380	KJ885257	MH793100
T. louisianensis	NRRL 35823	美国	MH793052	MH792924	MH792988	MH793115
T. macrosporus	CBS 317.63 = FRR 404	南非	JN899333	JX091382	KF741952	KM023292
T. mae	AS 3.15690 = NN071328	中国	KY007090	KY007106	KY007098	KY112588
T. malicola	NRRL 3724	意大利	MH909513	MH909406	MH909459	MH909567
T. mangshanicus	CGMCC 3.18013 = HMAS 248733	中国	KX447531	KX447530	KX447528	KX447527
T. marneffei	CBS 388.87= IMI 068794ii	越南	JN899344	JX091389	KF741958	KM023283
T. muroii	CBS 756.96 = PF 1153	中国	MN431394	KJ865727	KJ885274	KX961276
T. mycothecae	CBS 142494	巴西	MF278326	LT855561	LT855564	LT855567
T. nanjingensis	JP-NJ4 = M 2012167	中国	MW130720	MW147759	MW147760	MW147762
T. neofusisporus	AS 3.15415 = CBS 139516	中国	KP765385	KP765381	KP765383	MN969165
T. oumae-annae	CBS 138208 = DTO 269-E8	南非	KJ775720	KJ775213	KJ775425	KX961281
T. panamensis	CBS 128.89 = IMI 297546	巴拿马	JN899362	HQ156948	KF741936	KM023284

物种	模式菌株	模式菌株分离地	遗传标记			
			ITS	BenA	CaM	Rpb2
T. penicillioides	AS 3.15822	中国	MK837956	MK837940	MK837948	MK837964
T. pinophilus	CBS 631.66 = IMI 114933	法国	JN899382	JX091381	KF741964	KM023291
T. pratensis	NRRL 62170	美国	MH793075	MH792948	MH793012	MH793139
T. primulinus	CBS 321.48 = NRRL 1074	美国	JN899317	JX494305	KF741954	KM023294
T. pseudofuniculosus	CBS 143041	西班牙	LT899796	LT898323	LT899778	LT899814
T. purgamentosus	CBS 113145	哥伦比亚	KX011504	KX011487	KX011500	MN969189
T. purpureogenus	CBS 286.36 = IMI 091926	哥伦比亚	JN899372	JX315639	KF741947	JX315709
T. qii	AS 3.15414 = CBS 139515	中国	KP765384	KP765380	KP765382	MN969164
T. rapidus	CBS 142382 = UTHSC DI 16-148	美国	LT558970	LT559087	LT795600	LT795601
T. ruber	CBS 132704 = DTO 193H6	英国	JX315662	JX315629	KF741938	JX315700
T. rubicundus	CBS 342.59 = NRRL 3400	美国	JN899384	JX494309	KF741956	KM023296
T. rufus	CBS 141834= CGMCC 3.13203	中国	MN864272	MN863341	MN863318	MN863331
T. sayulitensis	CBS 138204 = DTO 245H1	墨西哥	KJ775713	KJ775206	KJ775422	MH793141 (NRRL 62185)
T. shilinensis	CGMCC 3.20699	中国	OL638159	OL689845	OL689847	OL689849
T. siamensis	CBS 475.88 = IMI 323204	泰国	JN899385	JX091379	KF741960	KM023279
T. soli	NRRL 62165	美国	MH793074	MH792947	MH793011	MH793138
T. sparsus	AS 3.16003	中国	MT077182	MT083924	MT083925	MT083926
T. stellenboschensis	CBS 135665 = IBT 32631	南非	JX091471	JX091605	JX140683	MN969157
T. stipitatus	CBS 375.48 = NRRL 1006	美国	JN899348	KM111288	KF741957	KM023280
T. stollii	CBS 408.93	荷兰	JX315674	JX315633	JX315646	JX315712
T. striatoconidius	CBS 550.89 = DTO418-H4	古巴	MN431418	MN969441	MN969360	MT156347
T. thailandensis	CBS 133147 = KUFC 3399	泰国	JX898041	JX494294	KF741940	KM023307
T. tumuli	NRRL 6013	美国	MH793071	MH792944	MH793008	MH793135
T. veerkampii	CBS 500.78 = IBT 14845	哥伦比亚	KF741984	KF741918	KF741961	KX961279
T. verruculosus	CBS 388.48= NRRL 1050	美国	KF741994	KF741928	KF741974	KM023306

物种	模式菌株	模式菌株分离地	遗传标记			
			ITS	*BenA*	*CaM*	*Rpb2*
T. versatilis	CBS 140377 = IMI 134755	英国	KC962111	KC992270	MN969319	MN969161
T. virens	CGMCC 3.25207	中国	ON563152	ON231297	ON470840	ON470841
T. viridis	CBS 114.72 = NRRL 5575	澳大利亚	AF285782	JX494310	KF741935	JN121430
T. viridulus	CBS 252.87 = FRR 1863	澳大利亚	JN899314	JX091385	KF741943	JF417422
T. wushanicus	CGMCC 3.20481	中国	MZ356356	MZ361347	MZ361354	MZ361361
T. xishaensis	CGMCC 3.17995 = HMAS 248732	中国	KU644580	KU644581	KU644582	MZ361364
T. yunnanensis	KUMCC 18-0208	中国	MT152339	MT161683	MT178251	N/A
T. zhenhaiensis	ZH3-18= AS 3.16102	中国	MZ045697	MZ054636	MZ054639	MZ054633

注：N/A 表示无，余表同

棘刺篮状菌　图版 I

Talaromyces aculeatus (Raper & Fennell) Samson, N. Yilmaz, Frisvad & Seifert, Stud. Mycol. 70: 174, 2011.

≡ *Penicillium aculeatum* Raper & Fennell, Mycologia 40: 535, 1948. Tzean *et al.*, *Penicillium* and Related Teleomorphs from Taiwan. p. 75, 1994. Kong & Wang, Flora Fungorum Sinicorum Vol. 35 *Penicillium* et Teleomorph Congnati. p. 197, 2007.

词源："*aculeatus*"表示其分生孢子壁是带棘刺的"aculeate"。

模式菌株：CBS 289.48 = NRRL 2129；遗传标记：ITS = KF741995，*BenA* = KF741929，*CaM* = KF741975，*Rpb2* = KM023271。

在 CA 上 25℃培养 7 天，菌落直径 18~23 mm，表面平坦，中部稍厚，外围薄，边缘于培养基内，整齐；质地绒状；分生孢子无；菌丝体呈白色夹杂浅粉褐色，近于浅粉肉桂色（Light Pinkish Cinnamon，R. Pl. XXIX）；无渗出液和可溶性色素；菌落背面中央呈肉桂色，外围呈淡粉黄色，近于淡粉皮黄色（Pale Pinkish Buff，R. Pl. XXIX）。

在 CYA 上 25℃培养 7 天，菌落直径 25~28 mm，表面稍带皱纹，边缘于培养基内，整齐；质地绒状；分生孢子少量，分布于中央，呈浅土褐色（Light Drab，R. Pl. XLVI）；菌丝体呈浅粉色，近于贝壳粉色至浅刚果粉色（Shell Pink to Light Congo Pink，R. Pl. XXVIII）；渗出液无；可溶性色素无；背面呈浅棕色，近于十字架棕色（Rood's Brown，R. Pl. XXVIII），外围变浅至红砖色（Testaceous，R. Pl. XXVIII）。

在 MEA 上 25℃培养 7 天，菌落直径 40~42 mm，较厚，表面平坦，边缘于培养基内，整齐；质地绒状兼短绳状；分生孢子适量，分布于中央，呈深橄榄灰至橄榄灰色（Deep Olive Gray to Olive Gray，R. Pl. LI）；菌丝体呈淡紫色，近于淡葡萄酒粉色（Pale Vinaceous Pink，R. Pl. XXVIII），但在边缘呈白色；渗出液无；可溶性色素；背面呈粉黄色，近于粉皮黄色（Pinkish Buff，R. Pl. XXIX）。

在 YES 上 25℃培养 7 天，菌落直径 30~31 mm，中央较厚，外围较薄，表面具少量辐射状皱纹，边缘于培养基内，有规则；质地绒状兼短絮状；分生孢子适量，呈橄榄灰色（Olive Gray，R. Pl. LI）；菌丝体呈白色，但在中部呈淡黄色；渗出液无；可溶性色素无；背面呈红木红色（Mahogany Red，R. Pl. II）。

在 CYA 上 37℃培养 7 天，正常生长，菌落直径 15~17 mm。

在 CYA 上 5℃培养 7 天，未生长。

分生孢子梗发生于表面菌丝，孢梗茎 150~250 μm × 3~3.5 μm，壁光滑；帚状枝双轮生，偶尔不规则生；梗基每轮 4~8 个，排列不紧密，9~12 μm × 2.5~4 μm；瓶梗安瓿形，每轮 4~6 个，10~12 μm × 2.5~3.5 μm；分生孢子球形，3.5~4 μm，壁刺状粗糙。

主要分类学性状：生长适中，在 37℃正常生长；帚状枝双轮生，排列不紧密，偶尔不规则生，瓶梗安瓿形；分生孢子球形，3.5~4 μm，壁刺状粗糙。

分布和基物：浙江绍兴土壤（SX8-2 = AS 3.16285）。

文献记载：广东、广西、河北、台湾（戴芳澜，1979；孔华忠和王龙，2007；Tzean *et al.*，1994）。这些鉴定仅依据形态学，尚需进一步研究确认。

讨论：在形态学和种系学上，该种与尖刺篮状菌 *T. apiculatus* Samson, N. Yilmaz & Frisvad 关系最近，只是该种的菌丝体在 MEA 上呈淡紫色，而后者的菌丝体呈浅绿黄色。该种在显微形态上也与细疣篮状菌 *T. verruculosus* 类似，但后者的菌丝体呈白色夹杂淡绿黄色，而且产分生孢子较多，另外在 37℃时后者生长较快。

紧密篮状菌 图版 II

Talaromyces adpressus A.J. Chen, Frisvad & Samson, Stud. Mycol. 84: 124, 2016.

词源："*adpressus*"表示其梗基排列紧密"appressed metulae"。

模式菌株：CGMCC 3.18211 = CBS 140620；遗传标记：ITS = KU866657，*BenA* = KU866844，*CaM* = KU866741，*Rpb2* = KU867001。

在 CA 上 25℃培养 7 天，菌落直径 22~24 mm，较薄，表面具少量辐射状皱纹，边缘于培养基表面，整齐；质地绒状；分生孢子大量，呈灰橄榄色（Grayish Olive，R. Pl. XLVI）；菌丝体呈白色；渗出液无或少量，无色；可溶性色素无；背面呈褐黄色。

在 CYA 上 25℃培养 7 天，菌落直径 36~38 mm，较薄，表面具少量辐射状皱纹，边缘于培养基内，整齐；质地绒状，上面覆盖短白絮；分生孢子大量，呈灰绿色，近于豆绿色至鼠曲草绿色（Pea Green to Gnaphalium Green，R. Pl. XLVII）；菌丝体呈白色；渗出液无；可溶性色素无；背面呈棕色，近于天皇棕色（Mikado Brown，R. Pl. XXIX）。

在 MEA 上 25℃培养 7 天，菌落直径 45~50 mm，稍厚，表面平坦，边缘于培养基内，整齐；质地絮状兼绳状；分生孢子大量，呈灰绿色，近于豆绿色至鼠曲草绿色（Pea Green to Gnaphalium Green，R. Pl. XLVII）；菌丝体呈白色；渗出液无；可溶性色素无；背面呈棕褐色。

在 YES 上 25℃培养 7 天，菌落直径 45~50 mm，较薄，表面具少量无规则沟纹，边缘于培养基内，整齐；质地绒状兼绳状；分生孢子适量，呈灰绿色，近于豆绿色（Pea Green，R. Pl. XLVII）；菌丝体呈白色；渗出液无；可溶性色素无；背面呈琥珀棕色（Amber Brown，R. Pl. III），边缘变浅。

在 CYA 上 37℃培养 7 天，菌落直径约 33 mm。

在 CYA 上 5℃培养 7 天，未生长。

分生孢子梗发生于表面菌丝，孢梗茎 90~210 μm × 3~5 μm，壁光滑；帚状枝双轮生，偶尔三轮生和不规则生；梗基每轮 2~6 个，排列紧密，12~15 μm × 3~5 μm；瓶梗披针形，排列紧密，每轮 4~6 个，9~13 μm × 2.5~3.5 μm；分生孢子近球形至椭球形，3~5 μm × 3~3.5 μm，壁光滑。

主要分类学性状：生长较快，产生短絮状兼绳状菌落，分生孢子呈灰绿色，菌丝体呈白色；帚状枝排列紧密；分生孢子近球形至椭球形，壁光滑。

分布和基物：北京室内空气（CGMCC 3.18211）；福建泉州滩涂土壤（SHW1-9），武夷山土壤（12774-2）；广西凭祥土壤（AS 3.5693；CaM = MT232956）；河北文安土壤（W71328）；河南卫辉土壤（WYZ225-8；WYZ225-9）；黑龙江丰林土壤（HL322）；山东青岛土壤（0803L8 = AS 3.15897；ITS = MW721008，BenA = MW727229，Rpb2 = MW727223）；四川峨眉山土壤（AS 3.5181；AS 3.5100）。

讨论：该种产生絮状兼绳状菌丝体和灰绿色分生孢子，与斯托尔篮状菌 T. stollii 类似。在种系学上，该种与迟缓篮状菌 T. lentulus、萨尤利塔篮状菌 T. sayulitensis 关系较近（Wei et al.，2021）。

亚马孙篮状菌 图版 III

Talaromyces amazonensis N. Yilmaz, López-Quint., Vasco-Pal., Frisvad & Houbraken, Mycol. Prog. 15: 1052, 2016. Chen et al., Mycosystema 40: 1205, 2021.

词源："amazonensis"表示其模式菌株分离自哥伦比亚的亚马孙"Colombia, dept. Amazonas"。

模式菌株：CBS 140373 = IBT 23215；遗传标记：ITS = KX011509，BenA = KX011490，CaM = KX011502，Rpb2 = MN969186。

在 CA 上 25℃培养 7 天，菌落直径 25~28 mm，稍厚，表面平坦，边缘于培养基内，流苏状；质地绒状；无分生孢子；菌丝体呈黄色，近于苦味酸黄色（Picric Yellow, R. Pl. IV），在边缘呈白色；表面具大量裸囊壳，呈黄色近于苦味酸黄色（Picric Yellow, R. Pl. IV）；无渗出液和可溶性色素；背面呈深红色，近于胭脂仙人掌红色（Nopal Red, R. Pl. I）。

在 CYA 上 25℃培养 7 天，菌落直径 23~24 mm，薄，表面稍带皱纹，边缘于培养基表面，整齐；质地绒状；分生孢子适量，呈黄橄榄色（Yellowish Olive, R. Pl. XXX）；菌丝体呈浅绿黄色，近于芦苇黄色（Reed Yellow, R. Pl. XXX）；无渗出液和可溶性色素；背面呈浅褐色。

在 MEA 上 25℃培养 7 天，菌落直径 29~31 mm，薄，表面平坦，边缘于培养基表面，整齐；质地绒状；分生孢子适量，呈豆绿色（Pea Green, R. Pl. XLVII）；菌丝体呈白色夹杂浅嫩绿黄色（Light Viridine Yellow, R. Pl. VI）；菌落中部可见适量子囊果，呈枸橼黄色（Citron Yellow, R. Pl. XVI）至浅绿黄色（Light Green Yellow, R. Pl. V）；无渗出液和可溶性色素；背面呈褐黄色。

在 YES 上 25℃培养 7 天，菌落直径 28~31 mm，较薄，表面具少量辐射状皱纹，边缘于培养基内，整齐；质地絮状；分生孢子适量，分布于中央，呈豆绿色（Pea Green，R. Pl. XLVII）；菌丝体呈白色，中部呈淡黄色，近于春白菊黄色（Marguerite Yellow，R. Pl. XXX）；无渗出液和可溶性色素；背面呈赤褐色（Rufous，R. Pl. XIV），外围呈淡黄橙色（Pale Yellow Orange，R. Pl. III）。

在 CYA 上 37℃培养 7 天，菌落直径 20~22 mm。

在 CYA 上 5℃培养 7 天，未生长。

裸囊壳球形，呈柠檬黄色，350~450 μm；原基由不规则膨大细胞构成；子囊球形至近球形，2 周后成熟，10~12 μm；子囊孢子椭球形，4~5.5 μm × 2.5~3.5 μm，壁具小刺。分生孢子梗发生于表面菌丝；帚状枝双轮生兼单轮生；孢梗茎 50~200 μm × 2~3 μm；梗基每轮 2~5 个，排列不紧密，8~12 μm × 3~3.5 μm；瓶梗披针形至安瓿形，每轮 2~5 个，8~13 μm × 2~3 μm；分生孢子椭球形至卵形，3~5 μm × 2~3 μm，壁光滑。

主要分类学性状：生长适度；分生孢子适量，呈灰绿色；裸囊壳呈柠檬黄色；帚状枝双轮生兼单轮生，排列不紧密，瓶梗披针形至安瓿形；分生孢子椭球形至卵形，壁光滑；子囊孢子椭球形，壁带刺。

分布和基物：北京京西林场土壤（JXL39-2 = AS 3.16289；*BenA* = ON569416）；云南土壤（CGMCC 3.12573：ITS = MW024061，*BenA* = MW027672，*CaM* = MW027666，*Rpb2* = MW027669）。

讨论：该种的菌落形态与沃特曼篮状菌 *T. wortmannii* 相似，但它们无性阶段的显微形态迥异，后者产生典型的双轮生帚状枝，排列紧密，分生孢子梭形至椭球形；在种系学上，该种与艾米斯托克篮状菌 *T. amestolkiae*、赤篮状菌 *T. ruber*、斯托尔篮状菌 *T. stollii* 关系较近（Yilmaz *et al.*，2016b；陈晗等，2021）。

艾米斯托克篮状菌　图版 IV

Talaromyces amestolkiae N. Yilmaz, Houbraken, Frisvad & Samson, Persoonia 29: 48, 2012. Shan *et al.*, Mycosystema 40: 1219, 2021.

词源："*amestolkiae*"表示荷兰真菌分类学家"Mrs. Amelia C. Stolk"。

模式菌株：CBS 132696 = DTO 179-F5；遗传标记：ITS = JX315660，*BenA* = JX315623，*CaM* = KF741937，*Rpb2* = JX315698。

在 CA 上 25℃培养 7 天，菌落直径 28~32 mm，较薄，表面平坦或具少量辐射状沟纹，边缘于培养基内，流苏状；质地绒状；分生孢子大量，呈暗灰绿色，近于安多佛绿色（Andover Green，R. Pl. XLVII）至豆绿色（Pea Green，R. Pl. XLVII）；菌丝体在边缘呈白色，在近边缘呈浅绿黄色；渗出液无；可溶性色素无；背面呈深棕色（Bay，R. Pl. II）。

在 CYA 上 25℃培养 7 天，菌落直径 34~36 mm，较薄，表面平坦或具少量辐射状沟纹，边缘于培养基内，完整；质地绒状，有时覆盖浅粉色短絮状菌丝；分生孢子大量，呈鼠尾草绿色（Sage Green，R. Pl. XLVII）；菌丝体在边缘呈黄白色，在近边缘呈淡黄色；渗出液无；可溶性色素无；背面中央呈棕红色，外围变浅至赭鲑肉色至暖皮黄色（Ochraceous Salmon to Warm buff，R. Pl. XV)。

在 MEA 上 25℃培养 7 天，菌落直径 47~50 mm，薄，表面平坦，边缘于培养基内，完整；质地绒状，覆盖稀疏短絮状菌丝；分生孢子大量，呈鼠尾草绿色（Sage Green，R. Pl. XLVII）；菌丝体在边缘呈黄白色，在近边缘呈淡绿黄色；渗出液无；可溶性色素无；背面呈浅褐色。

在 YES 上 25℃培养 7 天，菌落直径 37~38 mm，较厚，凸起，表面具较多无规则沟纹，边缘于培养基内，流苏状；质地绒状；分生孢子大量，呈鼠尾草绿色（Sage Green，R. Pl. XLVII）；菌丝体在边缘呈白色；渗出液无；可溶性色素无；背面呈浅棕色，凹陷处产生大量分生孢子，呈鼠曲草绿色（Gnaphalium Green，R. Pl. XLVII）。

在 CYA 上 37℃培养 7 天，菌落直径 8~12 mm。

在 CYA 上 5℃培养 7 天，未生长。

分生孢子梗发生于表面菌丝，孢梗茎（60~）90~150（~200）μm × 2.5~3 μm，壁光滑；帚状枝双轮生，偶尔带 1~2 个副枝，排列不紧密；梗基每轮 3~6 个，排列不紧密，10~13 μm × 3.5~4 μm；瓶梗安瓿形，排列不紧密，每轮 4~6 个，9~12 μm × 2.5~3 μm；分生孢子椭球形，2~3 μm × 2~2.5 μm，壁光滑。

主要分类学性状：生长较快，形成典型的绒状菌落，背面呈棕红色；分生孢子大量，呈鼠尾草绿色；菌丝体在边缘呈白色，在中部带淡粉色；帚状枝双轮生，瓶梗安瓿形，排列不紧密；分生孢子椭球形，壁光滑。

分布和基物：北京怀柔土壤（HR9-1）；福建厦门土壤（HYP125）；贵州黄果树土壤（14049 = AS 3.15821：ITS = MT883346，*BenA* = MT892944，*CaM* = MT892950；14064 = AS 3.15823）；海南定安土壤（G207）；黑龙江哈尔滨郊区土壤（AS 3.5988 = 13009），五大连池土壤（HL72：ITS = MT883347，*BenA* = MT892945，*CaM* = MT892951），齐齐哈尔建华土壤（13083 = AS 3.16279）；湖北省神农架土壤（XZ223）；青海互助土壤（KK101）；山东烟台土壤（SDYT18-1）；陕西周至土壤（XZ116），宝鸡土壤（XZ125）；新疆乌鲁木齐土壤（AS 3.13609 = 13813）；浙江杭州土壤（12686：ITS = MT883345，*BenA* = MT892943，*CaM* = MT892949；AS 3.6563 = 12696）。

文献记载：广东（Chen *et al*.，2018）。该鉴定仅依据 rDNA 序列，尚需进一步研究确认。

讨论：该种形成典型的绒状菌落和大量鼠尾草绿色分生孢子，类似于青霉。该种产生嗜氮酮类色素，但其可能是条件致病菌。该种属于异宗配合真菌，两个不同交配型菌株交配可以产生壁带小刺的椭球形子囊孢子。在系统学上，该种与赤篮状菌 *T. ruber*、斯托尔篮状菌 *T. stollii* 关系较近（Yilmaz *et al*.，2012，2016b；Wei *et al*.，2021；单夏男等，2021）。

安妮索菲篮状菌 图版 V

Talaromyces annesophieae Houbraken, Persoonia 39: 461, 2017. Wang & Jin, J. Liaocheng Univ. (Nat. Sci.) 35 (3): 58, 2022.

词源："*annesophieae*"表示其模式菌株采集人"Anne-Sophie den Boer"。

模式菌株：CBS 142939 = DTO 377-F3；遗传标记：ITS = MF574592，*BenA* = MF590098，*CaM* = MF590104，*Rpb2* = MN969199。

在 CA 上 25℃培养 7 天，菌落直径 15~17 mm，较厚，表面具少量辐射状沟纹，边缘于培养基表面，整齐；质地绒状；分生孢子大量，呈玉石绿色至紫杉绿色（Jade Green to Yew Green，R. Pl. XXXI）；菌丝体呈硫黄色（Sulphur Yellow，R. Pl. V）；渗出液无；可溶性色素无；背面呈红木红色（Mahogany Red，R. Pl. II）。

在 CYA 上 25℃培养 7 天，菌落直径 25~26 mm，较厚，表面具少量辐射状皱纹，边缘于培养基表面，整齐；质地绒状；分生孢子大量，呈水芹绿至暗水芹绿色（Cress Green to Dark Cress Green，R. Pl. XXXI）；菌丝体呈硫黄色（Sulphur Yellow，R. Pl. V）；渗出液稀少，呈无色微滴状；可溶性色素无；背面呈天皇棕色（Mikado Brown，R. Pl. XXIX）。

在 MEA 上 25℃培养 7 天，菌落直径 38~41 mm，较薄，表面平坦，边缘于培养基内，整齐；质地绒状；分生孢子大量，呈帝国绿色（Empire Green，R. Pl. XXXII）；菌丝体呈白色至硫黄色至淡绿黄色（Sulphur Yellow to Pale Green Yellow，R. Pl. V）；渗出液无；可溶性色素无或少量，呈浅褐色；背面中央呈红褐色，外围变浅。

在 YES 上 25℃培养 7 天，菌落直径 31~35 mm，较薄，表面具少量环状及辐射状沟纹，边缘于培养基表面，整齐；质地绒状兼短絮状；分生孢子少量，呈莺鸟绿色（Warbler Green，R. Pl. IV）；菌丝体呈淡黄色，在边缘呈白色；渗出液无；可溶性色素无；背面呈浅赭鲑肉色（Light Ocharceous Salmon，R. Pl. XV）。

在 CYA 上 37℃培养 7 天，未生长。

在 CYA 上 5℃培养 7 天，未生长。

分生孢子梗发生于表面菌丝，孢梗茎（80~）100~250 μm × 2~3 μm，壁光滑；帚状枝双轮生，偶尔不规则生；梗基每轮 4~6 个，排列较紧密，10~12 μm × 2~3 μm；瓶梗披针形，排列紧密，每轮 4~6 个，10~12 μm × 2~3 μm；分生孢子球形至近球形，2.5~3 μm，有时较大可达 4 μm，壁光滑。

主要分类学性状：生长适度，形成绒状菌落；分生孢子在 CA 上呈紫衫绿色，很像构巢曲霉；菌丝体呈淡绿黄色；帚状枝双轮生，偶尔不规则生，排列较紧密；分生孢子球形至近球形，壁光滑。

分布和基物：贵州省黔东南苗族侗族自治州麻江县杏山镇土壤（AS 1-1= AS 3.16070：ITS = MW965793，*BenA* = MW988086，*Rpb2* = MW988088）；内蒙古呼伦贝尔辉河国家级自然保护区湿地土壤（HH2-1）。

讨论：在系统学上，该种与嗜松篮状菌 *T. pinophilus* 关系较近（Crous *et al.*，2017；王龙和金世宇，2022）。

尖刺篮状菌　图版 VI

Talaromyces apiculatus Samson, N. Yilmaz & Frisvad, Stud. Mycol. 70: 174, 2011.

　　≡ *Penicillium aculeatum* var. *apiculatum* S. Abe, J. Gen. Appl. Microbiol. Tokyo 2: 124, 1956.（*nom. inval.*, Art. 36）。

词源：“*apiculatus*”表示其分生孢子壁是带尖刺的“apiculate”。

模式菌株：CBS 312.59 = FRR 635 = IMI 068239；遗传标记：ITS = JN899375，*BenA* = KF741916，*CaM* = KF741950，*Rpb2* = KM023287。

在 CA 上 25℃培养 7 天，菌落直径 20~21 mm，较薄，表面平坦，边缘于培养基内，整齐；质地绒状；分生孢子适量，分布于中央，呈橄榄绿色（Olive Green，R. Pl. IV）；

菌丝体呈白色；渗出液无；可溶性色素无；背面呈浅赭鲑肉色（Light Ocharceous Salmon，R. Pl. XV）。

在 CYA 上 25℃培养 7 天，菌落直径 30~32 mm，较薄，表面稍具环状和辐射状皱纹，边缘于培养基表面，整齐，质地短絮状；分生孢子稀疏，呈浅灰绿色；菌丝体呈白色夹杂浅粉色；渗出液无或稀少，无色；可溶性色素无；背面呈浅粉肉桂色（Light Pinkish Cinnamon，R. Pl. XXIX）。

在 MEA 上 25℃培养 7 天，菌落直径 38~41 mm，较薄，表面平坦，边缘于培养基内，整齐；质地绒状；分生孢子大量，呈帝国绿色（Empire Green，R. Pl. XXXII）；菌丝体呈硫黄色至淡绿黄色（Sulphur Yellow to Pale Green Yellow，R. Pl. V）；渗出液无；可溶性色素无；背面中央呈浅褐色，外围变浅。

在 YES 上 25℃培养 7 天，菌落直径 31~35 mm，较薄，表面具少量环状及辐射状沟纹，边缘于培养基表面，整齐；质地绒状；分生孢子少量，呈莺鸟绿色（Warbler Green，R. Pl. IV）；菌丝体呈黄白色；渗出液无；可溶性色素无；背面呈浅赭鲑肉色（Light Ocharceous Salmon，R. Pl. XV）。

在 CYA 上 37℃培养 7 天，菌落直径 25~30 mm。

在 CYA 上 5℃培养 7 天，未生长。

分生孢子梗发生于表面菌丝，孢梗茎（60~）150~250（~300）μm × 2.5~3 μm，壁光滑；帚状枝双轮生，偶尔不规则生；梗基每轮 3~6 个，排列不紧密，8~12 μm × 2.5~3 μm；瓶梗安瓿形，排列不紧密，每轮 4~6 个，8~12 μm × 2.5~3 μm，梗颈较长，逐渐变细；分生孢子球形至近球形，3.5~5 μm，壁带尖刺。

主要分类学性状：生长适中，分生孢子呈灰绿色，菌丝体在 MEA 上呈浅绿黄色；帚状枝双轮生，排列不紧密；瓶梗安瓿形，梗颈较长，逐渐变细；分生孢子球形，壁具细尖刺。

分布和基物：福建龙岩土壤（LY4-1）；广东深圳土壤（SZ3 = AS 3.16284：*BenA* = ON569417）；广西桂林土壤（AS 3.5094），南宁土壤（NN2-6）；江苏南京土壤（AS 3.4296）；山西太原土壤（AS 3.4095）；四川峨眉山土壤（AS 3.5178）；浙江丽水土壤（LS4-1）。

讨论：在形态学和种系学上，该种与棘刺篮状菌 *T. aculeatus* 关系最近，见棘刺篮状菌的讨论部分。

阿根廷篮状菌　图版 VII

Talaromyces argentinensis Jurjević & S.W. Peterson, Fungal Biol. 123: 751, 2019. Sun *et al*., Microbiol. China 49: 4083, 2022b.

词源：“*argentinensis*”表示该种某菌株 NRRL 28758 分离自阿根廷“Argentina”。

模式菌株：NRRL 28750；遗传标记：ITS = MH793045，*BenA* = MH792917，*CaM* = MH792981，*Rpb2* = MH793108。

在 CA 上 25℃培养 7 天，菌落直径 24~25 mm，薄，表面平坦，边缘于培养基内，毛簇状；质地绒状；分生孢子无；菌丝体在边缘呈白色，其余呈玉米黄色（Maize Yellow，R. Pl. IV）夹杂天竺葵粉色（Geranium Pink，R. Pl. I）；渗出液无；可溶性色素无；背面呈褐黄色夹杂浊玉髓红色（Jasper Red，R. Pl. XIII）。

在 CYA 上 25℃ 培养 7 天，菌落直径 30~33 mm，薄，表面具少量辐射状和同心环状皱纹，边缘于培养基内，整齐；质地绒状；分生孢子无；在中部可见少量未成熟裸囊壳，呈皮黄色（Buff Yellow，R. Pl. IV）；菌丝体呈白色，在中部呈海壳粉色（Seashell Pink，R. Pl. XIV）；渗出液无；可溶性色素无；背面呈浅皮黄色至浅赭皮黄色（Light Buff to Light Ochraceous Buff，R. Pl. XV）。

在 MEA 上 25℃ 培养 7 天，菌落直径 45~48 mm，稍厚，表面平坦，边缘于培养基内，流苏状；质地短絮绳状；分生孢子无；菌落中央可见少量裸囊壳，呈帝国黄色（Empire Yellow，R. Pl. IV）；菌丝体在边缘呈白色，其余呈绣球花粉色（Hydrangea Pink，R. Pl. XXVII）；渗出液无；可溶性色素无；背面呈肉桂赤褐色（Cinnamon Rufous，R. Pl. XIV）。

在 YES 上 25℃ 培养 7 天，菌落直径 45~48 mm，稍厚，表面具少量不规则皱纹，边缘于培养基内，整齐；质地绒状兼短絮状；分生孢子无；菌丝体呈白色夹杂淡肉色（Pale Flesh Color，R. Pl. XIV）；渗出液无；可溶性色素无；背面呈肉桂色（Cinnamon，R. Pl. XXIX），外围呈粉皮黄色（Pinkish Buff，R. Pl. XXIX）。

在 CYA 上 37℃ 培养 7 天，菌落直径 5~8 mm。

在 CYA 上 5℃ 培养 7 天，未生长。

裸囊壳球形，250~400 μm，呈帝国黄色（Empire Yellow，R. Pl. IV），21 天后成熟；子囊壳球形至近球形，10~12 μm，内含 8 个子囊孢子，子囊孢子椭球形，4~6 μm × 3.5~5 μm，壁具小刺。未产生分生孢子。

主要分类学性状：生长适度，在 MEA 和 YES 上形成短絮状兼绳状菌落，裸囊壳呈帝国黄色，菌丝体在 CYA 上呈白色夹杂粉色；子囊孢子椭球形，壁具小刺。

分布和基物：福建漳州九龙江口滩涂土壤（ZZ2-7-1h ＝ AS 3.16171：ITS ＝ OK087304，*BenA* ＝ OK104788，*Rpb2* ＝ OK104792）。

讨论：在种系学上，该种与速生篮状菌 *T. rapidus* Guevara-Suarez, Dania García & Gené、红色篮状菌 *T. rubicundus* (J.H. Mill., Giddens & A.A. Foster) Samson, N. Yilmaz, Frisvad & Seifert、稀疏篮状菌 *T. sparsus* L. Wang、靛蓝篮状菌 *T. indigoticus* Takada & Udagawa 关系较近，但无统计学支持率（Peterson & Jurjević，2019；Han *et al.*，2022；孙剑秋等，2022b）。

糙孢篮状菌　图版 VIII

Talaromyces aspriconidius B.D. Sun, A.J. Chen, Houbraken & Samson, MycoKeys 68: 90, 2020.

词源："*aspriconidius*" 表示其产生壁明显粗糙的分生孢子"strikingly roughened conidia"。

模式菌株：CBS 141835 ＝ DTO 340-F8；遗传标记：ITS ＝ MN864274，*BenA* ＝ MN863343，*CaM* ＝ MN863320，*Rpb2* ＝ MN86333。

在 CA 上 25℃ 培养 7 天，菌落直径 15~16 mm，表面平坦，大部分于培养基内；中部质地绒状；分生孢子稀少，分布于中央，呈暗绿色，近于山丘绿色（Cerro Green，R. Pl. V）；菌丝体呈白色；无渗出液和可溶性色素；背面呈白色。

在 CYA 上 25℃培养 7 天，菌落直径 17~18 mm，薄，表面平坦，边缘于培养基内，整齐；质地绒状；分生孢子较多，呈灰橄榄色（Grayish Olive，R. Pl. XLVI）；菌丝体呈白色；无渗出液和可溶性色素；背面呈枸橼绿色（Citron Green，R. Pl. XXXI）。

在 MEA 上 25℃培养 7 天，菌落直径约 29 mm，薄，表面平坦，边缘于培养基内，整齐；质地绒状；分生孢子较多，呈玉石绿色（Jade Green，R. Pl. XXXI）；菌丝体呈淡绿黄色，在边缘呈白色；渗出液无；可溶性色素无；背面呈赭色。

在 YES 上 25℃培养 7 天，菌落直径 23~25 mm，稍厚，表面平坦，边缘于培养基表面，整齐；质地绒状；分生孢子较多，呈豆绿色（Pea Green，R. Pl. XLVII）；菌丝体呈白色；渗出液无；可溶性色素无；背面呈橙黄色。

在 CYA 上 37℃培养 7 天，菌落直径 20~23 mm。

在 CYA 上 5℃培养 7 天，未生长。

分生孢子梗发生于表面菌丝，孢梗茎 150~250 μm × 3~3.5 μm，壁光滑；帚状枝双轮生，排列紧密；梗基每轮 4~6 个，8~11 μm × 3.5~4 μm，瓶梗披针形，每轮 4~6 个，9~12 μm × 3.5~4 μm；分生孢子球形，3~4 μm，壁明显刺状粗糙。

主要分类学性状：生长适度，在 CA 上生长稀疏；帚状枝双轮生，排列紧密；分生孢子球形，壁明显刺状粗糙。

分布和基物：云南土壤（AS 3.26032 = CBS 141835）。

讨论：在形态学上，该种与棘刺篮状菌 *T. aculeatus* 较类似；在种系学上，该种与海头篮状菌 *T. haitouensis*、黄色篮状菌 *T. flavus* 关系较近（Sun *et al.*，2020；Han *et al.*，2022）。

橘黄篮状菌　图版 IX

Talaromyces aurantiacus (J.H. Mill., Giddens & A.A. Foster) Samson, N. Yilmaz & Frisvad, Stud. Mycol. 70: 175, 2011. Chen *et al.*, Stud. Mycol. 84: 120, 2016.

≡ *Penicillium aurantiacum* J.H. Mill., Giddens & A.A. Foster, Mycologia 49 (6): 797 (1958) [1957].

词源："*aurantiacus*"表示其菌丝颜色为橘黄色"aurantiacous"。

模式菌株：CBS 314.59 = NRRL 3398；遗传标记：ITS = JN899380，*BenA* = KF741917，*CaM* = KF741951，*Rpb2* = KX961285。

在 CA 上 25℃培养 7 天，菌落直径 10~11 mm，薄，表面平坦，边缘于培养基内，流苏状；质地短絮状；分生孢子稀少，分布于中央，呈灰绿色，近于豆绿色（Pea Green，R. Pl. XLVII）；菌丝体在边缘呈白色，在其他部位呈淡黄橙色（Pale Yellow Orange，R. Pl. III）；渗出液无；可溶性色素无；背面呈浅土黄色。

在 CYA 上 25℃培养 7 天，菌落直径 33~35 mm，较薄，表面平坦，中央稍突起，边缘于培养基表面，整齐；质地短絮状兼绳状；分生孢子稀疏，分布于中央，近于矿灰色（Mineral Gray，R. Pl. XLVII）；菌丝体在边缘呈白色，在其他部位呈奶油皮黄色至麂皮色（Cream-Buff to Chamois，R. Pl. XXX）；渗出液少量，无色至淡黄色；可溶性色素无；背面中央呈橄榄色（Olive，R. Pl. XXX），外围呈麂皮色（Chamois，R. Pl. XXX）。

在 MEA 上 25℃培养 7 天，菌落直径 40~43 mm，薄，表面平坦，边缘于培养基表面，完整；质地短絮状兼绳状；分生孢子大量，呈灰绿色，近于豆绿色（Pea Green, R. Pl. XLVII）；菌丝体呈白色；无渗出液和可溶性色素；背面呈苯胺黄色（Aniline Yellow, R. Pl. IV）。

在 YES 上 25℃培养 7 天，菌落直径 43~45 mm，薄，表面稍具无规则沟纹，边缘于培养基表面，完整；质地短絮状兼绳状；分生孢子稀疏，分布于菌落交界处，呈浅灰色；菌丝体在边缘呈白色，其余呈淡粉肉桂色（Pale Pinkish Cinnamon, R. Pl. XXIX）；渗出液无；可溶性色素少量，褐色；背面呈褐色。

在 CYA 上 37℃培养 7 天，菌落直径约 20 mm。

在 CYA 上 5℃培养 7 天，未生长。

分生孢子梗发生于绳状菌丝和气生菌丝，孢梗茎（50~）60~100 μm × 2.5~3 μm，壁光滑；帚状枝双轮生，排列紧密；梗基每轮 3~6 个，12~15 μm × 3~3.5 μm，排列紧密；瓶梗披针形，每轮 3~6 个，12~14 μm × 2~3 μm，排列紧密；分生孢子长椭球形至椭球形，3~5 μm × 2~2.5 μm，壁光滑。

主要分类学性状：在 CYA、MEA、YES 上 25℃条件下生长较快，在 37℃条件下正常生长；分生孢子呈灰绿色至灰色，质地短絮状兼绳状；在 CYA 上菌丝体呈奶油黄色；帚状枝双轮生，排列紧密；瓶梗披针形；分生孢子长椭球形至椭球形，壁光滑。

分布和基物：北京空气（CGMCC 3.18198）。

文献记载：广东（Gong *et al.*, 2022）。该鉴定仅依据 rDNA 序列，尚需进一步研究确认。

讨论：该种在形态学上与在种系学上与梭形篮状菌 *T. fusiformis* A.J. Chen, Frisvad & Samson 相似，但后者在 CA、CYA、MEA 上产生大量分生孢子且菌丝体呈白色，只是在 YES 上略带黄色；在种系学上与肺泡篮状菌 *T. alveolaris* Guevara-Suarez, Cano & J. Guarro、梭形篮状菌关系较近（Sun *et al.*, 2020）。

金黄篮状菌　图版 X

Talaromyces aureolinus L. Wang, Mycologia 113: 495, 2021.

词源："*aureolinus*"表示该种产生的裸囊壳和菌丝体呈金黄色"aureolus"。

模式菌株：AS 3.15865；遗传标记：ITS = MK837953，*BenA* = MK837937，*CaM* = MK837945，*Rpb2* = MK837961。

在 CA 上 25℃培养 7 天，菌落直径 20~22 mm，薄，表面平坦，边缘于培养基内，流苏状；质地绒状；分生孢子无；菌丝体在边缘呈白色，在其他部位呈金黄色，近于皮纳德黄色（Pinard Yellow, R. Pl. IV）；可见少量浅金黄色裸囊壳；渗出液少量，无色；可溶性色素无；菌落背面中央呈桃红色（Peach Red, R. Pl. I），外围呈浅赭皮黄色（Light Ochraceous Buff, R. Pl. XV）。

在 CYA 上 25℃培养 7 天，菌落直径 32~34 mm，较薄，表面中央凹陷，其他部分平坦，边缘于培养基内，整齐；质地绒状；分生孢子无；菌丝体呈浅黄色，近于柠檬黄色（Lemon Yellow, R. Pl. IV），在中央夹杂浅粉色，近于浅玫瑰粉色（Chatenary Pink, R. Pl. XIII）；无渗出液和可溶性色素；菌落背面中央呈暗红色，近于番樱桃红色（Eugenia

Red，R. Pl. XIII)，外围呈粉皮黄色（Pinkish Buff，R. Pl. XXIX）。

在 MEA 上 25℃ 培养 7 天，菌落直径 28~30 mm，较薄，表面平坦，边缘于培养基内，整齐；质地绒状；分生孢子无；菌丝体呈柠檬黄色（Lemon Yellow，R. Pl. IV）；裸囊壳大量，呈柠檬黄色（Lemon Yellow，R. Pl. IV）；渗出液无或稀少，无色；可溶性色素无；菌落背面中央橙黄色。

在 YES 上 25℃ 培养 7 天，菌落直径 33~35 mm，较薄，表面平坦，边缘于培养基表面，整齐；质地绒状；分生孢子无；菌丝体呈枸橼黄色（Citron Yellow，R. Pl. XVI）；裸囊壳少量，呈枸橼黄色（Citron Yellow，R. Pl. XVI）；渗出液无或稀少，无色；可溶性色素无；背面呈橙色。

在 CYA 上 37℃ 培养 7 天，未生长。

在 CYA 上 5℃ 培养 7 天，未生长。

裸囊壳金黄色，14 天后成熟，球形，直径约 500 μm；原基由不规则膨大细胞组成；子囊球形，单生，13~15 μm；子囊孢子椭球形，表面带刺，5.5~6.5 μm × 4.5~5 μm。无性阶段 14 天后发育，分布于近边缘；分生孢子梗发生于表面和基内菌丝，孢梗茎 300~450 μm × 3~3.5 μm，壁光滑，顶端有时膨大达 5 μm；帚状枝双轮生，排列较紧密；梗基每轮 4~6 个，9~10 μm × 4~4.5 μm；瓶梗安瓿形，每轮 4~6 个，9~10 μm × 2.5~3 μm；分生孢子椭球形至球形，2.5~3 μm，壁光滑。

主要分类学性状：生长适中，菌丝体和裸囊壳呈金黄色；子囊单生，子囊孢子椭球形，表面带刺；帚状枝双轮生，排列较紧密，孢梗茎顶端有时膨大；分生孢子椭球形至球形，壁光滑。

分布和基物：内蒙古阿拉善沙土壤（NM6-1 = AS 3.16004：ITS = MN059095，*BenA* = MN059093，*CaM* = MN059094，*Rpb2* = MN059096）；云南西双版纳土壤（BN10-2 = AS 3.15865；BN10-1 = AS 3.15864：ITS = MK837954，*BenA* = MK837938，*CaM* = MK837946，*Rpb2* = MK837962）。

讨论：该种在形态学上与黄色篮状菌 *T. flavus*、海头篮状菌 *T. haitouensis*、室井篮状菌 *T. muroii* Yaguchi, Someya & Udagawa 较类似；在种系学上与齐氏篮状菌 *T. qii* L. Wang、泰国篮状菌 *T. thailandensis* Manoch, Dethoup & N. Yilmaz 关系较近（Wei *et al.*, 2021）。

版纳篮状菌　图版 XI

Talaromyces bannicus L. Wang, Mycologia 113: 498, 2021.

词源："*bannicus*"表示其模式菌株分离自云南西双版纳"Xishuang-Banna"。

模式菌株：AS 3.15862；遗传标记：ITS = MK837955，*BenA* = MK837939，*CaM* = MK837947，*Rpb2* = MK837963。

在 CA 上 25℃ 培养 7 天，菌落直径 6~8 mm，薄，表面平坦，边缘于培养基内，不整齐；质地绒状；分生孢子无或稀少，近于浅灰橄榄色（Light Grayish Olive，R. Pl. XLVI）或山丘绿色（Cerro Green，R. Pl. V）；菌丝体在边缘呈白色；渗出液无；可溶性色素无；背面呈白色至浅橄榄灰色（Light Olive Gray，R. Pl. LI）。

在 CYA 上 25℃ 培养 7 天，菌落直径 7~10 mm，较厚，表面平坦，中央凸起，边缘波曲状或流苏状；质地浸润状或绒状；分生孢子无或稀少，呈灰橄榄色（Grayish Olive，R. Pl. XLVI）；菌丝体呈白色至淡黄色；无渗出液和可溶性色素；背面呈黄白色。

在 MEA 上 25℃培养 7 天，菌落直径 17~21 mm，薄，表面平坦，中央稍凸起，边缘于培养基表面，整齐；质地绒状；分生孢子稀少，分布于中央，或大量，呈灰绿色，近于豆绿色或菠菜绿色（Pea Green or Spinach Green，R. Pl. XLVII, V）；菌丝体在边缘呈白色，其余萘黄色（Naphthalene Yellow，R. Pl. XVI）；渗出液无；可溶性色素无或适量，呈琥珀黄色（Amber Yellow，R. Pl. XVI）；背面呈锑黄色或橄榄绿色（Antimony Yellow or Olive Green，R. Pl. XIV）。

在 YES 上 25℃培养 7 天，菌落直径 15~18 mm，稍厚，表面平坦，中央凸起，边缘于培养基内部，流苏状或整齐；质地绒状；分生孢子无或大量，呈豆绿色（Pea Green，R. Pl. XLVII）；菌丝体呈白色夹杂淡脏粉色，近于淡葡萄酒小鹿皮色（Pale Vinaceous Fawn，R. Pl. XL）；渗出液无；可溶性色素无；背面呈黄色夹杂浅红色。

在 CYA 上 37℃培养 7 天，未生长。

在 CYA 上 5℃培养 7 天，未生长。

分生孢子梗发生于表面菌丝及气生菌丝，孢梗茎发生于表面菌丝者 50~150 μm × 2.5~3 μm，有时可达 300~500 μm × 2.5~3 μm，发生于气生菌丝者 25~100 μm × 2.5~3 μm，有时可达 100~150 μm × 2.5~3 μm，壁光滑；帚状枝主要双轮生，偶尔单轮生和不规则生；梗基每轮（2~）4~8 个，排列不紧密，8~10（~13）μm × 2.5~3 μm；瓶梗安瓿形，每轮 4~6（~8）个，7~10（~12）μm × 2.5~3 μm；分生孢子梨形至椭球形，3~4 μm × 2.5~3 μm，壁刺状粗糙，也有大型分生孢子，4~5 μm × 3.5~4 μm，壁刺状粗糙。

主要分类学性状：生长局限，形成绒状菌落；帚状枝双轮生、单轮生及不规则生；瓶梗安瓿形；分生孢子梨形至椭球形，也有大型分生孢子，壁刺状粗糙。

分布和基物：云南西双版纳土壤（BN7-2 = AS 3.15862；BN7-3 = AS 3.16002；ITS = MN615903，*BenA* = MN630682，*CaM* = MN630683，*Rpb2* = MN630684）。

讨论：该种不同菌株间菌落形态差异较大，在显微形态上与弗兰克篮状菌 *T. francoae* N. Yilmaz, López-Quint., Vasco-Pal. & Houbraken 相似；在种系学上与青霉状篮状菌 *T. penicillioides* L. Wang 关系较近（Wei *et al.*, 2021）。

北京篮状菌　图版 XII

Talaromyces beijingensis A.J. Chen, Frisvad & Samson, Stud. Mycol. 84: 125, 2016.

词源："*beijingensis*"表示其模式菌株分离自北京"Beijing"。

模式菌株：CBS 140617 = CGMCC 3.18200；遗传标记：ITS = KU866649，*BenA* = KU866837，*CaM* = KU866733，*Rpb2* = KU866993。

在 CA 上 25℃培养 7 天，菌落直径 33~38 mm，薄，表面平坦，边缘于培养基内，整齐；质地绒状；分生孢子大量，呈瓶绿色（Bottle Green，R. Pl. XIX）；菌丝体呈白色；无渗出液和可溶性色素；背面呈奶油色。

在 CYA 上 25℃培养 7 天，菌落直径 29~33 mm，较薄，表面平坦，边缘于培养基表内，整齐；质地绒状；分生孢子大量，呈瓶绿色（Bottle Green，R. Pl. XIX）；菌丝体呈白色；无渗出液和可溶性色素；菌落背面中央呈浅红色，外围呈浅赭黄色。

在 MEA 上 25℃培养 7 天，菌落直径 41~43 mm，较薄，表面平坦，边缘于培养基内，流苏状；质地绒状，表面覆盖稀疏绳状菌丝；分生孢子大量，呈鼠尾草绿色（Sage Green，R. Pl. XLVII）；菌丝体呈白色夹杂浅黄色；渗出液无；可溶性色素无；背面呈浅橙红色。

在 YES 上 25℃培养 7 天，菌落直径 32~35 mm，中部较厚，外围平坦，表面具辐射状皱纹，边缘于培养基内，流苏状；质地绒状；分生孢子大量，呈鼠尾草绿色（Sage Green，R. Pl. XLVII）；菌丝体呈白色；渗出液无；可溶性色素无；背面呈褐色。

在 CYA 上 37℃培养 7 天，菌落直径 25~26 mm。

在 CYA 上 5℃培养 7 天，未生长。

分生孢子梗发生于表面菌丝，孢梗茎 80~200 μm × 3~3.5 μm，壁光滑；帚状枝双轮生，排列紧密，偶尔三轮生和不规则生；梗基每轮 3~4 个，排列紧密，11~12 μm × 2.5~4 μm；瓶梗披针形，每轮 4~6 个，排列紧密，10~12 μm × 2.5~3 μm，梗颈逐渐变细；分生孢子椭球形至柠檬形，3.5~4 μm × 2~3 μm，壁光滑。

主要分类学性状：在 25℃生长较快，形成绒状菌落，在 37℃正常生长；帚状枝双轮生、三轮生和不规则生，排列紧密；瓶梗典型披针形；分生孢子椭球形至柠檬形，3.5~4 μm × 2~3 μm，壁光滑。

分布和基物：北京空气（CGMCC 3.18200）；浙江慈溪三北浅滩（SBQT5-1 = AS 3.16287；*BenA* = ON569418）。

讨论：该种产生绒状菌落和灰绿色分生孢子，类似于青霉；在种系学上与两型篮状菌 *T. dimorphus* 关系较近（Wei *et al.*，2021）。

短梗篮状菌 图版 XIII

Talaromyces brevis B.D. Sun, A.J. Chen, Houbraken & Samson, MycoKeys 68: 92, 2020.

词源："*brevis*"表示其分生孢子梗较短"short conidiophores"。

模式菌株：CGMCC 3.16278 = CBS 118436 = DTO 004-D8；遗传标记：ITS = MN864269，*BenA* = MN863338，*CaM* = MN863315，*Rpb2* = MN863328。

在 CA 上 25℃培养 7 天，菌落直径 30~32 mm，较薄，表面平坦，边缘于培养基内，整齐；质地绒状；分生孢子无；菌丝体呈浅绿黄色（Light Greenish Yellow，R. Pl. V），在中央稍带浅皮黄色（Light Buff，R. Pl. XV），在边缘呈白色；菌落中央分布适量未成熟裸囊壳，呈淡橙黄色；渗出液无或少量，微黄色；可溶性色素无；背面呈生土褐色（Raw Sienna，R. Pl. III），外围渐浅至玉米黄色（Maize Yellow，R. Pl. IV）。

在 CYA 上 25℃培养 7 天，菌落直径 33~35 mm，较薄，表面平坦，中央稍凸，边缘于培养基内，整齐；质地绒状；分生孢子无；菌丝体呈淡柠檬黄色（Pale Lemon Yellow，R. Pl. IV）；菌落中央分布少量裸囊壳，呈淡橙黄色；渗出液无或少量，微黄色；可溶性色素无；背面呈生土褐色（Raw Sienna，R. Pl. III），外围渐浅至玉米黄色（Maize Yellow，R. Pl. IV）。

在 MEA 上 25℃培养 7 天，菌落直径 58~60 mm，稍厚，平坦，边缘于培养基表面，丛毛状；质地绒状，表面覆盖稀疏黄色絮状菌丝；分生孢子无；菌落交界处分布大量硫黄色（Sulphur Yellow，R. Pl. V）裸囊壳；菌丝体呈稻草黄色至蜡黄色（Straw Yellow to

Wax Yellow，R. Pl. XVI）；渗出液无；可溶性色素无；背面呈橙皮黄色（Orange Buff，R. Pl. III）。

在 YES 上 25℃培养 7 天，菌落直径 43~44 mm，较薄，表面中部具少量环状和辐射状沟纹，边缘于培养基表面，整齐；质地绒状；分生孢子无或稀疏，呈淡烟灰色（Pale Smoke Gray，R. Pl. XLVI），分布于近边缘；菌丝体在边缘呈白色，在中部呈淡柠檬黄色（Pale Lemon Yellow，R. Pl. IV）；渗出液无；可溶性色素无；背面呈橙皮黄色（Orange Buff，R. Pl. III）。

在 CYA 上 37℃培养 7 天，菌落直径 22~24 mm。

在 CYA 上 5℃培养 7 天，未生长。

裸囊壳 14 天后成熟，呈浅橙黄色，球形或近球形，350~450 μm；子囊球形或近球形，6~8 μm × 5~8 μm；子囊孢子椭球形，壁带刺，3.5~5 μm × 3~4 μm。分生孢子梗发生于表面菌丝，孢梗茎 20~50 μm × 3~3.5 μm，壁光滑；帚状枝双轮生兼单轮生；梗基每轮 2~5 个，排列较紧密，10~15 μm × 2~2.5 μm；瓶梗安瓿形至披针形，排列较紧密，每轮 2~6 个，10~14 μm × 2~3 μm；分生孢子椭球形至卵形，3~5 μm × 2.5~3 μm，壁光滑。

主要分类学性状：在 25℃生长较快，在 37℃生长良好，产生绒状至短絮状菌落；分生孢子无或稀疏；菌丝体呈橙黄色；产生大量浅橙黄色裸囊壳，子囊孢子椭球形，壁具刺，不产生或产生稀疏分生孢子。

分布和基物：甘肃民勤土壤（MQD7-5）；江苏无锡市新城污水处理厂污泥（CGMCC 3.15744）；山东青岛白沙河滩涂土壤（BS1-3 = AS 3.16278；*BenA* = ON569419）；四川凉山彝族自治州土壤（M19435）。

讨论：该种的菌落形态与柄篮状菌 *T. stipitatus*、镇海篮状菌 *T. zhenhaiensis* 非常类似，但该种产生壁具小刺的椭球形子囊孢子，而后二者产生壁具赤道脊的子囊孢子；在种系学上，该种与藤本篮状菌 *T. liani* 关系较近（Han *et al.*，2022）。

热狗束篮状菌　图版 XIV

Talaromyces calidicanius (J.L. Chen) Samson, N. Yilmaz & Frisvad, Stud. Mycol. 70: 175, 2011.

　　≡*Penicillium calidicanium* J.L. Chen, Mycologia 94: 870, 2002.

词源："*calidicanium*"表示其产生的菌丝束像热狗状"hot dog-like shape of the synnemata"。

模式菌株：CCRC 33728 = AS 3.26030 = CBS 112002；遗传标记：ITS = JN899319，*BenA* = HQ156944，*CaM* = KF741934，*Rpb2* = KM023311。

在 CA 上 25℃培养 7 天，菌落直径 22~25 mm，较厚，菌丝束大量，高约 5 mm，边缘于培养基表面，薄，流苏状；质地颗粒状；分生孢子大量，呈暗灰绿色，近于安多佛绿色（Andover Green，R. Pl. XLVII）；菌丝体呈白色夹杂硫黄色（Sulphur Yellow，R. Pl. V）；渗出液无；可溶性色素无；背面呈钡黄色（Baryta Yellow，R. Pl. IV）。

在 CYA 上 25℃培养 7 天，菌落直径 42~44 mm，较厚，菌丝束大量，高约 5 mm，边缘于培养基表面，薄，整齐；质地颗粒状；分生孢子大量，呈暗灰绿色，近于安多佛绿色（Andover Green，R. Pl. XLVII）；菌丝体呈白色夹杂硫黄色（Sulphur Yellow，R. Pl. V）；渗出液无；可溶性无；背面呈粉肉桂色（Pinkish Cinnamon，R. Pl. XXIX）。

在 MEA 上 25℃培养 7 天，菌落直径 47~49 mm，较厚，菌丝束大量，高约 5 mm，边缘于培养基内，薄，整齐；质地颗粒状；分生孢子大量，呈深灰绿色，近于安多佛绿色（Andover Green，R. Pl. XLVII）；菌丝体呈白色夹杂淡嫩绿黄色（Pale Viridine Yellow，R. Pl. V）；渗出液无；可溶性色素无；背面呈褐色，近于赭茶色（Ochraceous Tawny，R. Pl. XV）。

在 YES 上 25℃培养 7 天，菌落直径 43~45 mm，很厚，菌丝束大量，高 3~5 mm，边缘于培养基表面，薄，整齐，近边缘具适量辐射状皱纹；质地颗粒状；分生孢子大量，分布于中部，呈深灰绿色，近于安多佛绿色（Andover Green，R. Pl. XLVII）；菌丝体在边缘呈白色，其余呈硫黄色（Sulphur Yellow，R. Pl. V）；渗出液无；可溶性色素无；背面呈肉桂棕色（Cinnamon Brown，R. Pl. XV）。

在 CYA 上 37℃培养 7 天，未生长。

在 CYA 上 5℃培养 7 天，未生长。

产生大量菌丝束，无向光性，菌丝束可长达 5 mm；分生孢子梗发生于菌丝束，孢梗茎 50~150 μm × 3~4 μm，壁光滑；帚状枝双轮生；梗基每轮 2~6 个，排列不紧密，10~15 μm × 2.5~4 μm；瓶梗披针形，排列紧密，每轮 4~6 个，9~13 μm × 2.5~3.5 μm；分生孢子椭球形至柠檬形，3~5 μm × 2~3 μm，壁光滑。

主要分类学性状：生长较快，产生大量无向光性的菌丝束；分生孢子深灰绿色；菌丝体呈白色稍带淡黄色；帚状枝双轮生，梗基排列不紧密；分生孢子椭球形至柠檬形，壁光滑。

分布和基物：台湾南投土壤（CCRC 33728 = AS 3.26030）。

讨论：该种从菌落看类似于青霉，产生大量无向光性的菌丝束，与巴拿马篮状菌 *T. panamensis* (Samson, Stolk & Frisvad) Samson, N. Yilmaz, Frisvad & Seifert 和杜克劳篮状菌 *T. duclauxii* (Delacr.) Samson, N. Yilmaz, Frisvad & Seifert 类似；在种系学上，该种与杜克劳篮状菌关系较近（Barbosa *et al.*，2018），但比后者生长较快。

蛇床篮状菌　图版 XV

Talaromyces cnidii S.H. Yu, T.J. An & H.K. Sang, J. Microbiol. 51: 707, 2013. Xu *et al.*, Mycosystema 40 (8): 2185, 2021.

词源："cnidii" 表示其分离自蛇床属中药日本川芎 "Cnidium officinale"。

模式菌株：KACC 46617；遗传标记：ITS = KF183639，*BenA* = KF183641，*CaM* = KJ885266，*Rpb2* = KM023299。

在 CA 上 25℃培养 7 天，菌落直径 27~28 mm，薄，表面平坦，边缘于培养基内，整齐；质地绒状；分生孢子大量，呈橄榄灰色（Olive Gray，R. Pl. LI）至深橄榄色（Deep Olive，R. Pl. XL）；菌丝体呈褐黄色；无渗出液和可溶性色素；背面中央呈猩红色（Scarlet-Red，R. Pl. I），外围呈褐色。

在 CYA 上 25℃培养 7 天，菌落直径 28~30 mm，薄，表面平坦，边缘于培养基内，整齐；质地绒状；分生孢子大量，呈橄榄灰色至暗橄榄灰色（Olive Gray to Dark Olive

Gray，R. Pl. LI）；菌丝体呈白色；渗出液无；可溶性色素无；背面中部呈胭脂仙人掌红色（Nopal Red，R. Pl. I），外围呈浅橙黄色（Light Orange Yellow，R. Pl. III）。

在 MEA 上 25℃培养 7 天，菌落直径 42~44 mm，薄，表面平坦，中央稍突起，边缘于培养基表面，整齐；质地绒状；分生孢子大量，呈橄榄枸橼色（Olive Citrine，R. Pl. XVI）；菌丝体呈白色；渗出液无；可溶性色素无；背面中央呈红色，其余褐黄色。

在 YES 上 25℃培养 7 天，菌落直径 35~36 mm，较厚，表面具少量辐射状和环状沟纹，边缘于培养基表面，毛边状；质地绒状；分生孢子大量，近于暗绿橄榄色（Dark Greenish Olive，R. Pl. XXX）；菌丝体呈白色；渗出液少量，呈棕色水滴状；可溶性色素无；背面呈褐色。

在 CYA 上 37℃培养 7 天，菌落直径 15~17 mm。

在 CYA 上 5℃培养 7 天，未生长。

分生孢子梗发生于基内菌丝，孢梗茎 150~350 μm × 3~3.5 μm，壁光滑；帚状枝双轮生，偶尔不规则生，排列较紧密；梗基每轮 4~6 个，9~12 μm × 2.5~3 μm；瓶梗披针形，每轮 2~6 个，10~12 μm × 2~3 μm；分生孢子椭球形至卵形，3.5~4 μm × 2.5~3 μm，有些较大，达 5 μm，壁光滑至细密粗糙。

主要分类学性状：生长较快，形成典型绒状菌落，在 37℃正常生长；帚状枝双轮生，偶尔不规则生，排列较紧密；分生孢子椭球形至卵形，大小不一。

分布和基物：福建泉州深沪湾滩涂土壤（SWH1-7-1）；甘肃武威民勤土壤（MQD11-2W）；辽宁大连土壤（LN2H1-3，LN3H1-3）；山东青岛白沙河滩涂土壤（BS1-2）；山西太原纸张（TY7121-11 ＝ AS 3.15896：ITS ＝ MW721010，*BenA* ＝ MW727231，*Rpb2* ＝ MW727225）；浙江杭州湾三北浅滩滩涂土壤（SBQT3-2）。

讨论：该种在菌落形态上与艾米斯托克篮状菌 *T. amestolkiae* 类似，但从显微形态较容易将其区分，后者的帚状枝排列不紧密且瓶梗呈安瓿形；在种系学上，该种与黄绿篮状菌 *T. flavovirens*、暹罗篮状菌 *T. siamensis*、稀疏篮状菌 *T. sparsus* 关系较近，但缺乏统计学支持率（Wei *et al.*，2021；徐可心等，2021）。

南瓜根篮状菌　图版 XVI

Talaromyces cucurbitiradicus L. Su & Y.C. Niu, Mycologia 110 (2): 380, 2018.

词源："*cucurbitiradicus*"表示其模式菌株分离自南瓜根"root of pumpkin (*Cucurbita moschata*)"。

模式菌株：ACCC 39155 ＝ CGMCC 3.26140；遗传标记：ITS ＝ KY053254，*BenA* ＝ KY053228，*CaM* ＝ KY053246。

在 CA 上 25℃培养 7 天，菌落直径 32~35 mm，厚，凸起，表面平坦，边缘于培养基内，整齐；质地短絮状兼绳状，中央菌丝绳明显；分生孢子少量，分布于中央，呈矿灰色（Mineral Gray，R. Pl. XLVII）；菌丝体呈浅粉皮黄色至淡粉肉桂色（Light Pinkish Buff to Pale Pinkish Cinnamon，R. Pl. XXIX）；渗出液少量，呈微滴状，无色；可溶性色素无；背面呈粗麻布棕色（Sayal Brown，R. Pl. XXIX），外围浅至淡粉肉桂色（Pale Pinkish Cinnamon，R. Pl. XXIX）。

在 CYA 上 25℃培养 7 天，菌落直径 35~36 mm，厚，凸面，平坦，边缘于培养基内，整齐；质地短绳状；分生孢子较多，呈灰绿色，近于豆绿色（Pea Green，R. Pl. XLVII）；菌丝体呈浅粉皮黄色（Light Pinkish Buff，R. Pl. XXIX）至淡粉肉桂色（Pale Pinkish Cinnamon，R. Pl. XXIX），在边缘呈白色；渗出液无或少量，呈微滴状，无色；可溶性色素无；背面呈褐黄色。

在 MEA 上 25℃培养 7 天，菌落直径 40~42 mm，薄，中央稍凸，表面平坦，边缘于培养基内，整齐；质地绒状兼绳状；分生孢子稀疏，分布于中央，呈淡灰绿色；菌丝体呈粉皮黄至粉肉桂色（Pinkish Buff to Pinkish Cinnamon，R. Pl. XXIX），在边缘呈白色；渗出液无；可溶性色素无；背面中部呈橙赤褐色（Orange Rufous，R. Pl. II），外围呈浅赭皮黄色（Light Ochraceous Buff，R. Pl. XV）。

在 YES 上 25℃培养 7 天，菌落直径 37~38 mm，厚，凸面，平坦，边缘于培养基内，整齐；质地短絮状；分生孢子无；菌丝体呈淡粉肉桂色（Pale Pinkish Cinnamon，R. Pl. XXIX），在边缘呈白色；渗出液多，浅黄色；可溶性色素无；背面呈粉肉桂色（Pinkish Cinnamon，R. Pl. XXIX）。

在 CYA 上 37℃培养 7 天，未生长。

在 CYA 上 5℃培养 7 天，未生长。

分生孢子梗发生于绳状菌丝和气生菌丝，孢梗茎 40~100 μm × 2~2.5 μm，壁光滑；帚状枝双轮生，偶尔单轮生；梗基每轮 2~6 个，排列紧密，6~10 μm × 2.5~3 μm；瓶梗披针形，每轮 4~6 个，7~10 μm × 2~3 μm，排列紧密；分生孢子椭球形至长椭球形，3~4 μm × 2~3 μm，壁光滑。

主要分类学性状：生长适中，质地短絮状兼绳状；分生孢子灰绿色，在 MEA、YES 上分生孢子稀疏或无且菌丝体呈粉黄色；分生孢子梗发生于绳状菌丝和气生菌丝，孢梗茎短；帚状枝双轮生兼单轮生，排列紧密；分生孢子椭球形至长椭球形，壁光滑。

分布和基物：北京顺义南瓜根（ACCC 39155 = CGMCC 3.26140）。

讨论：在形态学上，该种与绳状篮状菌 *T. funiculosus* 相似，它们均产生菌丝绳和灰绿色分生孢子，但该种在 37℃不生长，而绳状篮状菌在 37℃正常生长且菌丝体呈白色；在种系学上，该种与绳状篮状菌、假绳状篮状菌 *T. pseudofuniculosus* M. Guevara-Suarez, D. García & J. Gené 关系最近，但假绳状篮状菌不产生菌丝绳（Guevara-Suarez *et al.*，2020）。

两型篮状菌　图版 XVII

Talaromyces dimorphus X.Z. Jiang & L. Wang, Sci. Rep. 8: 4932, 2018.

词源："*dimorphus*"表示其同时产生双轮和单轮帚状枝"biverticillate and monoverticillate penicilli"。

模式菌株：AS 3.15692 = NN072337；遗传标记：ITS = KY007095，*BenA* = KY007111，*CaM* = KY007103，*Rpb2* = KY112593。

在 CA 上 25℃培养 7 天，菌落直径 16~18 mm，较薄，表面平坦，边缘于培养基内，不整齐；质地绒状；分生孢子适量，呈草绿色（Grass Green，R. Pl. VI）；菌丝体呈白色；渗出液无；可溶性色素无；背面呈水绿色（Water Green，R. Pl. XLI）。

在 CYA 上 25℃培养 7 天，菌落直径 23~25 mm，较薄，表面具辐射状沟纹，边缘完整；质地绒状；分生孢子适量，分布于菌落中央，呈叶绿色至阿月浑子绿色（Leaf Green to Pistachio Green，R. Pl. XLI）；菌丝体呈白色；渗出液无；可溶性色素无；背面呈芦苇黄色至橄榄黄色（Reed Yellow to Olive Yellow，R. Pl. XXX）。

在 MEA 上 25℃培养 7 天，菌落直径 38~39 mm，较薄，表面平坦，浸润状菌落，表面覆盖稀疏短菌丝绳 1~3 mm；分生孢子无；菌丝体呈白色；渗出液无；可溶性色素无；背面呈奶油色（Cream Color，R. Pl. XVI），中央呈鼠李棕色（Buckthorn Brown，R. Pl. XVI）。

在 YES 上 25℃培养 7 天，菌落直径 29~30 mm，较薄，表面具辐射状皱纹；质地绒状兼绳状，中央絮状；分生孢子适量，呈浅蓝绿色，近于尼亚加拉绿色（Niagara Green，R. Pl. XXXIII）；菌丝体白色；渗出液无；可溶性色素无；背面呈鼠李棕色（Buckthorn Brown，R. Pl. XVI）。

在 CYA 上 37℃培养 7 天，未生长。

在 CYA 上 5℃培养 7 天，未生长。

分生孢子梗发生于表面菌丝和绳状菌丝，孢梗茎（15~）25~50（~70）μm × 2.5~3.5 μm，壁光滑；帚状枝双轮生兼单轮生；梗基每轮（2~）4~6 个，排列不紧密，9~13 μm × 2.5~3.5 μm；瓶梗安瓿形，排列不紧密，每轮 2~4 个，7~11 μm × 2.5~3 μm，梗颈较短、平截；分生孢子卵形至椭球形，2.5~3.5 μm，壁光滑。

主要分类学性状：生长较慢，在 MEA 上形成浸润状菌落；在 CA、CYA、YES 上分生孢子适量；帚状枝双轮生兼单轮生，排列不紧密；瓶梗安瓿形，梗颈较短、平截；分生孢子卵形至椭球形，壁光滑。

分布和基物：海南尖峰岭土壤（AS 3.15692 = NN072337）。

讨论：该种比较独特，在形态学和种系学上无亲缘关系较近的种，似乎与北京篮状菌 *T. beijingensis* 有些关系（Jiang *et al.*，2018；Wei *et al.*，2021）。

杜克劳篮状菌　图版 XVIII

Talaromyces duclauxii (Delacr.) Samson, N. Yilmaz, Frisvad & Seifert, Stud. Mycol. 70: 175, 2011.

≡ *Penicillium clavigerum* Demelius, Verh. Zool.-Bot. Ges. Wien 72: 74, 1923 [1922].

≡ *Penicillium duclauxii* Delacr. [as '*duclauxi*'], Bull. Soc. Mycol. France 7: 107, 1891.

词源："*duclauxii*"表示纪念法国微生物学家"Émile Duclaux"。

模式菌株：CBS 322.48 = NRRL 1030；遗传标记：ITS = JN899342，*BenA* = JX091384，*CaM* = KF741955，*Rpb2* = JN121491。

在 CA 上 25℃培养 7 天，菌落直径 8~10 mm，具大量无向光性菌丝束，菌丝束较短，不超过 5 mm，边缘于培养基内，整齐；质地束状；分生孢子适量，生于菌丝束，呈橄榄绿色（Olive Green，R. Pl. IV），菌丝体呈刚果粉色（Congo Pink，R. Pl. XXVIII）；渗出液无；可溶性色素大量，贝壳红色（Testaceous，R. Pl. XXVIII）；背面呈干草甜紫酱色（Hay's Maroon，R. Pl. XIII）。

在 CYA 上 25℃培养 7 天，菌落直径 22~24 mm，较厚，具大量无向光性菌丝束，菌丝束较短，不超过 3 mm，边缘于培养基内，不整齐；质地束状兼绒状；分生孢子大量，近于灰橄榄色至安多佛绿色（Grayish Olive to Andover Green，R. Pl. XLVI，XLVII）；菌丝体白色；渗出液适量，呈红褐色水滴；可溶性色素无；背面呈布鲁塞尔棕色（Brussels Brown，R. Pl. III），外围浅至古董棕色（Antique Brown，R. Pl. III）。

在 MEA 上 25℃培养 7 天，菌落直径 22~25 mm，厚，具大量无向光性菌丝束，菌丝束较长，约 10 mm；质地束状；分生孢子适量，呈灰绿色，近于豆绿色（Pea Green，R. Pl. XLVII）；菌丝体白色；渗出液无；可溶性色素无；背面呈鼠李棕色（Buckthorn Brown，R. Pl. XV）。

在 YES 上 25℃培养 7 天，菌落直径 20~21 mm，厚，表面具较多无规则沟纹，边缘于培养基表面，整齐；质地绒状；分生孢子稀少，呈浅灰橄榄色（Light Grayish Olive，R. Pl. XLVI）；菌丝体在边缘呈白色，其余呈洋葱皮粉色（Onion-skin Pink，R. Pl. XXVIII）；渗出液少量，呈浅褐红色水滴；可溶性色素无；背面呈核桃棕色（Walnut Brown，R. Pl. XXVIII）。

在 CYA 上 37℃培养 7 天，菌落直径约 4 mm。

在 CYA 上 5℃培养 7 天，未生长。

分生孢子梗发生于菌丝束，孢梗茎 12~50 μm × 3~5 μm，近顶端变细，壁光滑；帚状枝双轮生和三轮生，排列不紧密；梗基每轮 2~6 个，10~15 μm × 2.5~5 μm；瓶梗披针形至安瓿形，排列较紧密，每轮 4~8 个，9~13 μm × 2.5~3.5 μm；分生孢子梭形至椭球形，3~5 μm × 2~3 μm，壁光滑。

主要分类学性状：在 25℃生长适中，形成大量无向光性菌丝束；分生孢子呈灰绿色；帚状枝双轮生和三轮生，排列不紧密；分生孢子梭形至椭球形，壁光滑。

分布和基物：广西南宁土壤（AS 3.3791：*BenA* = ON569420，*Rpb2* = ON569400）。

讨论：该种形成大量无向光性菌丝束，在形态学上与巴拿马篮状菌 *T. panamensis* 和热狗束篮状菌 *T. calidicanius* 相似；在种系学上与热狗束篮状菌关系较近（见热狗束篮状菌的讨论部分）（Barbosa *et al.*，2018）。

绳状篮状菌　图版 XIX

Talaromyces funiculosus (Thom) Samson, N. Yilmaz, Frisvad & Seifert, Stud. Mycol. 70: 176, 2011. Guo *et al.*, Appl. Microbiol. Biotechnol. 100: 5323-5338, 2016.

　≡ *Penicillium funiculosum* Thom, Bull. U.S. Department of Agriculture, Bureau Animal Industry 118: 69, 1910. Kong & Wang, Flora Fungorum Sinicorum Vol. 35 *Penicillium et Teleomorph Congnati*. p. 191, 2007.

词源："*funiculosus*" 表示其产生菌丝绳 "funicle"。

模式菌株：CBS 272.86 = IMI 193019；遗传标记：ITS = JN899377，*BenA* = JX091383，*CaM* = KF741945，*Rpb2* = KM023293。

在 CA 上 25℃培养 7 天，菌落直径 40~43 mm，薄，表面中部具辐射状皱纹，外围平坦，边缘于培养基表面，流苏状；质地绒状兼绳状；分生孢子大量，灰绿色，近于豆绿色（Pea Green，R. Pl. XLVII）；菌丝体呈白色；无色渗出液少量，呈水滴状；可溶性色素无；背面呈浅黄色。

在 CYA 上 25℃培养 7 天，菌落直径 41~45 mm，较薄，表面中部稍具辐射状皱纹，边缘于培养基表面，整齐；质地绒状兼绳状；分生孢子大量，灰绿色，近于豆绿色（Pea Green，R. Pl. XLVII）；菌丝体呈白色；渗出液无；可溶性色素无；背面呈移民期皮黄色（Colonial Buff，R. Pl. XXIX）。

在 MEA 上 25℃培养 7 天，菌落直径 35~40 mm，较厚，表面平坦，边缘于培养基表面，流苏状；质地绳状兼绒状；分生孢子大量，蓝灰绿色，近于艾蒿绿色（Artemisia Green，R. Pl. XLVII）；菌丝体呈白色；渗出液无；可溶性色素无；背面呈移民期皮黄色（Colonial Buff，R. Pl. XXIX）。

在 YES 上 25℃培养 7 天，菌落直径 44~48 mm，薄，表面具较多无规则皱纹，边缘于培养基内，流苏状；质地绳状兼绒状；分生孢子大量，灰绿色，近于豆绿色（Pea Green，R. Pl. XLVII）；菌丝体呈白色；渗出液无；可溶性色素无；背面颜色呈金黄色。

在 CYA 上 37℃培养 7 天，菌落直径 37~40 mm。

在 CYA 上 5℃培养 7 天，未生长。

分生孢子梗发生于绳状菌丝和气生菌丝，孢梗茎 20~100 μm × 3~3.5 μm，壁光滑；帚状枝双轮生，偶尔不规则生；梗基每轮 2~6 个，排列紧密，7~10 μm × 2.5~4 μm；瓶梗披针形，每轮 4~8 个，7~11 μm × 2~3 μm；分生孢子长椭球形，3~5 μm × 1.5~3 μm，壁光滑。

主要分类学性状：在 25℃和 37℃生长较快，菌落表面覆盖菌丝绳，分生孢子灰绿色；分生孢子梗发生于绳状菌丝和气生菌丝，孢梗茎短；帚状枝双轮生，偶见不规则生，排列紧密；分生孢子长椭球形，壁光滑。

分布和基物：北京怀柔皇后镇土壤（HR2-12）；福建厦门滩涂土壤（HYP612）；广东深圳土壤（LZ27）；贵州梵净山土壤（AS 3.5239），贵阳土壤（G221-1）；河南洛阳龙门石窟土壤（13981 = 3.15820：BenA = ON569421，Rpb2 = ON569401）；山东青岛滩涂土壤（0801J1-2）；浙江农业大学校区土壤（12692 = AS 3.15798）；西藏日喀则土壤（RKZ-3-11）。

文献记载：从福建、甘肃、广东、广西、贵州、河北、江苏、青海、陕西、山东、上海、四川、西藏、香港、云南、浙江的果汁分离出的（孔华忠和王龙，2007；Guo et al.，2016；童迅等，2016；王焕南等，2020）。这些鉴定仅依据形态学和/或 rDNA 序列，尚需进一步研究确认。

讨论：该种在菌落形态上与南瓜根篮状菌 T. cucurbitiradicus、梭形篮状菌 T. fusiformis 相似，但后二者在 YES 上均产生黄色菌丝体；在种系学上与南瓜根篮状菌、假绳状篮状菌 T. pseudofuniculosus 关系最近，这三者的区别见南瓜根篮状菌的讨论部分（Guevara-Suarez et al.，2020）。

暗绿篮状菌　图版 XX

Talaromyces fuscoviridis Visagie, N. Yilmaz & Samson, Mycoscience 56: 492, 2015. Shan et al., Mycosystema 40: 1223, 2021.

词源："fuscoviridis" 表示其 MEA 菌落背面呈暗绿色 "dark green"。

模式菌株：CBS 193.69 = IBT 14846；遗传标记：ITS = KF741979，BenA = KF741912，CaM = KF741942。

在 CA 上 25℃培养 7 天，菌落直径 25~26 mm，较厚，中央稍凸起，表面具少量辐射状皱纹，边缘波瓣状；质地短絮状兼绳状；分生孢子无；菌丝呈白色夹杂浅黄色；渗出液少量，无色至淡黄色，近于淡玉髓黄色（Pale Chalcedony Yellow，R. Pl. XVII）；可溶性色素大量，棕色，近于琥珀棕色（Amber Brown，R. Pl. III）；背面呈红木红色（Mahogany Red，R. Pl. II），中央稍浅。

在 CYA 上 25℃培养 7 天，菌落直径 43~45 mm，较薄，表面具较多辐射状沟纹，边缘完整；质地绒状兼短绳状；分生孢子无；菌丝体呈白色夹杂淡黄色；渗出液少量，珊瑚粉色（Coral Pink，R. Pl. XIII）或无色；可溶性色素无；背面呈浅黄色，近于粉皮黄色（Pinkish Buff，R. Pl. XXIX）。

在 MEA 上 25℃培养 7 天，菌落直径 40~41 mm，稍厚，中央凹陷，边缘于培养基内，完整；质地短絮状兼绳状；分生孢子稀少，近于淡烟灰色（Pale Smoke Gray，R. Pl. XLVI）；菌丝体呈白色夹杂浅黄色，近于奶油色（Cream Color，R. Pl. XVI）；渗出液无；可溶性色素无；背面呈深绿色，近于暗黄绿色（Dark Yellowish Green，R. Pl. XVIII）至阿克曼绿色（Ackermann's Green，R. Pl. XVIII）。

在 YES 上 25℃培养 7 天，菌落直径 55~58 mm，稍厚，表面具较多无规则沟纹，边缘完整；质地绒状；分生孢子无；菌丝体呈白色夹杂浅褐色；渗出液较多，近于肉桂赤褐色（Cinnamon Rufous，R. Pl. XIV）；可溶性色素无；背面呈棕色，近于凯撒棕色（Kaiser Brown，R. Pl. XIV），外围变浅，近于赭橙色（Ochraceous-Orange，R. Pl. XV）。

在 CYA 上 37℃培养 7 天，菌落直径 12 mm。

在 CYA 上 5℃培养 7 天，未生长。

分生孢子梗发生于表面菌丝和气生菌丝，孢梗茎 50~150 μm × 2.5~3 μm，壁光滑；帚状枝双轮生兼单轮生；梗基每轮 2~4 个，排列紧密，10~11 μm × 2.5~3 μm；瓶梗安瓿形，排列较不紧密，每轮 2~4 个，10~11 μm × 2.5~3 μm；分生孢子椭球形至近球形，3~3.5（–4）μm，壁厚，光滑至粗糙。

主要分类学性状：生长较快，MEA 菌落背面呈暗绿色，产生絮状兼绳状菌落；分生孢子无或稀少，灰绿色；帚状枝双轮生兼单轮生，排列紧密；分生孢子椭球形至近球形，壁厚，光滑至粗糙。

分布和基物：江西庐山土壤（JX6-6 = AS 3.15876；ITS = MK837959，*BenA* = MK837943，*CaM* = MK837951）。

讨论：该种在 MEA 上的菌落背面呈暗绿色；在种系学上与当归篮状菌 *T. angelicae* S.H. Yu, T.J. An & H.K. Sang [as 'angelicus']、多样篮状菌 *T. versatilis* Bridge & Buddie 关系较近（Wei *et al.*，2021；单夏男等，2021）。

梭形篮状菌　图版 XXI

Talaromyces fusiformis A.J. Chen, Frisvad & Samson, Stud. Mycol. 84: 139, 2016.

词源："*fusiformis*"表示其产生梭形分生孢子"fusiform conidia"。

模式菌株：CBS 140637 = CGMCC 3.18210；遗传标记：ITS = KU866656，*BenA* = KU866843，*CaM* = KU866740，*Rpb2* = KU867000。

在 CA 上 25℃培养 7 天，菌落直径 22~26 mm，薄，表面平坦，边缘于培养基内，流苏状；质地绒状，上面覆盖短绳状菌丝；分生孢子较多，呈灰绿色，近于灰橄榄色（Grayish Olive，R. Pl. XLVI）；菌丝体呈白色；渗出液无；可溶性色素无；背面呈海泡绿色（Sea-foam Green，R. Pl. XXXI）。

在 CYA 上 25℃培养 7 天，菌落直径 38~42 mm，较薄，表面平坦，边缘于培养表面，流苏状；质地绒状，上面覆盖短菌丝绳；分生孢子大量，呈灰橄榄色（Grayish Olive，R. Pl. XLVI）至豆绿色（Pea Green，R. Pl. XLVII）；菌丝体呈白色；无渗出液和可溶性色素；背面呈橙皮黄色（Orange Buff，R. Pl. III）。

在 MEA 上 25℃培养 7 天，菌落直径 49~54 mm，表面平坦，薄，边缘于培养基表面，流苏状；质地绒状兼绳状；分生孢子大量，呈豆绿色（Pea Green，R. Pl. XLVII）；菌丝体呈白色；渗出液无；可溶性色素无；背面呈褐色。

在 YES 上 25℃培养 7 天，菌落直径 42~47 mm，薄，中央凹陷，表面具适量辐射状皱纹，边缘于培养基表面，整齐；质地绒状；分生孢子适量，呈灰橄榄色（Grayish Olive，R. Pl. XLVI）；菌丝体呈白色，但在中部呈报春花黄色（Primrose Yellow，R. Pl. XXX）；渗出液少量，呈浅褐黄色水滴状；可溶性色素无；背面呈黄嘌呤橙色（Xanthine Orange，R. Pl. III），边缘渐浅。

在 CYA 上 37℃培养 7 天，菌落直径 19~22 mm。

在 CYA 上 5℃培养 7 天，未生长。

分生孢子梗发生于气生菌丝，孢梗茎 50~100 μm × 3~3.5 μm，壁光滑；帚状枝主要双轮生，偶尔不规则生，排列紧密；梗基每轮 4~6 个，排列紧密，11~14 μm × 3~4 μm；瓶梗披针形，每轮 4~6 个，10~14 μm × 2~3 μm，梗颈较细较长；分生孢子椭球形至梭形，4~6 μm × 2.5~3 μm，壁光滑。

主要分类学性状：生长较快，产生绳状菌丝和灰绿色分生孢子，类似于绳状篮状菌 *T. funiculosus*；菌丝体呈白色，但在 YES 上带浅黄色；帚状枝主要双轮生，偶尔不规则生；分生孢子梭形至椭球形，壁光滑。

分布和基物：北京空气（CGMCC 3.18210）；贵州铜仁梵净山土壤（14107 = AS 3.15824：ITS = MW721011，*BenA* = MW727232，*Rpb2* = MW727226；14106）；海南三亚土壤（G131）；江西南昌土壤（JXP2）；上海崇明区土壤（JS5-2，JS5-5）；西藏墨脱树叶（XZ524-1）；浙江舟山土壤（ZhS1-3 = AS 3.16281）。

讨论：该种在形态学上与橘黄篮状菌 *T. aurantiacus* 和绳状篮状菌 *T. funiculosus* 相似，这三者的区别见橘黄篮状菌和绳状篮状菌的讨论部分；在种系学上与肺泡篮状菌 *T. alveolaris*、橘黄篮状菌、德尔克斯篮状菌 *T. derxii* 关系较近（Guevara-Suarez *et al.*，2020；Wei *et al.*，2021）。

海头篮状菌　图版 XXII

Talaromyces haitouensis L. Wang, J. Fungi 8: 36, 2022.

词源："*haitouensis*"表示该种模式菌株分离自江苏连云港海头镇"Haitou Town"。

模式菌株：AS 3.16101 = HR1-7；遗传标记：ITS = MZ045695，*BenA* = MZ054634，*CaM* = MZ054637，*Rpb2* = MZ054631。

在 CA 上 25℃培养 7 天，菌落直径 14~15 mm，稍厚，表面平坦，边缘整齐；质地绒状兼细颗粒状；分生孢子无；菌丝体在边缘呈白色，其余呈橙葡萄酒色（Orange Vinaceous，R. Pl. XXVII）；裸囊壳少量，呈皮纳德黄色（Pinard Yellow，R. Pl. IV）；渗出液无；可溶性色素少量，呈草莓粉色（Strawberry Pink，R. Pl. I）；背面呈胭脂仙人掌红色（Nopal Red，R. Pl. I）。

在 CYA 上 25℃培养 7 天，菌落直径 22~25 mm，较薄，表面平坦或稍具辐射状皱纹，边缘于培养基内，流苏状；质地绒状兼细颗粒状；分生孢子无或稀少；裸囊壳少量，呈皮纳德黄色（Pinard Yellow，R. Pl. IV），菌丝体在边缘呈白色，其余呈火星黄色（Mars Yellow，R. Pl. IV）夹杂橙葡萄酒色（Orange Vinaceous，R. Pl. XXVII）；渗出液无；可溶性色素无；背面中央呈摩洛哥红色（Morocco Red，R. Pl. I），在边缘呈草莓粉色（Strawberry Pink，R. Pl. I）。

在 MEA 上 25℃培养 7 天，菌落直径 48~51 mm，较薄，表面平坦，边缘于培养基内，整齐；质地颗粒状；分生孢子无或稀疏，呈橄榄灰色（Olive Gray，R. Pl. LI）；裸囊壳大量，呈绿黄色（Green Yellow，R. Pl. V）；菌丝体在边缘呈白色，其余呈绿黄色（Green Yellow，R. Pl. V）；渗出液无；可溶性色素无；背面中央呈褐红色加深绿色，近于浅多瑙河绿色（Light Danube Green，R. Pl. XXXII），其余呈肉桂皮黄色（Cinnamon Buff，R. Pl. XXIX）。

在 YES 上 25℃培养 7 天，菌落直径 25~28 mm，较薄，表面具少量辐射状沟纹，边缘于培养基表面，流苏状；质地绒状，中央可见少量裸囊壳，呈皮纳德黄色（Pinard Yellow，R. Pl. IV）；分生孢子无或稀疏，呈浅橄榄灰色（Light Olive Gray，R. Pl. LI）；菌丝体在边缘呈白色，其余呈山核桃棕色（Pecan Brown，R. Pl. XXVIII）至可可棕色（Cacao Brown，R. Pl. XXVIII）；渗出液无；可溶性色素无；背面中央呈摩洛哥红色（Morocco Red，R. Pl. I），外围呈珊瑚红色（Coral Red，R. Pl. II）。

在 CYA 上 37℃培养 7 天，菌落直径 18~20 mm。

在 CYA 上 5℃培养 7 天，未生长。

分生孢子稀疏，发生于气生菌丝，帚状枝双轮生，孢梗茎 20~60 μm × 2~2.5 μm，壁光滑；副枝每轮 2~4 个，10~13 μm × 2~2.5 μm；瓶梗每轮 2~4 个，9~12 μm × 2~2.5 μm；分生孢子呈梨形至椭球形，2.5~3 μm × 2~2.5 μm，壁光滑。裸囊壳绿黄色，球形，14 天后成熟，（400~）450~480 μm；子囊球形至椭球形，12.5~13 μm 或 15 μm × 12~13 μm；子囊孢子椭球形，壁刺状粗糙，5~6 μm × 4 μm。

主要分类学性状：在 37℃生长正常；裸囊壳呈绿黄色；菌丝体橙棕色；子囊孢子椭球形，壁刺状粗糙。

分布和基物：江苏连云港海头镇滩涂土壤（HR1-7 = AS 3.16101）。

讨论：该种在形态学上与金黄篮状菌 *T. aureolinus*、黄色篮状菌 *T. flavus*、室井篮状菌 *T. muroii* 相似；在种系学上与糙孢篮状菌 *T. aspriconidius*、黄色篮状菌关系较近（Han *et al*.，2022）。

肯德里克篮状菌　图版 XXIII

Talaromyces kendrickii Visagie, N. Yilmaz, Seifert & Frisvad, Mycoscience 5: 493, 2015.
　　Shan *et al*., Mycosystema 40: 1223, 2021.

词源："kendrickii"表示纪念加拿大滑铁卢大学（University of Waterloo）生物学教授"Bryce Kendrick"。

模式菌株：CBS 136666 = IBT 13593；遗传标记：ITS = KF741987，*BenA* = KF741921，*CaM* = KF741967，*Rpb2* = MN969158。

在 CA 上 25℃培养 7 天，菌落直径 14~16 mm，较薄，表面平坦，边缘于培养基内，根状；质地绒状；分生孢子适量，呈罗马绿色（Roman Green，R. Pl. XVI）；菌丝体呈淡黄色；渗出液无；可溶性色素少量，呈浅红色；背面呈浅红色。

在 CYA 上 25℃培养 7 天，菌落直径 22~25 mm，较薄，表面平坦，边缘于培养基内，整齐；质地绒状；分生孢子大量，呈灰橄榄色（Grayish Olive，R. Pl. XLVI）；菌丝体在边缘呈白色，在近边缘呈硫黄色（Sulphur Yellow，R. Pl. V）；渗出液无；可溶性色素无；背面呈烧土褐色（Burnt Sienna，R. Pl. III）。

在 MEA 上 25℃培养 7 天，菌落直径 35~38 mm，较薄，表面平坦，边缘于培养基内，整齐；质地绒状；分生孢子大量，呈草绿色（Grass Green，R. Pl. VI）；菌丝体呈浅嫩绿黄色（Light Viridine Yellow，R. Pl. V）；渗出液无；可溶性色素无；背面呈赭色，但中央呈淡橙红色。

在 YES 上 25℃培养 7 天，菌落直径 28~32 mm，中部较厚，边缘较薄，背面带少量无规则皱纹；质地绒状；分生孢子无或稀少，呈浅灰绿色；菌丝体呈白色，夹杂淡绿黄色（Pale Green Yellow，R. Pl. V）或浅皮黄色（Light Buff，R. Pl. XV）；渗出液无；可溶性色素无；背面呈烧土褐色（Burnt Sienna，R. Pl. III）。

在 CYA 上 37℃培养 7 天，未生长。

在 CYA 上 5℃培养 7 天，未生长。

分生孢子梗发生于表面菌丝，孢梗茎 200~400 μm × 3~4 μm，壁光滑；帚状枝双轮生和单轮生，偶尔不规则生；梗基每轮 4~8 个，排列不紧密，10~15 μm × 2.5~4 μm；瓶梗安瓿形，排列紧密，每轮 4~6 个，10~12 μm × 2~3 μm；分生孢子近球形至椭球形，2.5~3.5 μm × 2~3 μm，壁稍粗糙。

主要分类学性状：生长较快，产生绒状菌落，分生孢子草绿色；帚状枝双轮生和单轮生，偶尔不规则生，梗基排列不紧密，瓶梗安瓿形；分生孢子近球形至椭球形，壁稍粗糙。

分布和基物：北京顺义土壤（AC151 = AS 3.15852：ITS = MT883350，*BenA* = MT892948，*CaM* = MT892954）；河南卫辉土壤（WHL259）；黑龙江黑河树叶（HL77），凉水国家级自然保护区土壤（HL320 = AS 3.15849：ITS = MT883349，*BenA* = MT892947，*CaM* = MT892953），五营国家森林公园土壤（HL259）；江苏南京土壤（NJ6-1）。

讨论：该种在种系学上与弗兰克篮状菌 *T. francoae*、莽山篮状菌 *T. mangshanicus* 关系较近（Guevara-Suarez *et al*.，2020；Wei *et al*.，2021；单夏男等，2021）

迟缓篮状菌　图版 XXIV

Talaromyces lentulus X.Z. Jiang & L. Wang, Sci. Rep. 8: 4932, 2018.

词源："lentulus"表示其在CYA和YES培养基上分生孢子发育迟缓"late development of conidiogenesis"。

模式菌株：AS 3.15689 = NN071323；遗传标记：ITS = KY007088，*BenA* = KY007104，*CaM* = KY007096，*Rpb2* = KY112586。

在 CA 上 25℃ 培养 7 天，菌落直径 26~28 mm，较薄，表面中央稍凸起，平坦；质地绒状；分生孢子少量，分布于菌落中央，呈菠菜绿色（Spinach Green，R. Pl. V）；菌丝体呈绿黄色；渗出液无；可溶性色素无；背面呈浅皮黄色（Light Buff，R. Pl. XV）。

在 CYA 上 25℃ 培养 7 天，菌落直径 26~27 mm，较薄，表面稍带辐射状沟纹，边缘完整；质地绒状，覆盖稀疏短絮状菌丝体；分生孢子无；菌丝体呈白色夹杂淡鲑肉色（Pale Salmon Color，R. Pl. XIV），有些夹杂萘黄色（Naphthalene Yellow，R. Pl. XVI）；渗出液稀少，无色；可溶性色素无；背面呈肉桂色（Cinnamon，R. Pl. XXIX）。

在 MEA 上 25℃ 培养 7 天，菌落直径 43~44 mm，较厚，表面平坦，边缘完整；质地绒状，覆盖稀疏絮状菌丝和菌丝绳；分生孢子适量，呈灰橄榄色（Grayish Olive，R. Pl. XLVI）至浅灰橄榄色（Light Grayish Olive，R. Pl. XLVI）；菌丝体呈浅嫩绿黄色（Light Viridine Yellow，R. Pl. V）；渗出液无；可溶性色素无；背面呈钡黄色（Baryta Yellow，R. Pl. IV）。

在 YES 上 25℃ 培养 7 天，菌落直径 37~38 mm，稍厚，表面中央带无规则皱纹，边缘完整；质地绒状，表面覆盖稀疏短絮或菌丝绳；分生孢子无或稀疏；菌丝体呈枸橼黄色（Citron Yellow，R. Pl. XVI），在中央夹杂淡鲑肉色（Pale Salmon Color，R. Pl. XIV）；渗出液稀无；可溶性色素无；背面呈红木红色（Mahogany Red，R. Pl. II）至烧土褐色（Burnt Sienna，R. Pl. II）。

在 CYA 上 37℃ 培养 7 天，菌落直径 21~23 mm。

在 CYA 上 5℃ 培养 7 天，未生长。

分生孢子梗发生于表面菌丝，孢梗茎 240~380 μm × 2.5~3 μm，壁光滑；帚状枝双轮生；梗基每轮 4~6 个，排列较紧密，10~11 μm × 2~2.5 μm；瓶梗圆柱形或安瓿形，排列较紧密，每轮 2~4 个，9~10 μm × 1.5~2 μm；分生孢子球形，2.5~3 μm，壁光滑。

主要分类学性状：生长较快，在 MEA 上产生绒状兼絮绳状菌落，在 37℃ 生长良好；在 CYA 和 YES 上分生孢子无或稀疏；帚状枝典型双轮生，排列较紧密，瓶梗圆柱形或安瓿形；分生孢子球形，壁光滑。

分布和基物：福建漳州土壤（ZZ2-7-1）；河南卫辉土壤（WH5）；山东东营土壤（AS 3.15689 = NN071323）。

讨论：该种在形态学和种系学均与草地篮状菌 *T. pratensis* Jurjević & S.W. Peterson、紧密篮状菌 *T. adpressus*、马氏篮状菌 *T. mae* X.Z. Jiang & L. Wang、嗜松篮状菌 *T. pinophilus* 关系最近（Peterson & Jurjević，2019；Wei *et al.*，2021）。

藤本篮状菌　图版 XXV

Talaromyces liani (Kamyschko) N. Yilmaz, Frisvad & Samson, Stud. Mycol. 78: 266, 2014.

≡ *Penicillium liani* Kamyschko, Not. Syst. Crypt. Inst. Bot. Acad. Sci. U.S.S.R. 15: 86, 1962.

词源："*liani*"表示其分离自藤本植物"liana"。

模式菌株：CBS 225.66 = NRRL 3380；遗传标记：ITS = JN899395，*BenA* = JX091380，

CaM = KJ885257，*Rpb2* = MH793100。

在 CA 上 25℃培养 7 天，菌落直径 17~20 mm，较薄，表面平坦，边缘于培养基内，整齐；质地绒状；分生孢子无；菌丝体在边缘呈白色，其余呈浅粉红色，近于海壳粉色（Seashell Pink，R. Pl. XIV）；渗出液无；可溶性色素无；背面呈蜡黄色（Wax Yellow，R. Pl. XVI）。

在 CYA 上 25℃培养 7 天，菌落直径 30~34 mm，较薄，表面中央具无规则皱纹，其余平坦，边缘于培养基内，流苏状；质地绒状；分生孢子无；菌丝体在边缘呈白色，在近边缘呈浅绿黄色（Light Green Yellow，R. Pl. V），在中部呈淡肉色（Pale Flesh Color，R. Pl. XIV）；渗出液无；可溶性色素无；背面呈火星黄色（Mars Yellow，R. Pl. XIV）。

在 MEA 上 25℃培养 7 天，菌落直径 42~46 mm，较薄，表面平坦，边缘于培养基内，完整；中部产生少量黄绿色裸囊壳；质地绒状兼短絮状；分生孢子适量，呈孔雀石绿色（Malachite Green，R. Pl. XXXII）；菌丝体呈浅绿黄色（Light Green Yellow，R. Pl. V），在边缘呈白色；渗出液无色；可溶性色素无；背面呈生土褐色（Raw Sienna，R. Pl. III）。

在 YES 上 25℃培养 7 天，菌落直径 35~38 mm，较薄，表面具少量无规则皱纹，边缘于培养基内，流苏状；质地绒状兼短絮状；分生孢子稀疏，分布于近边缘，呈灰色，近于宫廷灰色（Court Gray，R. Pl. XLVII）；菌丝体在中部呈淡绿黄色（Pale Green Yellow，R. Pl. V）至硫黄色（Sulphur Yellow，R. Pl. V），在边缘呈白色；渗出液稀无；可溶性色素无；背面呈浅褐红色，边缘变浅。

在 CYA 上 37℃培养 7 天，菌落直径 20~25 mm。

在 CYA 上 5℃培养 7 天，未生长。

分生孢子梗发生于气生菌丝和表面菌丝，孢梗茎（20~）100~150 μm × 2~3.5 μm，壁光滑；帚状枝双轮生及单轮生；梗基每轮 3~6 个，排列不紧密，10~15 μm × 2.5~3 μm；瓶梗披针形至圆柱形，排列不紧密，每轮 3~6 个，10~15 μm × 2~3.5 μm，分生孢子椭球形，2.5~4 μm × 2~3.5 μm，壁光滑。裸囊壳 14 天后成熟，浅绿黄色，球形或近球形，200~550 μm × 200~500 μm；子囊球形或近球形，9~13 μm × 8~12 μm，子囊孢子椭球形，4~6 μm × 2.5~4 μm，壁带刺。

主要分类学性状：生长较快，在 37℃生长良好，产生绿黄色裸囊壳和菌丝体；分生孢子稀疏，灰绿色；子囊球形或近球形，子囊孢子椭球形，壁带刺；帚状枝双轮生及单轮生，排列不紧密，瓶梗披针形至圆柱形；分生孢子椭球形，壁光滑。

分布和基物：北京门头沟土壤（M573）；福建漳州滩涂土壤（ZZ2-8-1）；甘肃民勤土壤（MQD7-6）；黑龙江哈尔滨郊区菜地土壤（13007 = AS 3.15806），齐齐哈尔建华乡土豆地土壤（13077 = AS 3.15805）；湖南长沙土壤（AS 3.3704）；江苏盐城滩涂土壤（JS10-2）；辽宁大连土壤（AS 3.5954）；新疆乌鲁木齐土壤（AS 3.5723）；浙江宁波镇海滩涂土壤（ZH3-15），绍兴郊区菜地土壤（14338 = AS 3.15801：*CaM* = ON569405）。

讨论：该种被 Pitt（1979）作为黄色篮状菌 *T. flavus* 的异名，因此按照形态学，我国许多菌株被鉴定为黄色篮状菌（孔华忠和王龙，2007），但根据作者经验，黄色篮状菌比较罕见，本研究未发现；在种系学上该种与嗜松篮状菌群的物种关系较近（Peterson & Jurjević，2019）。

马氏篮状菌 图版 XXVI

Talaromyces mae X.Z. Jiang & L. Wang, Sci. Rep. 8: 4932, 2018.

词源："*mae*"表示纪念早在 1936 年报道我国青霉与曲霉物种的学者马心仪"Xin-Yi Ma"。

模式菌株：AS 3.15690 = NN071328；遗传标记：ITS = KY007090，*BenA* = KY007106，*CaM* = KY007098，*Rpb2* = KY112588。

在 CA 上 25℃培养 7 天，菌落直径 18~19 mm，较薄，中央稍凸起，表面平坦；质地绒状；分生孢子少量，分布于中央，近于蛇纹石绿色（Serpentine Green，R. Pl. XVI）；菌丝体在边缘呈白色，在中部呈浅黄色，近于锶黄色（Strontian Yellow，R. Pl. XLVI）；渗出液无；可溶性色素无；背面呈奶油色（Cream Color，R. Pl. XVI）。

在 CYA 上 25℃培养 7 天，菌落直径 22~24 mm，较薄，表面具少量无规则皱纹，中央稍突起，边缘完整；质地绒状，表面覆盖絮状菌丝；分生孢子无或稀疏，呈淡灰绿色，近于蛇纹石绿色（Serpentine Green，R. Pl. XVI）；菌丝体在边缘呈白色，在中部呈稻草黄色（Straw Yellow，R. Pl. XVI）；渗出液少量，无色；可溶性色素无；背面呈钡黄色（Baryta Yellow，R. Pl. IV），中央较深，呈鲑肉色（Salmon Color，R. Pl. XIV）。

在 MEA 上 25℃培养 7 天，菌落直径 42~43 mm，稍厚，表面平坦，边缘完整；质地短絮状兼绳状，长 1~3 mm；分生孢子少量，呈浅榆叶绿色（Light Elm Green，R. Pl. XVII）；菌丝体呈浅晦绿黄色（Light Dull Green Yellow，R. Pl. XVII）；渗出液无色；可溶性色素无；背面呈奶油色（Cream Color，R. Pl. XVI）。

在 YES 上 25℃培养 7 天，菌落直径 33~34 mm，较薄，表面具少量无规则皱纹，中央突起，边缘完整；质地短絮状兼绳状；分生孢子无；菌丝体呈牙黄色（Ivory Yellow，R. Pl. XXX）至报春花黄色（Primrose Yellow，R. Pl. XXX）；渗出液稀无；可溶性色素无；背面呈蜡黄色（Wax Yellow，R. Pl. XVI）。

在 CYA 上 37℃培养 7 天，菌落直径 17~18 mm。

在 CYA 上 5℃培养 7 天，未生长。

分生孢子梗产生气生菌丝和绳状菌丝，孢梗茎（50~）60~100 μm × 2.5~3 μm，壁光滑；帚状枝典型双轮生；梗基每轮 4~6 个，排列不紧密，8~10 μm × 2~2.5 μm；瓶梗披针形至圆柱形，排列不紧密，每轮 2~4 个，8~10 μm × 1.5~2 μm；分生孢子卵形，2~2.5 μm，壁光滑至稍粗糙。

主要分类学性状：生长较慢，在 MEA 上产生短絮状兼绳状菌落，菌丝体呈浅绿黄色，在 37℃正常生长；分生孢子稀疏，灰绿色；帚状枝双轮生，排列不紧密，瓶梗披针形至圆柱形；分生孢子卵形，壁光滑至稍粗糙。

分布和基物：山东东营土壤（NN071327：ITS = KY007097，*BenA* = KY007105，*CaM* = KY007089，*Rpb2* = KY112587）；上海东平国家森林公园土壤（AS 3.15690 = NN071328）。

讨论：该种在形态学和种系学上均与嗜松篮状菌 *T. pinophilus* 有些关系，但无统计学支持率（Wei *et al.*，2021；Han *et al.*，2022）。

苹果篮状菌 图版 XXVII

Talaromyces malicola Jurjević & S.W. Peterson, Fungal Biol. 123 (10): 756, 2019. Xu *et al.*,
　　Mycosystema 40(8): 2186, 2021.

　　词源："*malicola*"表示其模式菌株分离自苹果树根际"the rhizosphere of apple trees"。

　　模式菌株：NRRL 3724；遗传标记：ITS = MH909513，*BenA* = MH909406，*CaM* =
MH909459，*Rpb2* = MH909567。

　　在 CA 上 25℃培养 7 天，菌落直径 17~19 mm，薄，表面平坦，边缘于培养基内，
波曲状；质地绒状，覆盖浅粉色菌丝，近于虾粉色（Shrimp Pink, R. Pl. I）；分生孢子
稀少，分布于中央，紫杉绿色（Yew Green, R. Pl. XXXI）；菌丝体在边缘呈白色，在
近边缘呈浅绿黄色（Light Greenish Yellow, R. Pl. V），在中部呈浅粉色；渗出液无；
可溶性色素无；背面中央呈草莓粉色（Strawberry Pink, R. Pl. I），其余呈旱金莲皮黄
色（Capucine Buff, R. Pl. III）。

　　在 CYA 上 25℃培养 7 天，菌落直径 28~30 mm，较薄，表面平坦，边缘于培养基
内，流苏状；质地绒状，覆盖壳粉色（Shell Pink, R. Pl. XXVIII）菌丝；分生孢子稀疏，
呈橄榄灰色（Olive Gray, R. Pl. LI）；菌丝体在边缘呈白色，在近边缘呈奶油色（Cream
Color, R. Pl. XVI）；无渗出液和可溶性色素；背面呈浅赭皮黄色（Light Ochraceous Buff,
R. Pl. XV）。

　　在 MEA 上 25℃培养 7 天，菌落直径 40~41 mm，较薄，表面平坦，边缘于培养内，
整齐；质地绒状；分生孢子大量，呈豆绿色（Pea Green, R. Pl. XLVII）；菌丝体呈浅
绿黄色（Light Green Yellow, R. Pl. V）；渗出液无；可溶性色素无；背面呈移民期皮
黄色（Colonial Buff, R. Pl. XXX）。

　　在 YES 上 25℃培养 7 天，菌落直径 32~34 mm，稍薄，表面具少量无规则沟纹，
边缘于培养内，流苏状；质地绒状兼短絮状；分生孢子少量，浅灰橄榄色（Light Grayish
Olive, R. Pl. XLVI）；菌丝体呈浅绿黄色（Light Green Yellow, R. Pl. V），在中央呈
海壳粉色（Seashell Pink, R. Pl. XIV）；渗出液无；可溶性色素无；背面中央呈红褐色
（Russet, R. Pl. XV），其余呈赭皮黄色（Ochraceous Buff, R. Pl. XV）。

　　在 CYA 上 37℃培养 7 天，菌落直径 9~10 mm。

　　在 CYA 上 5℃培养 7 天，未生长。

　　分生孢子梗发生于表面菌丝，孢梗茎 50~150 μm × 3~3.5 μm，壁光滑；帚状枝主要
双轮生，偶尔单轮生；梗基每轮 6~10 个，排列紧密，8~12 μm × 3~4 μm；瓶梗披针形，
每轮 6~8 个，排列紧密，9~12 μm × 2.5~3 μm，梗颈较细较长；分生孢子椭球形至球形，
3~4 μm × 2.5~3 μm，壁光滑至稍粗糙。

　　主要分类学性状：生长适度，菌丝体呈白色兼淡绿黄色，分生孢子灰绿色，在 MEA
的菌落形态类似青霉；帚状枝主要双轮生，也有单轮生，排列紧密；分生孢子椭球形至
球形，壁光滑至稍粗糙。

　　分布和基物：四川成都彭州土壤（PZ3-2 = AS 3.16010：ITS = MW721012，*BenA* =
MW727233，*Rpb2* = MW727227）。

　　讨论：该种在形态学和种系学上均与嗜松篮状菌群的物种关系较近（Peterson &
Jurjević，2019；徐可心等，2021）。

莽山篮状菌　图版 XXVIII

Talaromyces mangshanicus X.C. Wang & W.Y. Zhuang, Mycol. Prog. 16 (1): 77, 2017.

词源："*mangshanicus*"表示其模式菌株分离地为湖南郴州莽山"Mangshan"。

模式菌株：CGMCC 3.18013 = HMAS 248733；遗传标记：ITS = KX447531，*BenA* = KX447530，*CaM* = KX447528，*Rpb2* = KX447527。

在 CA 上 25℃培养 7 天，菌落直径 2~6 mm，薄，表面平坦，边缘于培养基内，整齐；质地绒状；分生孢子无或稀疏，呈灰绿色，近于浅灰橄榄色（Light Grayish Olive，R. Pl. XLVI）；菌丝体在边缘呈白色；无渗出液和可溶性色素；背面呈白色夹杂灰黄色。

在 CYA 上 25℃培养 7 天，菌落直径 4~11 mm，较薄，表面平坦，边缘于培养基内，整齐；质地绒状；分生孢子无或少量，呈浅橄榄灰色（Light Olive Gray，R. Pl. LI）；菌丝体呈白色；无渗出液和可溶性色素；背面呈白色至奶油色（Cream Color，R. Pl. XVI）。

在 MEA 上 25℃培养 7 天，菌落直径 22~25 mm，稍厚，表面平坦，边缘于培养基表面，整齐；质地绒状，或上面覆盖稀疏短絮菌丝体，呈脏粉色，近于粉葡萄酒色（Pinkish Vinaceous，R. Pl. XXVII）；分生孢子适量，呈草绿色（Grass Green，R. Pl. VI）或深葡萄绿色（Deep Grape Green，R. Pl. LI）；菌丝体呈柠檬黄色（Lemon Yellow，R. Pl. IV），在边缘呈白色；渗出液无；可溶性色素较多，深红色，近于胭脂仙人掌红色（Nopal Red，R. Pl. I），背面呈深红色，近于胭脂仙人掌红色（Nopal Red，R. Pl. I）；有些菌株不产可溶性色素，背面呈浅赭黄色。

在 YES 上 25℃培养 7 天，菌落直径 8~14 mm，稍厚，表面平坦，边缘于培养基表面，整齐；质地绒状，覆盖短絮状菌丝体；分生孢子稀少或适量，呈橄榄灰色（Olive Gray，R. Pl. LI）至浅橄榄灰色（Light Olive Gray，R. Pl. LI）；菌丝体呈白色，有些菌株菌丝体呈淡黄色，近于马提乌斯黄色（Martius Yellow，R. Pl. IV），或脏粉色，近于浅刚果粉色（Light Congo Pink，R. Pl. XXVIII）；渗出液无；可溶性色素无；背面呈暖皮黄色（Warm Buff，R. Pl. XV）至浅皮黄色（Light Buff，R. Pl. XV）。

在 CYA 上 37℃培养 7 天，未生长。

在 CYA 上 5℃培养 7 天，未生长。

分生孢子梗发生于表面菌丝，孢梗茎（50~）200~350（~450）μm × 3~4 μm，壁光滑；帚状枝双轮生，偶尔不规则生，排列不紧密；梗基每轮 2~6 个，10~13 μm × 3~4.5 μm；瓶梗安瓿形，每轮 3~6 个，10~13 μm × 2.5~4 μm；分生孢子球形，4.5~5 μm，壁疣状粗糙。

主要分类学性状：在 CA、CYA 和 YES 上生长局限；分生孢子适量，帚状枝双轮生，偶尔不规则生，排列不紧密；瓶梗安瓿形；分生孢子球形，较大，壁疣状粗糙。

分布和基物：广东深圳郊区土壤（LZ291-7 = AS 3.15866：ITS = MK837957，*BenA* = MK837941，*CaM* = MK837949，*Rpb2* = MK837965；LZ291-10）；湖南莽山国家级自然保护区土壤（CGMCC 3.18013，MS1 = AS 3.15834，MS5 = AS 3.15833）；云南西双版纳土壤（BN7-1，BN8-1，BN17-1）。

文献记载：中国南海沉积物（Zhang *et al.*，2022）。

讨论：该种的显微形态类似于棘刺篮状菌 *T. aculeatus*、尖刺篮状菌 *T. apiculatus*、细疣篮状菌 *T. verruculosus*；在种系学上与肯德里克篮状菌 *T. kendrickii*、弗兰克篮状菌

T. francoae 关系较近（Wei *et al.*，2021；单夏男等，2021）。

马尔尼菲篮状菌　图版 XXIX

Talaromyces marneffei (Segretain, Capponi & Sureau) Samson, N. Yilmaz, Frisvad &
　　Seifert, Stud. Mycol. 70: 176, 2011. Lin *et al.*, Infect. Drug Resist. 14: 5007, 2021.
　　≡ *Penicillium marneffei* Segretain, Capponi & Sureau, Bull. Trimest. Soc. Mycol. Fr.
　　75(4): 416, 1960. Kong & Wang, Flora Fungorum Sinicorum Vol. 35 *Penicillium* et
　　Teleomorph Congnati. p. 197, 2007.

　　词源："*marneffei*"表示法国人姓氏"marneffe"。

　　模式菌株：CBS 388.87 = IMI 068794ii；遗传标记：ITS = JN899344，*BenA* =
JX091389，*CaM* = KF741958，*Rpb2* = KM023283。

　　在 CA 上 25℃培养 7 天，菌落直径 13~15 mm，薄，稀疏，平坦，边缘于培养基内，
不整齐；质地绒状兼浸润状；分生孢子无；菌丝体呈皮黄色（Buff Yellow，R. Pl. IV）；
渗出液无；可溶性色素少量，淡红色；背面呈浅红色。

　　在 CYA 上 25℃培养 7 天，菌落直径 10~12 mm，薄，表面平坦，边缘于培养基内
部，整齐；质地绒状；分生孢子少量，近于浅灰橄榄色（Light Grayish Olive，R. Pl. XLVI）；
菌丝体白色夹杂淡红色；渗出液无；可溶性色素适量，红色；背面中央呈红色，外围
变浅。

　　在 MEA 上 25℃培养 7 天，菌落直径 11~13 mm，较薄，中央突起，表面平坦，边
缘于培养基表面，整齐；质地绒状兼短絮状；分生孢子少量，近于浅灰橄榄色（Light
Grayish Olive，R. Pl. XLVI）；菌丝体呈淡绿黄色（Pale Green Yellow，R. Pl. V）；渗
出液无；可溶性色素大量，呈暗红色，近于牛血红色（Ox-Blood Red，R. Pl. I）；背面
呈暗红色。

　　在 YES 上 25℃培养 7 天，菌落直径 12~15 mm，较薄，表面平坦，边缘于培养基
表面，完整；质地绒状兼短絮状；分生孢子少量，近于浅灰橄榄色（Light Grayish Olive，
R. Pl. XLVI）；菌丝体呈白色夹杂淡黄色；渗出液无；可溶性色素大量，近于牛血红色
（Ox-Blood Red，R. Pl. I）；背面呈暗红色。

　　在 CYA 上 37℃培养 7 天，菌落直径 5~10 mm。

　　在 CYA 上 5℃培养 7 天，未生长。

　　分生孢子梗发生于气生菌丝，孢梗茎 10~50 μm × 2~3 μm，壁光滑；帚状枝双轮生，
偶尔单轮生；梗基每轮 2~6 个，排列不紧密，7~10 μm × 2.5~3.5 μm；瓶梗安瓿形，每
轮 4~8 个，6~10 μm × 2.5~3.5 μm；分生孢子球形至椭球形，3~3.5 μm × 2~3 μm，壁
光滑。

　　主要分类学性状：在 25℃生长缓慢，产生深红色色素，在 37℃形成浸润状菌落，
菌落绒状兼短絮状，分生孢子呈浅灰绿色；分生孢子梗发生于气生菌丝，孢梗茎短；帚
状枝双轮生，偶尔单轮生，排列不紧密，瓶梗短，安瓿形；分生孢子球形至椭球形，壁
光滑。

　　分布和基物：云南昆明医院患者（KM6528 = AS 3.16288；*BenA* = ON569422）。

　　文献记载：福建、广东、广西、湖南、四川、台湾、香港、云南（Tzean *et al.*，1994；

孔华忠和王龙，2007；Lin *et al.*，2021）。

讨论：该种产生大量深红色可溶性色素，类似于产紫篮状菌 *T. purpureogenus* 及糙刺孢篮状菌组的白双轮篮状菌 *T. alboverticillius*、暗玫瑰篮状菌 *T. atroroseus*、红色素篮状菌 *T. rubrifaciens*；在种系学上与杜克劳篮状菌 *T. duclauxii*、黄色篮状菌 *T. flavus* 关系较近（Wei *et al.*，2021）。

室井篮状菌　图版 XXX

Talaromyces muroii Yaguchi, Someya & Udagawa, Mycoscience 35 (3): 252, 1994. Ding *et al.*, Chin. J. Chem. 41: 916, 2023.

词源："*muroii*"表示纪念日本真菌学家"Tetsuo Muroi"。

模式菌株：CBS 756.96 = PF 1153；遗传标记：ITS = MN431394，*BenA* = KJ865727，*CaM* = KJ885274，*Rpb2* = KX961276。

在 CA 上 25℃培养 7 天，菌落直径 15~18 mm，较薄，表面平坦，边缘于培养基表面，流苏状；质地绒状；分生孢子无；菌丝体在边缘呈白色，其余呈淡柠檬黄色（Pale Lemon Yellow，R. Pl. IV）；裸囊壳少量，近于淡柠檬黄色（Pale Lemon Yellow，R. Pl. IV）；渗出液无；可溶性色素无；背面中央呈皮黄黄色（Buff Yellow，R. Pl. IV），外围呈玉米黄色（Maize Yellow，R. Pl. IV）。

在 CYA 上 25℃培养 7 天，菌落直径 26~28 mm，较薄，中央稍突起或凹陷，表面平坦，边缘于培养基表面，整齐；质地绒状；分生孢子无；裸囊壳少量，呈帝国黄色（Empire Yellow，R. Pl. IV）；菌丝体在边缘呈白色，其余呈帝国黄色（Empire Yellow，R. Pl. IV）；渗出液无；可溶性色素无；背面中央呈浅镉色（Light Cadmium，R. Pl. IV），外围呈钡黄色（Baryta Yellow，R. Pl. IV）。

在 MEA 上 25℃培养 7 天，菌落直径 43~45 mm，较薄，表面平坦，中央稍突起，边缘于培养基表面，整齐；质地绒状兼短絮状；分生孢子无；裸囊壳较多，呈淡柠檬黄色（Pale Lemon Yellow，R. Pl. IV）；菌丝体在边缘呈白色，其余呈淡柠檬黄色（Pale Lemon Yellow，R. Pl. IV）；渗出液少量，分布于中央，呈珊瑚红色（Coral Red，R. Pl. XIII）；可溶性色素无；背面呈杏皮黄色（Apricot Buff，R. Pl. XIV）。

在 YES 上 25℃培养 7 天，菌落直径 42~44 mm，较薄，表面具少量环状和辐射状沟纹，边缘于培养基表面，整齐；质地绒状；分生孢子无；裸囊壳无；菌丝体在边缘呈白色，其余呈浅皮黄色（Light Buff，R. Pl. XV）至淡柠檬黄色（Pale Lemon Yellow，R. Pl. IV）；渗出液无；可溶性色素无；背面呈棕红色。

在 CYA 上 37℃培养 7 天，菌落直径 18~19 mm。

在 CYA 上 5℃培养 7 天，未生长。

裸囊壳呈浅柠檬黄色，球形，14 天后成熟，150~300 μm × 150~350 μm；原基为棒形；子囊单生，球形，10~11 μm；子囊孢子长椭球形，壁细刺状粗糙，4~6 μm × 3 μm。未产生分生孢子。

主要分类学性状：在 CA 和 CYA 上生长较慢，产生浅柠檬黄色菌丝体，37℃生长正常；分生孢子无；裸囊壳呈柠檬黄色，子囊孢子长椭球形，壁细刺状粗糙。

分布和基物：福建厦门海泥（XM8-16 = AS 3.16270：*BenA* = ON569423），漳州九

龙江口滩涂土壤（JL1-1-1，ZZ2-5-2）；吉林长白山土壤（AS 3.5116，AS 3.5117）；江苏盐城滩涂土壤（JS10-1）；浙江宁波镇海滩涂土壤（ZH1-4）。

文献记载：中国南海沉积物（Ding *et al.*，2023）。该鉴定仅依据 rDNA 序列，尚需进一步研究确认。

讨论：该种在形态学上与金黄篮状菌 *T. aureolinus*、黄色篮状菌 *T. flavus*、海头篮状菌 *T. haitouensis* 较类似；在种系学上与当归篮状菌 *T. angelicae*、暗绿篮状菌 *T. fuscoviridis* 关系较近（Han *et al.*，2022）。

新梭孢篮状菌 图版 XXXI

Talaromyces neofusisporus L. Wang, Sci. Rep. 6: 18622, 2016.

词源："*neofusisporus*"表示其产生梭形分生孢子"fusiform-shaped conidia"。

模式菌株：AS 3.15415 = CBS 139516；遗传标记：ITS = KP765385，*BenA* = KP765381，*CaM* = KP765383，*Rpb2* = MN969165。

在 CA 上 25℃培养 7 天，菌落直径 13~14 mm，较薄，稀疏，表面平坦，边缘于培养基内，流苏状；质地绒状；分生孢子适量，分布于中央，呈灰橄榄色（Grayish Olive, R. Pl. XLVI）；菌丝体呈白色；渗出液无；可溶性色素无；背面呈浅灰橄榄色（Light Grayish Olive, R. Pl. XLVII）。

在 CYA 上 25℃培养 7 天，菌落直径 19~20 mm，较薄，表面平坦，边缘于培养基表面，整齐；质地绒状，由于形成长 1~2 mm 的菌丝束而稍带颗粒状；分生孢子大量，呈俄罗斯绿色（Russian Green, R. Pl. XLII）；菌丝体呈白色；渗出液无；可溶性色素无；背面呈奶油色（Cream Color, R. Pl. XVI）。

在 MEA 上 25℃培养 7 天，菌落直径 33~36 mm，较薄，表面平坦，边缘于培养基内，较宽，整齐；质地绒状；分生孢子较多，呈深草绿色，近于深晦黄绿色（Deep Dull Yellow Green（1），R. Pl. XXXII）；菌丝体呈白色；渗出液无；可溶性色素无；背面呈萘黄色（Naphthalene Yellow, R. Pl. XLI）。

在 YES 上 25℃培养 7 天，菌落直径 26~28 mm，较厚，在中部形成 2~3 mm 的菌丝束，边缘于培养基表面，整齐；质地短絮状兼绳状；分生孢子适量，分布于中央，呈俄罗斯绿色（Russian Green, R. Pl. XXXII）；菌丝体呈白色；渗出液无；可溶性色素无；背面呈赭皮黄色（Ochraceous Buff, R. Pl. XV）至浅赭皮黄色（Light Ochraceous Buff, R. Pl. XV）。

在 CYA 上 37℃培养 7 天，菌落直径 2~3 mm。

在 CYA 上 5℃培养 7 天，未生长。

分生孢子梗产生表面气生菌丝和菌丝束，孢梗茎 120~180（~200）μm × 3~3.5 μm，发生于菌丝束者 85~120 μm，壁光滑；帚状枝典型双轮生；梗基每轮 4~6（~8）个，排列紧密，9~11 μm × 2.5~3 μm；瓶梗圆柱形至披针形，排列紧密，每轮 2~4 个，9~11 μm × 2.5~3 μm；分生孢子梭形，（3.5~）4~4.5（~5）μm × 2~2.5 μm，壁光滑。

主要分类学性状：生长较慢，在 CYA 和 YES 上产生菌丝束，菌丝体呈白色；分生孢子适量，灰绿色；菌落形态类似于青霉；帚状枝双轮生，排列紧密，瓶梗圆柱形至披针形；分生孢子梭形，壁光滑。

分布和基物：西藏墨脱树叶（AS 3.15415 = XZ524）。

讨论：该种菌落形态类似于青霉，产深灰绿色分生孢子和白色菌丝体，在 YES 上产生绳状菌丝体，类似于绳状篮状菌 *T. funiculosus*、假绳状篮状菌 *T. pseudofuniculosus*，但生长速度较慢；在种系学上似乎与菌种库篮状菌 *T. mycothecae* 有些关系，但无统计学支持率（Guevara-Suarez *et al.*，2020）。

青霉状篮状菌　图版 XXXII

Talaromyces penicillioides L. Wang, Mycologia 113 (2): 501, 2021.

词源："*penicillioides*"表示其在 MEA、YES 和 CA 培养基上产生的菌落类似青霉"penicillia"。

模式菌株：AS 3.15822；遗传标记：ITS = MK837956，*BenA* = MK837940，*CaM* = MK837948，*Rpb2* = MK837964。

在 CA 上 25℃培养 7 天，菌落直径 13~15 mm，薄，表面平坦，边缘于培养基表面，整齐；质地绒状；分生孢子适量，近于豆绿色（Pea Green，R. Pl. XLVII）；菌丝体在边缘呈白色；渗出液无；可溶性色素无；背面颜色近于矿灰色至烟灰色（Mineral Gray to Smoke Gray，R. Pl. XLVII，XLVI）。

在 CYA 上 25℃培养 7 天，菌落直径 8~11 mm，较薄，凸面，中央凹陷，边缘于培养基表面，流苏状；质地绒状；分生孢子无；菌丝体在边缘呈白色，在其他部位呈肉粉色（Flesh Pink，R. Pl. XIII）；渗出液无；可溶性色素无；背面呈鲑肉皮黄色（Salmon Buff，R. Pl. XIV）。

在 MEA 上 25℃培养 7 天，菌落直径 37~39 mm，薄，表面平坦，边缘于培养基表面，整齐；质地绒状；分生孢子大量，呈灰绿色，近于豆绿色（Pea Green，R. Pl. XLVII）至鼠尾草绿色（Sage Green，R. Pl. XLVII）；菌丝体在边缘为白色；无渗出液和可溶性色素；背面中央呈珊瑚红色，外围呈移民期皮黄色（Colonial Buff，R. Pl. XIV）。

在 YES 上 25℃培养 7 天，菌落直径 23~25 mm，较厚，中央凸起，表面具少量无规则沟纹，边缘于培养基表面，波曲状；质地绒状，中央具短絮状菌丝体；分生孢子大量，近于豆绿色（Pea Green，R. Pl. XLVII）至艾蒿绿色（Artemisia Green，R. Pl. XLVII）；菌丝体在边缘为白色，在中部呈淡肉粉色；渗出液无或稀少，近于桃红色（Peach Red，R. Pl. I）；可溶性色素无；背面呈巴西红色（Brazil Red，R. Pl. I）。

在 CYA 上 37℃培养 7 天，未生长。

在 CYA 上 5℃培养 7 天，未生长。

分生孢子梗发生于基内菌丝和表面菌丝，孢梗茎（250~）300~400（~500）μm × 2.5~3.5 μm，壁光滑；帚状枝双轮生，偶尔单轮生，排列紧密；梗基每轮 2~4 个，8~10 μm × 2.0~2.5 μm；瓶梗安瓿形至圆柱形，每轮 2~4 个，8~10 μm × 2.5~3.0 μm；分生孢子球形至椭球形，3.0~3.5 μm，壁刺状粗糙。

主要分类学性状：在 CA、CYA 上生长局限，无分生孢子；在 MEA 上生长较快，产生大量分生孢子，类似青霉的菌落；在 YES 上也形成类似青霉的菌落，并产生少量桃红色渗出液及菌落背面呈深红色；孢梗茎较长，帚状枝双轮生，偶尔单轮生，排列紧密，瓶梗安瓿形至圆柱形；分生孢子球形至椭球形，壁刺状粗糙。

分布和基物：广东惠州土壤（HZ1），深圳土壤（LZ14-1）；贵州贵阳黄果树景区土壤（14061 = AS 3.15822，14110 = AS 3.15825）；黑龙江呼中国家级自然保护区土壤（HUZ3-1）。

讨论：该种在形态学上与澳大利亚篮状菌 *T. australis* Visagie, N. Yilmaz & Frisvad 相似；在种系学上与版纳篮状菌 *T. bannicus* 关系较近（Wei *et al.*，2021）。

嗜松篮状菌　图版 XXXIII

Talaromyces pinophilus (Hedgc.) Samson, N. Yilmaz, Frisvad & Seifert, Stud. Mycol. 70: 176, 2011. Xian *et al.*, PLoS ONE 10: e0121531, 2015.

≡ *Penicillium pinophilum* Hedgc., Bull. U.S. Department of Agriculture, Bureau Animal Industry 118: 75, 1910. Tzean *et al.*, *Penicillium* and Related Teleomorphs from Taiwan. p. 85, 1994. Kong & Wang, Flora Fungorum Sinicorum Vol. 35 *Penicillium* et Teleomorph Congnati. p. 187, 2007.

词源："*pinophilus*"表示其模式菌株分离自松木"pine wood"。

模式菌株：CBS 631.66 = IMI 114933；遗传标记：ITS = JN899382，*BenA* = JX091381，*CaM* = KF741964，*Rpb2* = KM023291。

在 CA 上 25℃培养 7 天，菌落直径 18~20 mm，薄，表面具少量辐射状皱纹，中央凸起，边缘于培养基表面，整齐；质地绒状；分生孢子稀无或稀少，呈淡灰绿色；菌丝体呈麂皮色（Chamois，R. Pl. XXX）；渗出液无或稀少，呈淡黄色；可溶性色素无；背面呈浅橙黄色。

在 CYA 上 25℃培养 7 天，菌落直径 30~33 mm，薄，表面具少量辐射状沟纹，边缘于培养基表面，流苏状；质地绒状兼短絮状；分生孢子少量，呈橄榄灰色（Olive Gray，R. Pl. LI）；菌丝体在边缘呈白色，其余呈麂皮色（Chamois，R. Pl. XXX）；渗出液无或稀少，呈淡黄色；可溶性色素无；背面呈橙黄色。

在 MEA 上 25℃培养 7 天，菌落直径 52~55 mm，较薄，表面平坦，边缘于培养表面，流苏状；质地绒状兼短絮状；分生孢子较多，呈豆绿色（Pea Green，R. Pl. XLVII）；菌丝体呈淡绿黄色，在边缘呈白色；渗出液无；可溶性色素无；背面呈橙色。

在 YES 上 25℃培养 7 天，菌落直径 45~48 mm，稍厚，中央脐状，表面具稀疏同心环状和辐射状沟纹，边缘于培养表面，流苏状；质地绒状兼短絮状；分生孢子稀疏，呈浅灰绿色；菌丝体在边缘呈白色，其余呈淡绿黄色（Pale Green Yellow，R. Pl. V）夹杂麂皮色（Chamois，R. Pl. XXX）；渗出液无；可溶性色素无；背面呈橙红色。

在 CYA 上 37℃培养 7 天，菌落直径 28~32 mm。

在 CYA 上 5℃培养 7 天，未生长。

分生孢子梗发生于表面菌丝，孢梗茎 50~250 μm × 3~3.5 μm，壁光滑；帚状枝主要双轮生，偶尔单轮生和不规则生，排列不紧密；梗基每轮 6~10 个，8~12 μm × 3~4 μm；瓶梗披针形，每轮 6~8 个，9~10 μm × 2.5~3.5 μm；分生孢子球形至近球形，3~4 μm × 2.5~3 μm，壁光滑至稍粗糙。

主要分类学性状：在 37℃生长正常；菌丝体在 CA、CYA 上呈麂皮色，在 MEA 上呈淡绿黄色；分生孢子灰绿色；帚状枝主要双轮生，偶尔单轮生、不规则生；分生孢子球形至近球形，壁光滑至稍粗糙。

分布和基物：北京京西林场（JXL1-3）；福建厦门土壤（XM2-3-4，HYP125）；甘肃民勤土壤（MQD7-4）；贵州江口县土壤（AS 3.5248，AS 3.5258）；海南霸王岭国家森林公园土壤（BWL2-1）；河南洛阳龙门石窟土壤（LM10-1），卫辉土壤（WHC2-1）；江苏盐城滩涂土壤（JL1-6）；江西庐山土壤（JX9-7）；内蒙古锡林浩特土壤（NM1-2）；四川成都彭州土壤（PZ3-1）；天津土壤（AS 3.0509）；浙江镇海土壤（ZZ1-1-2），舟山土壤（ZhS3-2 = AS 3.16282：*BenA* = ON569424，*Rpb2* = ON569402）。

文献记载：广西、江苏、辽宁、青海、台湾（Tzean *et al.*，1994；孔华忠和王龙，2007；Xian *et al.*，2015；Zhao *et al.*，2019）。这些鉴定除 Xian 等（2015)外，仅依据形态学或 rDNA 序列，尚需进一步研究确认。

讨论：该种为广布种，很容易分离到；在形态学和种系学上均与马氏篮状菌 *T. mae* 关系最近（Wei *et al.*，2021；徐可心等，2021）。

产紫篮状菌 图版XXXIV

Talaromyces purpureogenus (Stoll) Samson, N. Yilmaz, Houbraken, Spierenb, Seifert, Peterson, Varga & Frisvad, Stud. Mycol. 70: 177, 2011. Tian *et al.*, Chin. J. Appl. Ecol. 31: 3258, 2020.

≡ *Penicillium purpureogenum* Stoll [as '*purpurogenum*'], Beitr. Morph. Biol. Char. *Penicillium*, Würzburg: 32, 1904. Tzean *et al.*, *Penicillium* and Related Teleomorphs from Taiwan. p. 87, 1994. Kong & Wang, Flora Fungorum Sinicorum Vol. 35 *Penicillium* et Teleomorph Congnati. p. 194, 2007.

≡ Penicillium purpureogenum var. rubri-sclerotium Thom, Mycologia 7 (3): 137, 1915.

词源："*purpureogenus*"表示其模式菌株在 CA、CYA 上产生紫红色色素。

模式菌株：CBS 286.36 = IMI 091926；遗传标记：ITS = JN899372，*BenA* = JX315639，*CaM* = KF741947，*Rpb2* = JX315709。

在 CA 上 25℃培养 7 天，菌落直径 15~18 mm，稍厚，表面具少量辐射状沟纹，边缘于培养基表面，圆裂片状；质地绒状；分生孢子适量，分布于中部，近于灰橄榄色（Grayish Olive，R. Pl. XLVI）至浅灰橄榄色（Light Grayish Olive，R. Pl. XLVI）；菌丝体呈白色；渗出液无；可溶性色素较多，深红色，近于巴西红色（Brazil Red，R. Pl. I）；背面呈深红色，近于胭脂仙人掌红色（Nopal Red，R. Pl. II）。

在 CYA 上 25℃培养 7 天，菌落直径 28~30 mm，较薄，表面具少量辐射状沟纹和同心环状皱纹，边缘于培养基表面，流苏状；质地绒状；分生孢子适量，近于浅灰橄榄色（Light Grayish Olive，R. Pl. XLVI）；菌丝体在边缘呈白色夹杂淡橘黄色；渗出液无；可溶性色素较多，呈深红色，近于巴西红色（Brazil Red，R. Pl. I）；背面呈深红色，近于胭脂仙人掌红色（Nopal Red，R. Pl. II）。

在 MEA 上 25℃培养 7 天，菌落直径 45~48 mm，薄，表面平坦，边缘于培养基内，流苏状；质地绒状；分生孢子大量，呈橄榄色（Olive，R. Pl. XXX）；菌丝体呈浅橙黄色，近于浅鲑肉橙色（Light Salmon-Orange，R. Pl. II）；渗出液无；可溶性色素无；背面中央呈桃红色（Peach Red，R. Pl. I），其余呈南蛇藤粉色（Bittersweet Pink，R. Pl. II）。

在 YES 上 25℃培养 7 天，菌落直径 38~42 mm，中部较厚，表面具适量辐射状沟纹，边缘于培养基表面，整齐；质地绒状；分生孢子少量，分布于中部，呈豆绿色（Pea Green，R. Pl. XLVII）；菌丝体呈白色夹杂浅皮黄色（Light Buff，R. Pl. XV）；渗出液无；可溶性色素无；背面呈鲜红色，近于胭脂红色（Carmine，R. Pl. I），边缘呈淡黄橙色（Pale Yellow Orange，R. Pl. III）。

在 CYA 上 37℃培养 7 天，菌落直径 20~25 mm。

在 CYA 上 5℃培养 7 天，未生长。

分生孢子梗发生于基质，孢梗茎 100~150（~200）μm × 3~4 μm，壁光滑；帚状枝双轮生兼三轮生，略带褐色；梗基每轮 3~6 个，排列紧密，10~14 μm × 2.5~3.5 μm；瓶梗披针形，排列紧密，每轮 4~6 个，11~15 μm × 2.5~3 μm；分生孢子柠檬形至椭球形，3.5~4 μm × 2.5~3 μm，壁光滑。

主要分类学性状：生长较快，形成薄的绒状菌落；在 CA、CYA 上产生大量红色可溶性色素，菌落背面呈紫红色；在 MEA 上分生孢子大量，呈深灰绿色；帚状枝双轮生兼三轮生，略带褐色，排列紧密，瓶梗披针形；分生孢子柠檬形至椭球形，壁光滑。

分布和基物：福建漳州滩涂土壤（ZZ1-1）；广西凭祥土壤（AS 3.5684，AS 3.5692：*CaM* = ON569407），北海土壤（AS 3.1458）；贵州梵净山土壤（AS 3.5198）；河南卫辉柳卫村土壤（WH2-1）；黑龙江大亮子河国家森林公园土壤（HL309）；湖北荆州土壤（AS 3.0511）；湖南长沙橘子洲土壤（AS 3.0836）；四川卧龙国家级自然保护区土壤（AS 3.5189）；山西五台山土壤（AS 3.5160）；西藏墨脱土壤（XZ1979）。

文献记载：广东、广西、贵州、河北、湖北、江苏、青海、四川、山东、台湾、西藏、香港、新疆（戴芳澜，1979；Tzean *et al.*，1994；孔华忠和王龙，2007；田叶韩等，2020）。这些鉴定仅依据形态学或 rDNA 序列，尚需进一步研究确认。

讨论：该种是广布种，容易分离到，通常污染果醋、酸菜等发酵产品。该种产生典型的排列紧密的对称双轮生帚状枝，有些菌株产生大量嗜氮酮类深红色可溶性色素，类似于白双轮篮状菌 *T. albobiverticillius*、暗玫瑰篮状菌 *T. atroroseus*、马尔尼菲篮状菌 *T. marneffei*、红色素篮状菌 *T. rubrifaciens*，但该种产生赤毒素 A 和 B、皱褶菌碱（rugulovasins）、尖孢酸（spiculisporic acid）、土黄醌茜素（Yilmaz *et al.*，2012）；在种系学上与柄篮状菌 *T. stipitatus*、镇海篮状菌 *T. zhenhaiensis* 关系最近（Han *et al.*，2022）。

齐氏篮状菌　　图版 XXXV

Talaromyces qii L. Wang, Sci. Rep. 6: 18622, 2016.

词源："*qii*"表示纪念我国青霉与曲霉分类学家齐祖同先生"Zu-Tong Qi"。

模式菌株：AS 3.15414 = CBS 139515；遗传标记：ITS = KP765384，*BenA* = KP765380，*CaM* = KP765382，*Rpb2* = MN969164。

在 CA 上 25℃培养 7 天，菌落直径 10~13 mm，较薄，表面平坦，边缘于培养基内，参差不齐；质地绒状；分生孢子大量，呈暗晦黄绿色（Dark Dull Yellow Green，R. Pl. XXXII）至浅鹿食草绿色（Light Hellebore Green，R. Pl. XVII）；菌丝体呈淡晦绿黄色（Pale Dull Green Yellow，R. Pl. XVII）；渗出液无；可溶性色素无；背面呈橙色，外围呈玉米黄色（Maize Yellow，R. Pl. XV）。

在 CYA 上 25℃培养 7 天，菌落直径 23~24 mm，较薄，表面平坦，中央突起且带辐射状和同心环状浅皱纹，边缘于培养基内，整齐；质地绒状；分生孢子大量，呈暗晦黄绿色（Dark Dull Yellow Green, R. Pl. XXXII）；菌丝体呈淡晦黄绿色（Pale Dull Yellow Green，R. Pl. XXXII）；渗出液无；可溶性色素无；背面呈干草红褐色（Hay's Russet，R. Pl. XIV），边缘变浅。

在 MEA 上 25℃培养 7 天，菌落直径 33~35 mm，较薄，表面平坦，边缘于培养基内，整齐；质地绒状；分生孢子大量，呈深灰绿色，近于焖豌豆绿色（Pois Green，R. Pl. XLI）；菌丝体呈玉髓黄色（Chalcedony Yellow，R. Pl. XVII）；渗出液无；可溶性色素无；背面呈深移民期皮黄色（Deep Colonial Buff，R. Pl. XXX）。

在 YES 上 25℃培养 7 天，菌落直径 25~27 mm，较薄，表面具辐射状沟纹，中部突起，边缘于培养基表面，整齐；质地绒状；分生孢子适量，呈焖豌豆绿色（Pois Green，R. Pl. XLI）；菌丝体呈亮黄绿色（Clear Yellow Green，R. Pl. VI）；渗出液无；可溶性色素无；背面呈干草红褐色（Hay's Russet，R. Pl. XIV），边缘变浅。

在 CYA 上 37℃培养 7 天，未生长。

在 CYA 上 5℃培养 7 天，未生长。

分生孢子梗发生于基质和表面菌丝，孢梗茎（150~）200~300（~360）μm × 3.5~4 μm，壁光滑；帚状枝双轮生；梗基每轮 4~6（~8）个，排列不紧密，7~11（~13）μm × 2.5~3 μm；瓶梗披针形，排列紧密，每轮 2~4 个，7~9 μm × 2~2.5（~3）μm；分生孢子卵形，3~3.5 μm，壁细刺状粗糙。

主要分类学性状：生长较快，形成典型的绒状菌落；分生孢子大量，呈灰绿色；菌丝体呈亮黄色；帚状枝双轮生，排列不紧密；分生孢子卵形，壁细刺状粗糙。

分布和基物：西藏墨脱树叶（AS 3.15414 = XZ487）。

讨论：该种产生典型的绒状菌落和大量分生孢子，与蛇床篮状菌 *T. cnidii* 相似；在种系学上与泰国篮状菌 *T. thailandensis* 关系最近（Wang *et al.*，2016a；徐可心等，2021）。

赤篮状菌 图版 XXXVI

Talaromyces ruber (Stoll) N. Yilmaz, Houbraken, Frisvad & Samson, Persoonia 29: 48, 2012. Qi *et al.*, Chin J. Trop. Crops. 43: 434, 2022.

≡ *Penicillium rubrum* Stoll, Beitr. Morph. Biol. Char. *Penicillium*, Würzburg: 35, 1904. Li, Studies on the Secondary Metabolites of *Penicillium rubrum*. p. 5, 2017 (Master Dissertation of Huazhong University of Science and Technology).

词源："*ruber*"表示其 CYA 和 MEA 菌落背面呈赤红色"reddish"。

模式菌株：CBS 132704 = DTO 193H6；遗传标记：ITS = JX315662，*BenA* = JX315629，*CaM* = KF741938，*Rpb2* = JX315700。

在 CA 上 25℃培养 7 天，菌落直径 13~15 mm，薄，表面平坦，边缘于培养基内，整齐；质地绒状；分生孢子大量，呈橄榄绿色（Olive Green，R. Pl. VI）；菌丝体在边缘呈白色，其余浅黄，近于马提乌斯黄色（Martius Yellow，R. Pl. VI）；渗出液无；可溶性色素无；背面呈淡橄榄皮黄色（Pale Olive Buff，R. Pl. XL），夹杂浅橘红色。

在 CYA 上 25℃培养 7 天，菌落直径 30~33 mm，薄，表面平坦，边缘于培养基表面，整齐；质地绒状；分生孢子无或稀疏；菌丝体在边缘呈白色，在中部呈黄赭色（Yellow Ocher，R. Pl. XV）；渗出液无；可溶性色素少量，呈浅红色；背面呈紫红色，近于波尔多色（Bordeaux，R. Pl. XII）。

在 MEA 上 25℃培养 7 天，菌落直径 38~40 mm，薄，表面平坦，边缘于培养基表面，整齐；质地绒状；分生孢子大量，呈豆绿色（Pea Green，R. Pl. XLVII）至浅灰橄榄色（Light Grayish Olive，R. Pl. XLVI）；菌丝体呈白色略带淡黄色；渗出液无；可溶性色素无；背面中央呈红色，外围呈深橄榄皮黄色（Deep Olive Buff，R. Pl. XL）。

在 YES 上 25℃培养 7 天，菌落直径 33~35 mm，较厚，表面具辐射状沟纹和环状皱纹，边缘于培养基表面，整齐；质地绒状；分生孢子大量，呈晦绿黄色（Dull Green Yellow，R. Pl. XVII）；菌丝体在边缘呈白色，其余呈浅黄色；渗出液无；可溶性色素无；背面呈浅褐色。

在 CYA 上 37℃培养 7 天，菌落直径 13~15 mm。

在 CYA 上 5℃培养 7 天，未生长。

分生孢子梗产生表面菌丝，孢梗茎 100~300 μm × 2.5~3 μm，壁光滑；帚状枝双轮生，偶尔三轮生，排列不紧密；梗基每轮 4~6 个，排列紧密，8~13 μm × 2.5~3 μm；瓶梗安瓿形至披针形，每轮 3~6 个，10~12 μm × 2~3 μm；分生孢子梭形至椭球形，2.5~3.5 μm × 2~3 μm，壁光滑。

主要分类学性状：生长较快，在 CYA 上背面呈紫红色，形成典型的绒状菌落；在 CA、YES 的分生孢子呈橄榄绿色，在 MEA 上的分生孢子豆绿色；菌丝体呈浅黄色；帚状枝双轮生，偶尔三轮生，排列不紧密，瓶梗安瓿形至披针形；分生孢子梭形至椭球形，壁光滑。

分布和基物：福建省武夷山土壤（12775 = AS 3.16280；BenA = ON569425）；黑龙江省丰林国家级自然保护区土壤（HL323）；江西庐山土壤（AS 3.5410）；陕西汉中土壤（AS 3.2767）；新疆乌鲁木齐机场花坛土壤（12175）。

文献记载：广西、湖北（李心洁，2017；祁亮亮等，2022）。这些鉴定仅依据 rDNA 序列，尚需进一步研究确认。

讨论：该种比较独特，在 CA、YES 上产生橄榄绿色分生孢子，在 MEA 上产生豆绿色分生孢子，类似于青霉，在 CYA 上背面呈紫红色；该种产生嗜氮酮类红色素，不产真菌毒素；在种系学上艾米斯托克篮状菌 T. amestolkiae、斯托尔篮状菌 T. stollii 关系最近（Yilmaz et al.，2012；Wei et al.，2021）。

红束篮状菌　图版 XXXVII

Talaromyces rufus B.D. Sun, A.J. Chen, Houbraken & Samson, MycoKeys 68: 99, 2020.

词源："*rufus*" 表示其产生红色菌丝束 "red synnemata"。

模式菌株：CBS 141834 = CGMCC 3.13203；遗传标记：ITS = MN864272，BenA = MN863341，CaM = MN863318，Rpb2 = MN863331。

在 CA 上 25℃培养 7 天，菌落直径 11~12 mm，薄，表面平坦，边缘于培养基内，参差不齐；质地绒状；分生孢子无；菌丝体呈白色夹杂浅粉色；渗出液少量，红色，近于胭脂仙人掌红色（Nopal Red，R. Pl. I）；可溶性色素少量，呈粉红色，近于东方粉色（Orient Pink，R. Pl. II）；背面呈橙红色，近于橙葡萄酒色（Orange Vinaceous，R. Pl. XXVII）。

在 CYA 上 25℃培养 7 天，菌落直径 17~19 mm，较厚，表面具少量辐射状皱纹，边缘于培养基内，参差不齐；质地绒状；分生孢子稀疏，近于烟灰色（Smoke Gray，R. Pl. XLVI）；菌丝体呈白色；无渗出液和可溶性色素；背面呈紫至褐色。

在 MEA 上 25℃培养 7 天，菌落直径 40~42 mm，薄，表面具少量辐射状皱纹或平坦，中部绒状，其余于培养基内；质地浸润状；中央质地绒状；分生孢子无或稀疏；菌丝体呈白色夹杂暗红色；渗出液无；可溶性色素无；背面呈红色。

在 YES 上 25℃培养 7 天，菌落直径 28~30 mm，薄，表面平坦，浸润或具无规则皱纹，有时覆盖稀疏短絮状和绳状菌丝，边缘于培养基内，整齐；质地绒状兼浸润状；分生孢子稀疏，呈灰色；菌丝体呈粉红色，近于老玫瑰色（Old Rose，R. Pl. XIII），边缘呈白色；渗出液无；可溶性色素无；背面呈深红色至赭黄色。

在 CYA 上 37℃培养 7 天，菌落直径 12~15 mm。

在 CYA 上 5℃培养 7 天，未生长。

裸囊壳球形至椭球形，350~600 μm × 200~350 μm；子囊球形至椭球形，2~3 周后成熟，12~15 μm；子囊孢子椭球形，5~6 μm × 4~5 μm，壁带稀刺。分生孢子梗产生于气生菌丝和菌丝束，孢梗茎 5~30 μm × 2~3 μm，壁光滑；帚状枝双轮生和单轮生，排列紧密；瓶梗披针形，每轮 1~4 个，10~11 μm × 3.5~4 μm；分生孢子球形，3~4 μm × 2~3 μm，壁光滑。

主要分类学性状：在 MEA 和 YES 上形成浸润状菌落，在 YES 上形成菌丝绳，菌丝体呈深红色；帚状枝双轮生和单轮生，排列紧密；孢梗茎短；分生孢子球形，壁光滑；子囊孢子椭球形，壁带稀刺。

分布和基物：云南土壤（CGMCC 3.13203）。

讨论：该种在形态学上比较独特。在种系学上与大孢篮状菌 *T. macrosporus* 关系最近（Sun *et al.*，2020；Han *et al.*，2022）。

暹罗篮状菌　图版 XXXVIII

Talaromyces siamensis (Manoch & C. Ramírez) Samson, N. Yilmaz & Frisvad, Stud. Mycol. 70: 177, 2011. Chen *et al.*, Stud. Mycol. 84: 120, 2016.

≡ *Penicillium siamense* Manoch & C. Ramírez, Mycopathologia 101: 32, 1988.

词源："*siamensis*"，表示该种的模式菌株分离地在暹罗"Siam"（泰国的古称）。

模式菌株：CBS 475.88 = IMI 323204；遗传标记：ITS = JN899385，*BenA* = JX091379，*CaM* = KF741960，*Rpb2* = KM023279。

在 CA 上 25℃培养 7 天，菌落直径 22~24 mm，薄，表面平坦，边缘于培养基内，流苏状；质地绒状；分生孢子大量，近于榆叶绿色（Elm Green，R. Pl. XVII）；菌丝体在边缘呈白色，在近边缘呈浅绿黄色，近于马提乌斯黄色（Martius Yellow，R. Pl. IV）；渗出液无；可溶性色素无；背面中央呈红色，外围变淡黄色。

在 CYA 上 25℃培养 7 天，菌落直径 23~24 mm，较薄，表面覆盖稀疏菌丝体，边缘于培养基内，流苏状；质地绒状兼短絮状；分生孢子少量，灰绿色，近于豆绿色（Pea Green，R. Pl. XLVII）至矿灰色（Mineral Gray，R. Pl. XLVII）；菌丝体在边缘呈白色，在中央呈淡红色，其余呈淡黄色，近于硫黄色（Sulphur Yellow，R. Pl. V）；无渗出液和可溶性色素；背面呈黄白色。

在 MEA 上 25℃培养 7 天，菌落直径 40~42 mm，稍厚，表面平坦，边缘于培养基表面，较宽，完整；质地绒状兼短絮状；分生孢子较多，灰绿色，近于豆绿色（Pea Green，R. Pl. XLVII）至矿灰色（Mineral Gray，R. Pl. XLVII）；菌丝体在边缘呈白色，在中部呈橙黄色；渗出液无；可溶性色素无；背面中央呈红色，外围呈淡黄色。

在 YES 上 25℃培养 7 天，菌落直径 36~37 mm，厚，中央凸起，开裂，边缘薄，中部具有少量辐射状沟纹，外围平坦，边缘于培养基内，完整；质地绒状；分生孢子大量，深灰绿色，近于俄罗斯绿色（Russian Green，R. Pl. XLII）；菌丝体在边缘呈白色，在中央呈橙黄色，近于旱金莲皮黄色（Capucine Buff，R. Pl. III）；渗出液无；可溶性色素大量，呈红色，近于巴西红色（Brazil Red，R. Pl. I）；背面呈深红色，近于牛血红色（Ox-blood Red，R. Pl. I）。

在 CYA 上 37℃培养 7 天，菌落直径 10~14 mm。

在 CYA 上 5℃培养 7 天，未生长。

分生孢子梗发生于表面菌丝，孢梗茎（120~）160~400 μm × 3~3.5 μm，壁光滑；帚状枝主要双轮生，也有三轮生和不规则生；梗基每轮 4~6 个，11~14 μm × 3~4 μm，排列紧密；瓶梗披针形，每轮 4~8 个，排列紧密，10~12 μm × 2.5~3 μm；分生孢子椭球形至柠檬形，3~4 μm × 2.5~3 μm，壁光滑。

主要分类学性状：生长适中，菌丝体呈淡绿黄色，在 MEA 上质地呈绒状兼絮状，分生孢子大量；帚状枝主要双轮生，排列紧密，也有三轮生和不规则生；分生孢子椭球形至柠檬形，壁光滑。

分布和基物：北京空气（CGMCC 3.18214），京西林场（JXL41-1 = AS 3.26034；*BenA* = ON569426）；湖南长沙纸张（6088-7）；西藏亚东树叶（XZ1984）。

文献记载：江苏（于昊，2022）。该鉴定仅依据 rDNA 序列，尚需进一步研究确认。

讨论：该种在形态学和种系学上与蛇床篮状菌 *T. cnidii*、黄绿篮状菌 *T. flavovirens*、稀疏篮状菌 *T. sparsus* 关系较近，但无统计学支持率（Wei *et al.*，2021；徐可心等，2021）。

土壤篮状菌　图版 XXXIX

Talaromyces soli Jurjević & S.W. Peterson, Fung. Biol. 123: 757, 2019. Wang & Jin, J. Liaocheng Univ. (Nat. Sci.) 35 (3): 59, 2022.

词源："*soli*"表示该种模式菌菌株分离自土壤"soil"。

模式菌株：NRRL 62165；遗传标记：ITS = MH793074，*BenA* = MH792947，*CaM* = MH793011，*Rpb2* = MH793138。

在 CA 上 25℃培养 7 天，菌落直径 32~34 mm，稍薄，表面平坦，边缘于培养基内，流苏状；质地绒状；分生孢子较多，呈菠菜绿色（Spinach Green，R. Pl. V）；菌丝体呈绿黄色（Green Yellow，R. Pl. V）；渗出液无或少量，呈淡褐色；可溶性色素无；背面中央呈橙褐色，近于橙赤褐色（Orange Rufous，R. Pl. II），外围呈淡橙黄色（Pale Orange

Yellow，R. Pl. III）。

在 CYA 上 25℃培养 7 天，菌落直径 36~38 mm，稍薄，中央稍凸，表面平坦，边缘于培养基内，流苏状；质地绒状兼绳状；分生孢子适量，呈浅榆叶绿色（Light Elm Green，R. Pl. XVII）；菌丝体呈绿黄色（Green Yellow，R. Pl. V），但在菌落中部呈浅褐色；渗出液无；可溶性色素无；背面中部呈琥珀棕色（Amber Brown，R. Pl. III），外围呈生土褐色（Raw Sienna，R. Pl. III）。

在 MEA 上 25℃培养 7 天，菌落直径 45~48 mm，稍厚，表面平坦，边缘于培养基内，毛边状；质地绳状兼绒状；分生孢子适量，呈豆绿色（Pea Green，R. Pl. XLVII）；菌丝体呈淡绿黄色（Pale Greenish Yellow，R. Pl. XV）；渗出液少量，呈浅褐色；可溶性色素无；背面呈奶油色（Cream Color，R. Pl. XVI）。

在 YES 上 25℃培养 7 天，菌落直径 40~43 mm，稍厚，表面平坦，边缘于培养基内，整齐；质地绳状兼绒状；分生孢子少量，在中央呈榆叶绿色（Elm Green，R. Pl. XVII），在外围呈豆绿色（Pea Green，R. Pl. XLVII）；菌丝体呈浅绿黄色（Light Green Yellow，R. Pl. V）；渗出液少量，呈褐色；可溶性色素无；背面呈浅黄色。

在 CYA 上 37℃培养 7 天，菌落直径 25~28 mm。

在 CYA 上 5℃培养 7 天，未生长。

分生孢子梗发生于气生菌丝和绳状菌丝，孢梗茎（10~）100~200（~300）μm × 2.5~4 μm，壁光滑；帚状枝双轮生，偶尔单轮生，排列较紧密；瓶梗安瓿形至披针形，每轮 4~10 个，8~13 μm × 2.5~3.5 μm；瓶梗披针形，每轮 4~10 个，9~12 μm × 2.5~3.5 μm，分生孢子近球形，2.5~3.5 μm，壁光滑至稍粗糙。

主要分类学性状：生长适度，形成绳状兼绒状菌落；菌丝体呈绿黄色；分生孢子适量，呈榆叶绿色；帚状枝双轮生，偶尔单轮生，排列较紧密；瓶梗安瓿形至披针形；分生孢子近球形，壁光滑至稍粗糙。

分布和基物：山东青岛滩涂土壤（QD4-1 = AS 3.16071：ITS = OK087306，*BenA* = OK104790，*Rpb2* = OK104793）。

讨论：该种属于嗜松篮状菌 *T. pinophilus* 群，在种系学上似乎与丘陵篮状菌 *T. tumuli* 有些关系但无统计学支持率（Peterson & Jurjević，2019；徐可心等，2021）。

稀疏篮状菌　图版 XL

Talaromyces sparsus L. Wang, Mycologia 113 (2): 501, 2021.

词源："*sparsus*"表示其在 MEA 培养基上的菌落具有稀疏的边缘"sparse"。

模式菌株：AS 3.16003；遗传标记：ITS = MT077182，*BenA* = MT083924，*CaM* = MT083925，*Rpb2* = MT083926。

在 CA 上 25℃培养 7 天，菌落直径 7~10 mm，薄，稀疏，表面平坦，边缘于培养基内，不整齐；质地短絮状；分生孢子少量，呈草绿色（Grass Green，R. Pl. VI）；菌丝体呈白色夹杂淡绿黄色；渗出液无；可溶性色素无；背面颜色近于硫黄色（Sulphur Yellow，R. Pl. V）。

在 CYA 上 25℃培养 7 天，菌落直径 13~15 mm，较薄，表面平坦，边缘于培养基表面，毛边状；质地短絮状兼绳状；分生孢子较多，呈克龙贝格绿色（Kronberg's Green，

R. Pl. XXXI）；菌丝体在边缘呈白色，在近边缘呈浅绿黄色；渗出液无；可溶性色素无；背面呈黄色。

在 MEA 上 25℃培养 7 天，菌落直径 37~39 mm，中央稍凸，表面平坦，边缘较宽，浸润或具稀疏短絮状菌丝体和菌丝绳，整齐；质地绒状兼稀疏絮状和绳状；分生孢子适量或稀疏，呈草绿色（Grass Green，R. Pl. VI）；菌丝体呈白色，在中央呈硫黄色（Sulphur Yellow，R. Pl. V）；无渗出液和可溶性色素；背面呈橙黄色。

在 YES 上 25℃培养 7 天，菌落直径 23~25 mm，中部较厚，表面稍具环纹，边缘于培养基表面，流苏状；质地绒状；分生孢子大量，呈草绿色（Grass Green，R. Pl. VI）；菌丝体呈白色，在中央呈硫黄色（Sulphur Yellow，R. Pl. V）；渗出液无；可溶性色素无；背面呈橙黄色。

在 CYA 上 37℃培养 7 天，未生长。

在 CYA 上 5℃培养 7 天，未生长。

分生孢子梗发生于表面菌丝，孢梗茎 60~150 μm × 2.5~3.5 μm，壁光滑；帚状枝双轮生，偶尔单轮生和不规则生；梗基每轮 2~4 个，8~10 μm × 2.0~2.5 μm，排列较紧密；瓶梗披针形，每轮 4~6 个，8~10 μm × 2.5~3.0 μm；分生孢子椭球形，3.0~3.5 μm，壁厚，光滑。

主要分类学性状：生长适度，在 MEA 上形成较宽的浸润状边缘，并覆盖稀疏短絮状菌丝体和菌丝绳；分生孢子大量，呈草绿色；帚状枝双轮生，偶尔单轮生和不规则生；分生孢子椭球形，壁厚，光滑。

分布和基物：北京房山孤山寨土壤（FS1-2 = AS 3.16003）；山西五台山土壤（JN94 = AS 3.15880：ITS = MK837958，*BenA* = MK837942，*CaM* = MK837950，*Rpb2* = MK837966）。

讨论：该种在形态学与蛇床篮状菌 *T. cnidii*、黄绿篮状菌 *T. flavovirens*、暹罗篮状菌 *T. siamensis*、西沙篮状菌 *T. xishaensis* 相似；在种系学上似乎与这几个种有些关系，但无统计学支持率（Wei *et al.*，2021）。

斯泰伦博斯篮状菌 图版 XLI

Talaromyces stellenboschensis Visagie & K. Jacobs, Mycoscience 56: 497, 2015.

词源："*stellenboschensis*"表示该种模式菌株分离自南非的斯泰伦博斯"Stellenbosch"。

模式菌株：CBS 135665 = IBT 32631；遗传标记：ITS = JX091471，*BenA* = JX091605，*CaM* = JX140683，*Rpb2* = MN969157。

在 CA 上 25℃培养 7 天，菌落直径 26~28 mm，薄，表面平坦，边缘于培养基内，毛边状；质地绒状；分生孢子较多，呈菠菜绿色（Spinach Green，R. Pl. V）；菌丝体呈绿黄色（Green Yellow，R. Pl. V）；渗出液无；可溶性色素无；背面呈胭脂仙人掌红色（Nopal Red，R. Pl. I），外围变浅。

在 CYA 上 25℃培养 7 天，菌落直径 35~36 mm，较薄，饱满平坦，边缘于培养基内，整齐；质地绒状；分生孢子适量，呈榆叶绿色（Elm Green，R. Pl. XVII）至浅榆叶绿色（Light Elm Green，R. Pl. XVII）；菌丝体呈绿黄色（Green Yellow，R. Pl. V），

在边缘呈白色；渗出液无；可溶性色素无；背面呈洋葱皮粉色（Onion-Skin Pink，R. Pl. XXVIII）。

在 MEA 上 25℃培养 7 天，菌落直径 42~45 mm，稍厚，表面平坦，边缘于培养基内，流苏状；质地绒状覆盖短絮绳状菌丝体；分生孢子大量，呈橄榄枸橼色（Olive Citrine，R. Pl. XVI）；菌丝体呈绿黄色（Green Yellow，R. Pl. V），在边缘呈白色；无渗出液和可溶性色素；背面呈浅赭鲑肉色（Light Ochraceous Salmon，R. Pl. XV）。

在 YES 上 25℃培养 7 天，菌落直径约 40 mm，稍厚，表面具少量辐射状和同心环状沟纹，边缘于培养基内，整齐；质地绒状覆盖短絮状菌丝体；分生孢子少量，分布于菌落中央，呈榆叶绿色（Elm Green，R. Pl. XVII）；菌丝体在边缘呈白色，其余呈绿黄色（Green Yellow，R. Pl. V）；渗出液无；可溶性色素无；背面呈生土褐色（Raw Sienna，R. Pl. III）。

在 CYA 上 37℃培养 7 天，菌落直径约 35 mm。

在 CYA 上 5℃培养 7 天，未生长。

分生孢子梗发生于表面菌丝，孢梗茎 100~300 μm × 3~4 μm，壁光滑；帚状枝双轮生；梗基每轮 4~8 个，排列不紧密，8~13 μm × 3~4 μm；瓶梗安瓿形，排列不紧密，每轮 3~6 个，7~10 μm × 3~3.5 μm；分生孢子呈球形，3.5~4 μm，壁较厚，表面具稀刺。

主要分类学性状：在 25℃和 37℃生长较快，菌落绒状，上面覆盖短絮状菌丝体，分生孢子呈榆叶绿色，菌丝体呈绿黄色；帚状枝双轮生，排列不紧密，瓶梗安瓿形；分生孢子球形，壁较厚，具稀刺。

分布和基物：安徽大别山土壤（D23-17-101 = AS 3.16194：ITS = ON427013，*BenA* = ON569427/ON667686，*CaM* = ON703653，*Rpb2* = ON703676）。

讨论：该种在形态学和种系学上均与澳大利亚篮状菌 *T. australis*、细疣篮状菌 *T. verruculosus* 关系较近（Guevara-Suarez *et al*.，2020；Sun *et al*.，2020）。

柄篮状菌　图版 XLII

Talaromyces stipitatus (Thom ex C.W. Emmons) C.R. Benj., Mycologia 47 (5): 684, 1955.

Kong & Wang, Flora Fungorum Sinicorum Vol. 35 *Penicillium* et Teleomorph Congnati. p. 235, 2007.

≡ *Penicillium stipitatum* Thom ex C.W. Emmons, Mycologia 27 (2): 138, 1935.

词源："*stipitatus*"表示其裸囊壳原基是带柄的"stipitate"。

模式菌株：CBS 375.48 = NRRL 1006；遗传标记：ITS = JN899348，*BenA* = KM111288，*CaM* = KF741957，*Rpb2* = KM023280。

在 CA 上 25℃培养 7 天，菌落直径 23~25 mm，较薄，中央稍凸起，表面平坦，边缘于培养基表面，参差不齐；质地致密短絮状；分生孢子无；菌丝体呈柠檬铬黄色（Lemon Chrome，R. Pl. IV）；菌落中央分布适量裸囊壳，呈赭橙色（Ochraceous-Orange，R. Pl. XV）；渗出液无；可溶性色素无；背面呈生土褐色（Raw Sienna，R. Pl. III），外围渐浅。

在 CYA 上 25℃培养 7 天，菌落直径 62~65 mm，较薄，表面平坦，边缘于培养基表面，毛边状；质地绒状，表面覆盖稀疏白絮菌丝；分生孢子无或稀疏；菌丝体呈报春花黄色（Primrose Yellow，R. Pl. XXX）；菌落中央及交界处分布大量裸囊壳，呈报春花黄色；渗出液无；可溶性色素无；背面呈棕色，近于天皇棕色（Mikado Brown，R. Pl. XXIX）至维罗纳棕色（Verona Brown，R. Pl. XXIX）。

在 MEA 上 25℃培养 7 天，菌落直径 65~67 mm，较薄，表面平坦，边缘于培养基表面，毛边状；质地绒状，表面覆盖稀疏白絮菌丝；分生孢子无或稀疏；菌落中央及交界处分布大量裸囊壳，呈硫黄色（Sulphur Yellow，R. Pl. V）；菌丝体呈报春花黄色（Primrose Yellow，R. Pl. XXX）；渗出液无；可溶性色素无；背面呈棕褐色，近于橙肉桂色（Orange-Cinnamon，R. Pl. XXIX）至葡萄酒肉桂色（Vinaceous Cinnamon，R. Pl. XXIX）。

在 YES 上 25℃培养 7 天，菌落直径 65~68 mm，较薄，表面平坦，边缘于培养基表面，毛边状；质地绒状，表面覆盖稀疏白絮菌丝；分生孢子无或稀疏；菌落中央及交界处分布大量硫黄色裸囊壳；菌丝体呈报春花黄色，在边缘呈白色；渗出液无；可溶性色素无；背面呈棕色，近于天皇棕色（Mikado Brown，R. Pl. XXIX）至维罗纳棕色（Verona Brown，R. Pl. XXIX），边缘颜色变浅。

在 CYA 上 37℃培养 7 天，菌落直径 60~62 mm。

在 CYA 上 5℃培养 7 天，未生长。

裸囊壳 14 天后成熟，浅黄色，球形、近球形，150~300 μm × 150~400 μm，子囊球形、近球形，6~8 μm × 5~8 μm，子囊孢子长椭球形，中央有一个赤道脊，表面光滑，3~5 μm × 2~3 μm。分生孢子梗发生于表面菌丝，孢梗茎 20~80 μm × 2~3 μm，壁光滑；帚状枝单轮生兼双轮生；梗基每轮 2~4 个，排列不紧密，10~15 μm × 2~2.5 μm；瓶梗披针形，每轮 2~4 个，排列不紧密，12~14 μm × 2~3 μm；分生孢子椭球形，2.5~3.5 μm × 2.5~3 μm，壁光滑。

主要分类学性状：生长很快，产生短絮状菌落，产生大量浅黄色裸囊壳；子囊孢子长椭球形，中央有一个赤道脊，表面光滑；分生孢子无或稀疏。

分布和基物：江苏南京土壤（AS 3.4299），盐城滩涂土壤（JS11-2）；山东青岛白沙河滩涂土壤（BS3-1）；浙江宁波镇海滩涂土壤（ZH2-8 = AS 3.16283：*BenA* = ON569428）。

文献记载：广东、湖南、山东、台湾（Tzean *et al.*，1994；孔华忠和王龙，2007；姜薇等，2019；王鸣慧等，2021）。这些鉴定仅依据形态学或 rDNA 序列，尚需进一步研究确认。

讨论：该种在形态学上与镇海篮状菌 *T. zhenhaiensis* 无法区分；在种系上与镇海篮状菌、产紫篮状菌 *T. purpureogenus* 关系较近（Han *et al.*，2022）。

斯托尔篮状菌　图版 XLIII

Talaromyces stollii N. Yilmaz, Houbraken, Frisvad & Samson, Persoonia 29: 52, 2012. Shan *et al.*, Mycosystema 40: 1226, 2021.

词源："stollii"表示纪念命名 *P. rubrum* 和 *P. purpureogenum* 的药剂师"Mr. Otto Stoll"。

模式菌株：CBS 408.93；遗传标记：ITS = JX315674，*BenA* = JX315633，*CaM* =

JX315646，*Rpb2* = JX315712。

在 CA 上 25℃培养 7 天，菌落直径 30~32 mm，较薄，表面平坦，边缘于培养基内，流苏状；质地绒状，覆盖适量白色短絮状菌丝体；分生孢子大量，呈豆绿色（Pea Green，R. Pl. XLVII）至鼠尾草绿色（Sage Green，R. Pl. XLVII）；菌丝体在边缘呈白色，近边呈淡黄色；渗出液无；可溶性色素无；背面呈淡褐黄色。

在 CYA 上 25℃培养 7 天，菌落直径 39~42 mm，较薄，表面平坦，边缘于培养基内，流苏状；质地绒状，覆盖较多白色至赭黄色短絮状菌丝体；分生孢子大量，呈豆绿色（Pea Green，R. Pl. XLVII）；菌丝体在边缘呈白色，其余赭黄色，近于橄榄深红色（Olive Lake，R. Pl. XVI）；渗出液无；可溶性色素无；背面中央呈红色，边缘颜色变浅至淡赭鲑肉色（Pale Ochraceous Salmon，R. Pl. XV）。

在 MEA 上 25℃培养 7 天，菌落直径 47~49 mm，稍厚，表面平坦，边缘于培养基内，流苏状；质地绒状，覆盖大量白色絮状菌丝；分生孢子大量，呈豆绿色（Pea Green，R. Pl. XLVII）至鼠尾草绿色（Sage Green，R. Pl. XLVII）；菌丝体呈白色；渗出液无；可溶性色素无；背面呈赭色。

在 YES 上 25℃培养 7 天，菌落直径 35~38 mm，薄，中部表面稍具无规则皱纹，边缘于培养基内，流苏状；质地绒状，覆盖稀疏白色菌丝体；分生孢子适量，呈豆绿色（Pea Green，R. Pl. XLVII）；菌丝体呈白色；渗出液无；可溶性色素无；背面呈古董棕色（Antique Brown，R. Pl. III）。

在 CYA 上 37℃培养 7 天，菌落直径 28~30 mm。

在 CYA 上 5℃培养 7 天，未生长。

分生孢子梗发生于基质，孢梗茎 100~150（~200）μm × 3~5 μm，壁光滑；帚状枝双轮生、三轮生兼不规则生；梗基每轮 3~6 个，排列紧密，10~14 μm × 2.5~3.5 μm；瓶梗典型披针形，排列紧密，每轮 4~6 个，11~15 μm × 2~3 μm；分生孢子椭球形，2.5~4 μm × 2~3 μm，壁光滑。

主要分类学性状：生长较快，绒状菌落覆盖絮状菌丝体（尤其是在 MEA 上）；分生孢子大量，呈灰绿色；在 CYA 上菌丝体呈赭黄色；帚状枝双轮生、三轮生兼不规则生，排列紧密，瓶梗典型披针形；分生孢子椭球形，壁光滑。

分布和基物：海南白石岭土壤（G1321），海南热带植物园土壤（G2017）；河南卫辉土壤（CMP9）；黑龙江黑河土壤（HH1-1：ITS = MW053683，*BenA* = MW025968，*CaM* = MW053681）；辽宁大连滩涂土壤（0802LN-1）；山西阳泉腐殖酸（JN1-1 = AS 3.16017：ITS = MW053684，*BenA* = MW025969，*CaM* = MW053682）；四川阿坝土壤（AB181）；西藏亚东土壤（YD1-1）。

文献记载：辽宁、山西、新疆（王加友等，2018；王佳丽等，2021；肖同美等，2022）。这些鉴定仅依据形态学或 rDNA 序列，尚需进一步研究确认。

讨论：该种的绒状菌落上覆盖絮状菌丝体，产生灰绿色分生孢子，与紧密篮状菌 *T. adpressus*、绳状篮状菌 *T. funiculosus* 相似，但该种的菌丝体在 CYA 上呈赭黄色，其他两种的菌丝体呈白色；该种可产生嗜氮酮类色素，该种可能是条件致病菌。在种系学上与艾米斯托克篮状菌 *T. amestolkiae*、赤篮状菌 *T. ruber* 关系较近（Yilmaz *et al.*，2012；Wei *et al.*，2021）。

丘陵篮状菌 图版 XLIV

Talaromyces tumuli Jurjević & S.W. Peterson, Fungal Biol. 123 (10): 758, 2019. Xu *et al.*, Mycosystema 40 (8): 2186, 2021.

词源："*tumuli*"表示其模式菌株分离自美国印第安纳州高原丘陵"rolling hills"。

模式菌株：NRRL 6013；遗传标记：ITS = MH793071，*BenA* = MH792944，*CaM* = MH793008，*Rpb2* = MH793135。

在 CA 上 25℃培养 7 天，菌落直径 13~17 mm，薄，表面平坦或具少量无规则皱纹，中央凸起，边缘于培养基内，整齐；质地绒状；分生孢子较多，呈豆绿色（Pea Green，R. Pl. XLVII）至鼠曲草绿色（Gnaphalium Green，R. Pl. XLVII）；菌丝体呈白色；渗出液无；可溶性色素无；背面呈浅红橙色，近于生土褐色（Raw Sienna，R. Pl. III）。

在 CYA 上 25℃培养 7 天，菌落直径 23~28 mm，较薄，表面具适量辐射状沟纹，边缘于培养基内部，整齐；质地绒状，稍具短絮绳状菌丝体；分生孢子大量，近于豆绿色（Pea Green，R. Pl. XLVII）至鼠曲草绿色（Gnaphalium Green，R. Pl. XLVII）；菌丝体呈白色；渗出液少量或无，无色；可溶性色素无；背面呈黄赭色（Yellow Ocher，R. Pl. XV）。

在 MEA 上 25℃培养 7 天，菌落直径 48~50 mm，较薄，表面平坦，边缘于培养内部，流苏状；质地绒状兼绳状；分生孢子大量，呈豆绿色（Pea Green，R. Pl. XLVII）；菌丝体呈白色；渗出液无；可溶性色素无；背面呈移民期皮黄色（Colonial Buff，R. Pl. XXX）。

在 YES 上 25℃培养 7 天，菌落直径 38~40 mm，不规则凸起，表面具较多无规则沟纹，边缘于培养内，流苏状；质地绒状；分生孢子适量，近于豆绿色（Pea Green，R. Pl. XLVII）至鼠曲草绿色（Gnaphalium Green，R. Pl. XLVII）；菌丝体呈白色；渗出液无；可溶性色素无；在菌落不凸起处的背面呈橙红色，近于生土褐色（Raw Sienna，R. Pl. III），在凸起处则含大量无色水蒸气和灰绿色孢子。

在 CYA 上 37℃培养 7 天，菌落直径 23~25 mm。

在 CYA 上 5℃培养 7 天，未生长。

分生孢子梗发生于表面菌丝和絮绳状菌丝，孢梗茎 50~200 μm × 3~4 μm，壁光滑；帚状枝主要双轮生，也有不规则生和单轮生；梗基每轮 4~8 个，排列不紧密，8~12 μm × 3~4 μm；瓶梗安瓿形至披针形，每轮 6~10 个，9~10 μm × 2.5~3 μm，排列不紧密；分生孢子椭球形至柠檬形，3~4 μm × 2.5~3 μm，壁光滑。

主要分类学性状：菌落形态类似青霉，菌丝体呈白色，分生孢子呈灰绿色；帚状枝主要双轮生，偶见单轮生和不规则生；分生孢子椭球形至柠檬形，壁光滑。

分布和基物：河北蠡县土壤（LX2-4 = AS 3.16009：ITS = MW721013，*BenA* = MW727234，*Rpb2* = MW727228）；山东青岛滩涂土壤（0801H1-1）。

讨论：该种属于嗜松篮状菌 *T. pinophilus* 群，在种系学上似乎与土壤篮状菌 *T. soli* 关系较近，但无统计学支持率（Peterson & Jurjević，2019；徐可心等，2021）。

威尔坎普篮状菌 图版 XLV

Talaromyces veerkampii Visagie, N. Yilmaz & Samson, Mycoscience 56: 461, 2015. Wang

& Jin, J. Liaocheng Univ. (Nat. Sci.) 35 (3): 58, 2022.

词源："*veerkampii*"表示其模式菌株采集人"J. Veerkamp"。

模式菌株：CBS 500.78 = IBT 14845；遗传标记：ITS = KF741984，*BenA* = KF741918，*CaM* = KF741961，*Rpb2* = KX961279。

在 CA 上 25℃培养 7 天，菌落直径 21~22 mm，较薄，表面平坦，边缘于培养基表面，整齐；质地绒状；分生孢子适量，呈棕橄榄色（Brownish Olive，R. Pl. XXX）；菌丝体呈芥末黄色（Mustard Yellow，R. Pl. XVI）至樱草黄色（Primuline Yellow，R. Pl. XVI）；渗出液无；可溶性色素无；背面呈褐红色，近于桑福德红色（Sanford Red，R. Pl. II）。

在 CYA 上 25℃培养 7 天，菌落直径 12~16 mm，稍厚，表面具少量无规则皱纹，边缘于培养基内，波曲状；质地绒状；分生孢子适量，呈豆绿色（Pea Green，R. Pl. XLVII）；菌丝体呈油黄色（Oil Yellow，R. Pl. V）；渗出液无；可溶性色素无；背面呈红棕色（Auburn Brown，R. Pl. II）。

在 MEA 上 25℃培养 7 天，菌落直径 44~46 mm，较薄，表面平坦，边缘于培养基内，流苏状；质地绒状；分生孢子大量，呈豆绿色（Pea Green，R. Pl. XLVII）；菌丝体呈淡绿黄色（Pale Green Yellow，R. Pl. V）；渗出液无；可溶性色素无；背面呈中央浅赭鲑肉色（Pale Ochraceous Salmon，R. Pl. XV）。

在 YES 上 25℃培养 7 天，菌落直径 44~46 mm，较薄，表面具较多无规则沟纹，边缘于培养基内，流苏状；质地绒状；分生孢子稀疏，分布于近边缘和中央，呈浅矿灰色（Light Mineral Gray，R. Pl. XLVII）；菌丝体呈芦苇黄色（Reed Yellow，R. Pl. XLVII）；渗出液无；可溶性色素无；背面呈奥格斯棕色（Augus Brown，R. Pl. III）。

在 CYA 上 37℃培养 7 天，菌落直径 20 mm。

在 CYA 上 5℃培养 7 天，未生长。

分生孢子梗发生于表面菌丝，孢梗茎（50~）100~200 μm × 2.5~3 μm，壁光滑；帚状枝双轮生，偶尔单轮生和不规则生；梗基每轮 4~8 个，排列较紧密，9~13 μm × 2.5~3.5 μm；瓶梗安瓿形，排列不紧密，每轮 4~6 个，9~12 μm × 2.5~3.5 μm；分生孢子椭球形至卵形，5~6 μm × 3.5~4 μm，壁较厚，光滑。

主要分类学性状：在 CA 和 CYA 上生长缓慢；分生孢子呈灰绿色，在 YES 上分生孢子稀疏，在 CA 上菌丝体呈芥末黄色至樱草黄色；帚状枝双轮生，偶尔单轮生和不规则生，排列较紧密；分生孢子椭球形至卵形，壁较厚，光滑。

分布和基物：湖北随州郊区土壤（SZ1-1 = AS 3.16072：ITS = MW965794，*BenA* = MW988087，*Rpb2* = MW988089）；辽宁丹东东港鸭绿江公园（LN5H1-5）。

讨论：该种比较独特，在 CA 上菌丝体呈芥末黄色至樱草黄色，在 YES 上分生孢子稀疏，产生安瓿形瓶梗，在种系学上与加利福尼亚篮状菌 *T. californicus* Jurjević & S.W. Peterson、路易斯安那篮状菌 *T. louisianensis* Jurjević & S.W. Peterson 关系最近（徐可心等，2021；Han *et al.*，2022）。

细疣篮状菌　图版 XLVI

Talaromyces verruculosus (Peyronel) Samson, N. Yilmaz, Frisvad & Seifert, Stud. Mycol.

70: 177, 2011. Zhang *et al.*, Chin. J. Antibiot. 47: 1047, 2022.

≡ *Penicillium verruculosum* Peyronel, I germi astmosferici dei fungi con micelio, Diss. (Padova): 22, 1913. Tzean *et al.*, *Penicillium* and Related Teleomorphs from Taiwan. p. 93, 1994. Kong & Wang, Flora Fungorum Sinicorum Vol. 35 *Penicillium* et Teleomorph Congnati. p. 196, 2007.

词源："verruculosus"表示其分生孢子壁是带小疣的"verruculose"。

模式菌株：CBS 388.48 = NRRL 1050；遗传标记：ITS = KF741994，*BenA* = KF741928，*CaM* = KF741974，*Rpb2* = KM023306。

在 CA 上 25℃培养 7 天，菌落直径 16~18 mm，薄，表面平坦，边缘于培养表面，毛边状；质地绒状；分生孢子稀少，分布于中央，呈菠菜绿色（Spinach Green，R. Pl. V）；菌丝体在边缘呈白色，其余呈浅嫩绿黄色（Light Viridine Yellow，R. Pl. V）；无渗出液和可溶性色素；背面中央呈淡橙色，外围浅至硫黄色（Sulphur Yellow，R. Pl. V）。

在 CYA 上 25℃培养 7 天，菌落直径 30~31 mm，薄，表面具少量辐射状沟纹，边缘于培养基内，整齐；质地绒状兼短絮状；分生孢子适量，分布于中部，呈豆绿色（Pea Green，R. Pl. XLVII）；菌丝体在边缘呈白色，其余呈绿黄色，近于玉石绿色（Jade Green，R. Pl. XXXI）；渗出液无；可溶性色素无；背面呈浅赭皮黄色（Light Ochraceous Buff，R. Pl. XV）。

在 MEA 上 25℃培养 7 天，菌落直径约 34 mm，薄，表面平坦，边缘于培养基内，毛边状；质地绒状兼短絮绳状；分生孢子适量，分布于中部，呈浅水芹绿色（Light Cress Green，R. Pl. XXXI）；菌丝体在边缘呈白色，其余呈淡绿黄色（Pale Green Yellow，R. Pl. V）；渗出液无；可溶性色素无；背面呈浅皮黄色（Light Buff，R. Pl. XV）。

在 YES 上 25℃培养 7 天，菌落直径 36~37 mm，薄，中央稍厚，表面具适量辐射状皱纹，边缘于培养基内，整齐；质地绒状，但中部短絮状；分生孢子少量，呈豆绿色（Pea Green，R. Pl. XLVII）；菌丝呈白色，但在中部呈浅嫩绿黄色（Light Viridine Yellow，R. Pl. V）；渗出液无；可溶性色素无；背面中央呈高粱棕色（Sorghum Brown，R. Pl. XXXIX），其余呈麂皮色（Chamois，R. Pl. XXX）。

在 CYA 上 37℃培养 7 天，菌落直径 20~23 mm。

在 CYA 上 5℃培养 7 天，未生长。

分生孢子梗发生于表面菌丝，孢梗茎 150~350 μm × 3~4 μm，壁光滑；帚状枝双轮生；梗基每轮 4~8 个，排列不紧密，9~12 μm × 2.5~4 μm；瓶梗安瓿形，每轮 3~6 个，排列不紧密，9~11 μm × 2.5~3.5 μm；分生孢子球形，3.5~4 μm，壁疣状粗糙。

主要分类学性状：生长适中，在 CYA、MEA 上形成绒状兼短絮绳状菌落，分生孢子少量至适量，菌丝体呈绿黄色；帚状枝双轮生，排列不紧密，瓶梗安瓿形；分生孢子球形，壁疣状粗糙。

分布和基物：广西南宁土壤（NN1-2 = AS 3.16273；*BenA* = ON569429）。

文献记载：广东、广西、河北、湖北、江苏、陕西、台湾（戴芳澜，1979；Tzean *et al.*，1994；孔华忠和王龙，2007；于昊，2022；张艳婷等，2022）。这些鉴定仅依据形态学或 rDNA 序列，尚需进一步研究确认。

讨论：该种与斯泰伦博斯篮状菌 *T. stellenboschensis*、云南篮状菌 *T. yunnanensis* 在

形态学上很难区分；在种系学上，该种与澳大利亚篮状菌 *T. australis*、斯泰伦博斯篮状菌、云南篮状菌关系最近（Guevara-Suarez *et al.*，2020；Doilom *et al.*，2020）。

多样篮状菌 图版 XLVII

Talaromyces versatilis Bridge & Buddie, Index Fungorum 26: 1, 2013. Shan *et al.*, Mycosystema 40: 1228, 2021.

词源："*versatilis*"表示其栖息地多样"versatile"。

模式菌株：CBS 140377 = IMI 134755；遗传标记：ITS = KC962111，*BenA* = KC99227，*CaM* = MN969319，*Rpb2* = MN969161。

在 CA 上 25℃培养 7 天，菌落直径 24~26 mm，较薄，表面平坦，中央浸润状且具有长约 3 mm 的白色菌丝束，边缘于培养基内，毛边状；质地绒状；分生孢子无；菌丝体呈黄白色夹杂淡橙黄色；渗出液无；可溶性色素无；背面呈白色夹杂淡橙黄色。

在 CYA 上 25℃培养 7 天，菌落直径约 50 mm，较薄，表面具少量辐射状及同心环状沟纹，边缘于培养基内，整齐；质地绒状，中部浸润状，呈砖红色；分生孢子无；菌丝体在边缘呈白色，在中部呈砖红色；渗出液无；可溶性色素无；背面呈棕红色。

在 MEA 上 25℃培养 7 天，菌落直径 50~52 mm，较薄，表面平坦，边缘于培养基内，整齐；质地短絮状兼表面覆盖长约 3 mm 的菌丝绳；分生孢子稀少，呈浅灰橄榄色（Light Grayish Olive，R. Pl. XLVI）；菌丝体呈脏粉色，近于粉葡萄酒色（Pinkish Vinaceous，R. Pl. XXVII）；渗出液无色；可溶性色素无；背面呈粉红色，近于橙葡萄酒色（Orange Vinaceous，R. Pl. XXVII）。

在 YES 上 25℃培养 7 天，菌落直径 50~52 mm，较薄，表面具少量辐射状皱纹，中央浸润状，呈深红色，边缘于培养基内，整齐；质地绒状，表面覆盖长约 2 mm 的稀疏菌丝绳；分生孢子无；菌丝体边缘呈白色，其余暗粉红色，近于粉葡萄酒色（Pinkish Vinaceous，R. Pl. XXVII）；渗出液无；可溶性色素无；背面呈赭红色（Ocher Red，R. Pl. XXVII）夹杂淡黄色。

在 CYA 上 37℃培养 7 天，菌落直径 30~35 mm。

在 CYA 上 5℃培养 7 天，未生长。

分生孢子梗发生于气生菌丝和绳状菌丝，孢梗茎 30~60（~120）μm × 2~3 μm，壁光滑；帚状枝双轮生兼单轮生；梗基每轮 2~6 个，排列不紧密，9~15 μm × 2~3 μm；瓶梗安瓿形至圆柱形，排列不紧密，每轮 2~4 个，8~12 μm × 2~3 μm；分生孢子近球形至椭球形，2.5~3 μm × 2~3 μm，壁光滑。

主要分类学性状：生长较快，产生短絮状兼绳状菌落；分生孢子稀疏，呈浅灰绿色；菌丝体呈脏粉色；帚状枝双轮生兼单轮生，排列不紧密，瓶梗安瓿形至圆柱形；分生孢子近球形至椭球形，壁光滑。

分布和基物：安徽黄山土壤（AS 3.15853 = 3708：ITS = MK837960，*BenA* = MK837944，*CaM* = MK837952）；福建漳州九龙江口滩涂土壤（JLK1-7-1，ZZ2-3-2），厦门滩涂土壤（XM1-7-1，HYP562）；江苏盐城滩涂土壤（JS11-1）。

讨论：该种在形态学上比较独特；在种系学上与当归篮状菌 *T. angelicae*、暗绿篮状菌 *T. fuscoviridis* 关系较近（单夏男等，2021；Han *et al.*，2022）。

巫山篮状菌　图版 XLVIII

Talaromyces wushanicus X.C. Wang & W.Y. Zhuang, Biology 10: 745, 2021.

词源："*wushanicus*"表示其模式菌株分离自中国重庆巫山"Wushan"。

模式菌株：CGMCC 3.20481；遗传标记：ITS = MZ356356，*BenA* = MZ361347，*CaM* = MZ361354，*Rpb2* = MZ361361。

在 CA 上 25℃培养 7 天，菌落直径 15~17 mm，薄，表面平坦，边缘于培养基内，略波曲状；质地绒状；分生孢子适量，呈灰绿色至紫杉绿色（Yew Green, R. Pl. XXXI）；菌丝体呈白色；渗出液无；可溶性色素无；背面呈白色。

在 CYA 上 25℃培养 7 天，菌落直径 15~17 mm，薄，表面平坦，边缘于培养基表面，流苏状；质地绒状；分生孢子适量，呈木棕色（Wood Brown, R. Pl. XL）；菌丝体呈白色；渗出液无；可溶性色素无；背面呈橄榄皮黄色（Olive Buff, R. Pl. XL）。

在 MEA 上 25℃培养 7 天，菌落直径 33~35 mm，薄，表面平坦，边缘于培养基内，较宽，波曲状；质地绒状；分生孢子大量，呈浅水芹绿色（Light Cress Green, R. Pl. XXXI）；菌丝体呈淡嫩绿黄色（Pale Viridine Yellow, R. Pl. V）；无渗出液和可溶性色素；背面呈褐黄色，外围呈浅绿黄色。

在 YES 上 25℃培养 7 天，菌落直径 23~24 mm，较厚，表面稍皱，边缘于培养基内，毛边状；稀疏绒状；分生孢子大量，易散落，呈安多佛绿色（Andover Green, R. Pl. XLVII）至深灰橄榄色（Deep Grayish Olive, R. Pl. XLVI）；菌丝体在边缘呈白色；渗出液无；可溶性色素无；背面中央呈古董棕色（Antique Brown, R. Pl. XLVII），外围呈浅黄色。

在 CYA 上 37℃培养 7 天，菌落直径约 17 mm。

在 CYA 上 5℃培养 7 天，未生长。

分生孢子梗发生于表面菌丝，孢梗茎 100~200 μm × 2~3 μm，壁光滑；帚状枝双轮生，偶见三轮生；梗基每轮 4~6 个，排列紧密，9~11 μm × 2~3 μm；瓶梗披针形，每轮 4~6 个，排列紧密，10~11 μm × 2~3 μm；分生孢子柠檬形至椭球形，3~4 μm × 2.5~3 μm，壁厚，光滑。

主要分类学性状：25℃时在 CA、CYA 和 YES 上生长缓慢，在 MEA 上生长适度，形成典型的绒状菌落；分生孢子大量；帚状枝双轮生，偶见三轮生；分生孢子柠檬形至椭球形，壁光滑。

分布和基物：重庆巫山土壤（CS17-05 = CGMCC 3.20481）。

讨论：该种在形态学上较独特，在 MEA 上类似于稀疏篮状菌 *T. sparsus*；在种系学上与蛇床篮状菌 *T. cnidii*、暹罗篮状菌 *T. siamensis* 关系较近（Zhang *et al.*，2022）。

西沙篮状菌　图版 XLIX

Talaromyces xishaensis X.C. Wang, L. Wang & W.Y. Zhuang, Phytotaxa 267 (3): 193, 2016.

词源："*xishaensis*"表示其模式菌株分离自中国西沙群岛"Xisha islands"。

模式菌株：CGMCC 3.17995 = HMAS 248732；遗传标记：ITS = KU644580，*BenA* = KU644581，*CaM* = KU644582，*Rpb2* = MZ361364。

在 CA 上 25℃培养 7 天，菌落直径 13~15 mm，薄，稀疏，表面平坦，边缘于培养基内；质地浸润状；分生孢子少量，分布于中央，呈暗黄绿色（Dark Yellowish Green，R. Pl. XVIII）；菌丝体呈白色；渗出液无；可溶性色素无；背面呈白色。

在 CYA 上 25℃培养 7 天，菌落直径 9~10 mm，较薄，表面平坦，边缘于培养基内，波曲状；质地绒状；分生孢子适量，呈深黄绿色，近于克龙贝格绿色（Kronberg's Green，R. Pl. XXXI）；菌丝体呈白色；渗出液无；可溶性色素无；背面呈橄榄皮黄色（Olive Buff，R. Pl. XL）。

在 MEA 上 25℃培养 7 天，菌落直径 26~30 mm，较薄，表面平坦，边缘于培养基内，波曲状；质地绒状；分生孢子大量，呈菠菜绿色（Spinach Green，R. Pl. V）至橄榄绿色（Olive Green，R. Pl. V）；菌丝体呈淡嫩绿黄色（Pale Viridine Yellow，R. Pl. V）；渗出液无；可溶性色素无；背面呈蜜黄色（Honey Yellow，R. Pl. XXX）。

在 YES 上 25℃培养 7 天，菌落直径 22~26 mm，较薄，表面平坦，稀疏，边缘于培养基内，毛边状；质地绒状；分生孢子稀疏，分布于中央，呈深灰绿色，近于安多佛绿色（Andover Green，R. Pl. XLVII）；菌丝体在中央呈橙粉色（Orange Pink，R. Pl. II），在外围呈淡粉肉桂色（Pale Pinkish Cinnamon，R. Pl. XXIX）；渗出液无；可溶性色素无；背面呈粉皮黄色（Pinkish Buff，R. Pl. XXIX）。

在 CYA 上 37℃培养 7 天，菌落直径 3~4 mm。

在 CYA 上 5℃培养 7 天，未生长。

分生孢子梗发生于表面菌丝，孢梗茎 100~280 μm × 3~3.5 μm，壁光滑；帚状枝双轮生；梗基每轮 4~6（~8）个，排列不紧密，9~12 μm × 2.5~3.5 μm；瓶梗圆柱形至披针形，排列不紧密，每轮 4~6 个，10~12 μm × 2.5~3 μm，梗颈较短；分生孢子椭球形至柠檬形，2.5~4（~5）μm × 2.5~3（~4）μm，壁光滑至稍粗糙。

主要分类学性状：在 CA、CYA 上生长局限；在 YES 上菌丝体带粉色；帚状枝双轮生，排列不紧密，瓶梗圆柱形至披针形；分生孢子椭球形至柠檬形，壁光滑至稍粗糙。

分布和基物：中国海南西沙群岛永兴岛土壤（CGMCC 3.17995）。

讨论：该种在形态学上比较独特；在种系学上似乎与稀疏篮状菌 *T. sparsus* 有些关系，但无统计学支持率（Wei *et al.*，2021；Zhang *et al.*，2021）。

云南篮状菌 图版 L

Talaromyces yunnanensis Doilom & C.F. Liao, Front Microbiol 11 (585215): 18, 2020.

词源："*yunnanensis*"表示该种模式菌株分离自中国云南"Yunnan"。

模式菌株：KUMCC 18-0208；遗传标记：ITS = MT152339，*BenA* = MT161683，*CaM* = MT178251。

在 CA 上 25℃培养 7 天，菌落直径 28~30 mm，稍厚，表面平坦，边缘于培养基内，整齐；质地密短絮状；分生孢子适量，分布于中部，呈山丘绿色（Cerro Green，R. Pl. V），外围变浅，呈黄油绿色（Yellowish Oil Green，R. Pl. V）；菌丝体在边缘呈白色，近边缘呈淡嫩绿黄色（Pale Viridine Yellow，R. Pl. V）；渗出液无；可溶性色素无；背面呈黄白色。

在 CYA 上 25℃培养 7 天，菌落直径 30~32 mm，较薄，表面稍具辐射状皱纹，边缘于培养基表面，整齐；质地密短絮状；分生孢子适量，呈橄榄灰色（Olive Gray，R. Pl. LI），外围变浅至豆绿色（Pea Green，R. Pl. XLVII）；菌丝体呈白色；渗出液无；可溶性色素无；背面呈浅褐黄色。

在 MEA 上 25℃培养 7 天，菌落直径 36~37 mm，薄，表面平坦，边缘于培养基内，流苏状；质地绒状覆盖稀疏短絮绳状菌丝体；分生孢子较多，呈灰黄绿色，近于焖豌豆绿色（Pois Green，R. Pl. XVI）；菌丝体呈绿黄色（Green Yellow，R. Pl. V），在边缘呈白色；无渗出液和可溶性色素；背面呈皮黄色（Buff Yellow，R. Pl. IV）。

在 YES 上 25℃培养 7 天，菌落直径 38~40 mm，稍厚，表面具少量辐射状皱纹，边缘于培养基内，整齐；质地密短絮状兼绳状；分生孢子适量，分布于菌落中部，呈山丘绿色（Cerro Green，R. Pl. V）；菌丝体在边缘呈白色，在近边缘呈淡嫩绿黄色（Pale Viridine Yellow，R. Pl. V）；渗出液无；可溶性色素无；背面呈褐黄色。

在 CYA 上 37℃培养 7 天，菌落直径 33~35 mm。

在 CYA 上 5℃培养 7 天，未生长。

分生孢子梗发生于表面菌丝，孢梗茎 200~300 μm × 2.5~3.5 μm，壁光滑；帚状枝双轮生；梗基每轮 4~8 个，排列不紧密，8~12 μm × 2.5~4 μm；瓶梗安瓿形，排列不紧密，每轮 6~8 个，7~10 μm × 2.5~3.5 μm；分生孢子呈球形至近球形，3~4 μm，壁厚，光滑。

主要分类学性状：菌落密短絮状；分生孢子适量，呈深灰绿色；菌丝体呈白色，在近中部呈淡绿黄色；帚状枝双轮生，排列不紧密，瓶梗安瓿形；分生孢子球形至近球形，壁厚，光滑。

分布和基物：河南信阳商城县土壤（JGT-1-103 = CGMCC 3.12690；*BenA* = ON569430）。

文献记载：云南哈尼族彝族自治州红河县红槲栎（*Quercus rubra*）根际土壤（Doilom *et al.*，2020）。

讨论：该种在形态学和种系学上与澳大利亚篮状菌 *T. australis*、斯泰伦博斯篮状菌 *T. stellenboschensis*、细疣篮状菌 *T. verruculosus* 关系较近（Doilom *et al.*，2020）。

镇海篮状菌　图版 LI

Talaromyces zhenhaiensis L. Wang, J. Fungi 8: 36, 2022.

词源："*zhenhaiensis*"表示其模式菌株分离自浙江宁波镇海"Zhenhai"。

模式菌株：ZH3-18 = AS 3.16002；遗传标记：ITS = MZ045697，*BenA* = MZ054636，*CaM* = MZ054639，*Rpb2* = MZ054633。

在 CA 上 25℃培养 7 天，菌落直径 38~40 mm，较薄，表面平坦，边缘于培养基内，呈毛边状；质地绒状；分生孢子无；菌丝体呈淡黄色，近于马提乌斯黄色（Martius Yellow，R. Pl. IV）至春白菊黄色（Marguerite Yellow，R. Pl. XXX），在边缘呈白色；裸囊壳大量，呈白色至春白菊黄色（Marguerite Yellow，R. Pl. XXX）；渗出液无；可溶性色素无；背面呈苯胺黄色（Aniline Yellow，R. Pl. IV）。

在 CYA 上 25℃培养 7 天，菌落直径 65~67 mm，较薄，表面稍具皱纹，边缘于培养基内，呈毛边状；质地绒状，表面覆盖稀疏白絮菌丝；分生孢子无；菌丝体呈硫黄色（Sulphur Yellow，R. Pl. V）至弹夹皮黄色（Cartridge Buff，R. Pl. XXX），在边缘呈白色；渗出液无；可溶性色素无；背面呈蜜黄色（Honey Yellow，R. Pl. XXX）。

在 MEA 上 25℃培养 7 天，菌落直径 43~45 mm，较薄，表面平坦，边缘于培养基表面，呈毛边状；质地绒状；分生孢子无；菌丝体呈铅黄黄色（Massicot Yellow，R. Pl. IV），在边缘呈白色；裸囊壳大量，呈铅黄黄色（Massicot Yellow，R. Pl. IV）；渗出液无；可溶性色素无；背面呈淡橙黄色（Pale Orange Yellow，R. Pl. XXX）。

在 YES 上 25℃培养 7 天，菌落直径 61~62 mm，较薄，无规则皱纹较多，边缘于培养基表面，呈毛边状；质地绒状，表面覆盖稀疏白絮菌丝；分生孢子无；菌丝体呈萘黄色（Naphthalene Yellow，R. Pl. XVI），在边缘呈白色；渗出液无；可溶性色素无；背面呈生土褐色（Raw Sienna，R. Pl. III）。

在 CYA 上 37℃培养 7 天，菌落直径 56~60 mm。

在 CYA 上 5℃培养 7 天，未生长。

裸囊壳 14 天后成熟，呈浅黄色，球形或近球形，300~350 μm，子囊球形或近球形，8~10 μm，短链状着生；子囊孢子长椭球形，中央有一个赤道脊，表面光滑，4~5 μm × 3 μm。无分生孢子。

主要分类学性状：在 25℃、37℃生长很快，产生绒状菌落，无分生孢子，产生大量浅黄色裸囊壳；子囊孢子长椭球形，中央有一个赤道脊，表面光滑。

分布和基物：海南乐东尖峰岭土壤（NN072335 = AS 3.15693：ITS = KY007094，*BenA* = KY007110，*CaM* = KY007102，*Rpb2* = KY112592）；浙江宁波镇海土壤（ZH3-18 = AS 3.16002）。

讨论：该种在形态学上与柄篮状菌 *T. stipitatus* 无法区分；在种系学上与柄篮状菌、产紫篮状菌 *T. purpureogenus* 关系较近（Han *et al.*，2022）。

岛篮状菌组 section *Islandici* (Pitt) N. Yilmaz, Frisvad & Samson
Stud. Mycol. 78: 192, 2014.

模式种：*Talaromyces islandicus* (Sopp) Samson, N. Yilmaz, Frisvad & Seifert, Stud. Mycol. 70: 176, 2011.

岛篮状菌组的物种通常生长缓慢，形成绒状或致密短絮状菌落，可产生蒽醌类次级代谢产物，使其菌丝体呈现橙黄色。这些蒽醌类通常具有动物毒性，属于真菌毒素。例如，岛篮状菌 *T. islandicus* 产生的岛篮状菌素（islandicin）、土黄醌茜素、红醌茜素、皱褶菌素、醌茜素等真菌毒素具有肝和肾毒性并致癌。大米被岛篮状菌污染会变成浅橙黄色，称为黄变米（yellowed rice），长期食用黄变米会导致肝癌（Oh *et al.*，2008）。根篮状菌 *T. radicus*、皱褶篮状菌 *T. rugulosus* 和沃特曼篮状菌 *T. wortmannii* 主要产生皱褶菌素和醌茜素，皱褶菌素具有抗金黄色葡萄球菌活性（Breen *et al.*，1955；Yamazaki *et al.*，2010）。有学者发现醌茜素是一种非多肽类的小分子降血糖物质（Parker *et al.*，2000），但此后再也没有相关的研究报道。皱褶篮状菌和沃特曼篮状菌可以产生多种酶类，如皱褶篮状菌可以产生芸香苷酶和磷酸酶（Reyes *et al.*，1999；Narikawa *et al.*，2000）。

沃特曼篮状菌可以产生尿烷酶，降解尿烷从而降低其致癌风险（Zhou *et al.*，2013）。另外，沃特曼篮状菌在土壤中可以分泌挥发性有机物，促进植物种芽生长并增强抗病性（Yamagiwa *et al.*，2011）。该组有些物种可以在 37℃条件下生长良好，因此有可能成为人类和动物的条件致病菌。例如，鸽色篮状菌 *T. columbinus* 可以引起真菌血症（fungaemia）和骨髓炎（osteomyelitis），但其被错误鉴定为云杉篮状菌 *T. piceae*（Horré *et al.*，2001；Santos *et al.*，2006；Peterson & Jurjević，2013）。有些种属于真菌重寄生菌，如皱褶篮状菌可以寄生于黄曲霉菌落上，并很快将其吞没（Wang *et al.*，2020）。

最初这些岛篮状菌组的物种被放在 Raper 和 Thom（1949）分类系统的双轮对称组 section *Biverticillata-Symmetrica* 的 4 个系中，即土黄青霉系 *P. luteum* series、绳状青霉系 *P. funiculosum* series、产紫青霉系 *P. purpurogenum* series 和皱褶青霉系 *P. rugulosum* series。Pitt（1979）按照双重命名系统将这些物种的无性型放在青霉属的双轮亚属、简单组 section *Simplicium*、岛青霉系 series *Islandica* 中，而把有性型放在篮状菌属中。据作者和国际同行的经验，该组菌株在用引物 bt 2a 和 bt 2b 扩增 *BenA* 时很容易将 *tubC* 扩增出来，而 *BenA* 却扩增不出来（如 Hubka & Kolarik，2012；Peterson & Jurjević，2013）。

目前该组全球已报道 36 种，本卷研究和描述我国发现的 16 个种，以粗体显示（表 8）。

表 8 截至本卷定稿，岛篮状菌组已报道的物种及其模式菌株、分离地和遗传标记

物种	模式菌株	模式菌株分离地	遗传标记			
			ITS	BenA	CaM	Rpb2
T. acaricola	CBS 137386 = IBT 32387	南非	JX091476	JX091610	JX140729	KF984956
T. allahabadensis	CBS 453.93 = NRRL 3397	印度	KF984873	KF984614	KF984768	KF985006
T. atricola	CBS 255.31= NRRL 1052	未知	KF984859	KF984566	KF984719	KF984948
T. brunneus	CBS 227.60 = FRR 646	泰国	JN899365	KJ865722	KJ885264	KM023272
T. cerinus	CBS 140622= CGMCC 3.18212	中国	KU866658	KU866845	KU866742	KU867002
T. chlamydosporus	CGMCC 3.18199 = CBS 140635	中国	KU866648	KU866836	KU866732	KU866992
T. columbinus	NRRL 58811	美国	KJ865739	KF196843	KJ885288	KM023270
T. concavorugulosus	NRRL 6192	美国	KF196867	KF196854	KF196867	KF196976
T. crassus	CBS 137381 = IBT 32814	南非	JX091472	JX091608	JX140727	KF984914
T. delawarensis	NRRL 58874	美国	KX657324	KX657055 (NRRL 58876)	KX657158	KX657490
T. endophyticus	ACCC 39141	中国	KX639168	KX639174	KX639165	N/A
T. herodensis	NRRL 62467	美国	KX657338	KX657061	KX657182	KX657524
T. infraolivaceus	CBS 137385 = IBT 32487	南非	JX091481	JX091615	JX140734	KF984949
T. islandicus	CBS 338.48 = NRRL 1036	南非	KF984885	KF984655	KF984780	KF985018
T. juglandicola	NRRL 32382	美国	KX657330	KX657122	KX657184	KX657573

物种	模式菌株	模式菌株分离地	遗传标记			
			ITS	*BenA*	*CaM*	*Rpb2*
T. kilbournensis	NRRL 62700	美国	KX657344	KX657068	KX657183	KX657545
T. loliensis	CBS 643.80 = NRRL 2148	新西兰	KF984888	KF984658	KF984783	KF985021
T. musae	CBS 142504 = DTO 366-C5	巴拿马	MF072316	MF093729	MF093728	MF093727
T. neorugulosus	CBS 140623 = CGMCC 3.18215	中国	KU866659	KU866846	KU866743	KU867003
T. novojersensis	NRRL 35858	美国	KX657319	KX657050	KX657151	KX65503
T. piceae	CBS 361.48 = NRRL 1051	未知	KF984792	KF984668	KF984680	KF984899
T. radicus	CBS 100489 = FRR 4718	澳大利亚	KF984878	KF984599	KF984773	KF985013
T. ricevillensis	NRRL 62296	美国	KX657343	KX657056	KX657249	KX657582
T. rogersiae	NRRL 62223	美国	KX657332	KX657125	KF196891	KX657581
T. rotundus	CBS 369.48 = NRRL 2107	巴拿马	JN899353	KJ865730	KJ885278	KM023275
T. rugulosus	CBS 371.48 = NRRL 1045	美国	KF984834	KF984575	KF984702	KF984925
T. scorteus	NRRL 1129	日本	KF984892	KF984565	KF984684	KF984916
T. siglerae	NRRL 28620	加拿大	KX657351	KX657135	KX657236	KX657297
T. subaurantiacus	CBS 137383	南非	JX091475	JX091609	JX140728	KF984960
T. subtropicalis	NRRL 58084	美国	KX657337	KX657060	KX657250	KX657531
T. tardifaciens	CBS 250.94 = IBT 14986	尼泊尔	JN899361	KC202954	KF984682	KF984908
T. tiftonensis	NRRL 62264	美国	KX657353	KX657129	KX657163	KX657602
T. tratensis	CBS 133146 = KUFC 3383	泰国	KF984891	KF984559	KF984690	KF984911
T. variabilis	NRRL 1048 = CBS 385.48	南非	KX657276	KF196853	KF196878	KX657552
T. wortmannii	CBS 391.48 = NRRL 1017	丹麦	KF984829	KF984648	KF984756	KF984977
T. yelensis	CBS 138209 = DTO 268-E5	密克罗尼西亚	KJ775717	KJ775210	KP119161	KP119163

螨生篮状菌 图版 LII

Talaromyces acaricola Visagie, N. Yilmaz & K. Jacobs, Persoonia 36: 49, 2015. Sun *et al.*, Mycosystema 41 (4): 682, 2022a.

词源："*acaricola*"表示其模式菌株分离自螨虫"*acarus*"。

模式菌株：CBS 137386 = IBT 32387；遗传标记：ITS = JX091476，*BenA* = JX091610，*CaM* = JX140729，*Rpb2* = KF984956。

在 CA 上 25℃培养 7 天，菌落直径 5~8 mm，较薄，表面平坦，边缘于培养基内，毛边状；质地绒状；分生孢子稀疏，分布于中央，近于油黄色（Oil Yellow，R. Pl. V）；菌丝体呈白色；渗出液无；可溶性色素无；背面呈白色。

在 CYA 上 25℃培养 7 天，菌落直径 7~9 mm，较薄，表面平坦，中央稍凸起，边缘于培养基表面，整齐；质地绒状；分生孢子无；菌丝体呈白色；渗出液呈淡黄微滴状，少量；可溶性色素无；背面呈蜡黄色（Wax Yellow，R. Pl. XVI）。

在 MEA 上 25℃培养 7 天，菌落直径 12~14 mm，稍厚，中央凹陷，表面稍具辐射状和环状皱纹少量，边缘于培养基表面，波曲状；质地绒状；分生孢子适量，分布于中部，近于鼠尾草绿色（Sage Green，R. Pl. XLVII）；菌丝体呈淡绿黄色（Pale Green Yellow，R. Pl. V）；菌丝体在边缘呈白色；渗出液无；可溶性色素无；背面呈皮黄黄色（Buff Yellow，R. Pl. IV）。

在 YES 上 25℃培养 7 天，菌落直径 12~14 mm，稍厚，表面稍具辐射状沟纹，中央突起，边缘波曲状；质地绒状；分生孢子适量，呈豆绿色（Pea Green，R. Pl. XLVII）；菌丝体白色；渗出液较多，呈无色水滴状；可溶性色素无；背面呈移民期皮黄色（Colonial Buff，R. Pl. XXX）。

在 CYA 上 37℃培养 7 天，未生长。

在 CYA 上 5℃培养 7 天，未生长。

分生孢子梗发生于表面菌丝，孢梗茎（50~）90~150 μm × 2~2.5 μm，壁光滑；帚状枝双轮生、三轮生和不规则生；梗基每轮 2~6 个，排列不紧密，8~12 μm × 2~2.5 μm；瓶梗安瓿形，排列不紧密，每轮 3~6 个，6~10 μm × 2~2.5 μm；分生孢子梭形至长椭球形，3~5 μm × 2~2.5 μm，壁光滑。

主要分类学性状：生长局限，产生绒状菌落；菌丝体呈白色；分生孢子稀疏，呈灰绿色；帚状枝双轮生、三轮生和不规则生，排列不紧密，瓶梗安瓿形；分生孢子梭形至长椭球形，壁光滑。

分布和基物：西藏波密土壤（BM32），山南土壤（SN6-12 = AS 3.15898：ITS = MW897746，*CaM* = MT232955，*Rpb2* = MW922434）。

讨论：螨生篮状菌最初由 Yilmaz 等（2016a）发表于 Persoonia 36: 37–56，其在第 48 页的图片 Fig. 6 与 Yilmaz 等（2014）论文中第 222 页描述的腔生篮状菌 *T. atricola* (Thom) S.W. Peterson & Jurjević 的图片 Fig. 17 完全相同。通过比较，本研究菌株 AS 3.15898 形态与 Yilmaz 等（2014）对腔生篮状菌的描述和 Yilmaz 等（2016a）对螨生篮状菌的描述，可以推测 Yilmaz 等（2016a）描述的螨生篮状菌的图片误用了 Yilmaz 等（2014）腔生篮状菌的图片（孙剑秋等，2022a）。在种系学上，该种与腔生篮状菌、下橄榄色篮状菌 *T. infraolivaceus*、新皱褶篮状菌 *T. neorugulosus*、皱褶篮状菌 *T. rugulosus* 关系较近（Yilmaz *et al.*，2016a；孙剑秋等，2022a）。

安拉阿巴德篮状菌 图版 LIII

Talaromyces allahabadensis (B.S. Mehrotra & D. Kumar) Samson, N. Yilmaz & Frisvad, Stud. Mycol. 70: 174, 2011. Wang *et al.*, J. Liaocheng Univ. (Nat. Sci.) 33 (4): 81, 2020.

≡ *Penicillium allahabadense* B.S. Mehrotra & D. Kumar, Can. J. Bot. 40: 1399, 1962.

词源："*allahabadensis*"表示其模式菌株分离地为印度城市安拉阿巴德"Allāhābād"。

模式菌株：CBS 453.93 = NRRL 3397；遗传标记：ITS = KF984873，*BenA* = KF984614，*CaM* = KF984768，*Rpb2* = KF985006。

在 CA 上 25℃培养 7 天，菌落直径 18~20 mm，较薄，中央稍凸起，表面平坦或稍皱；质地绒状；分生孢子无；菌丝体橙色，近于皮黄色（Buff Yellow，R. Pl. IV）；渗出液无；可溶性色素无；背面呈褐黄色至棕黄色。

在 CYA 上 25℃培养 7 天，菌落直径 24~25 mm，较厚，中央稍凹陷，表面具少量辐射状沟纹，边缘完整；质地绒状；分生孢子无；菌丝体呈钡黄色（Baryta Yellow，R. Pl. IV）；渗出液无；可溶性色素无；背面呈橙红色。

在 MEA 上 25℃培养 7 天，菌落直径 16~18 mm，较厚，凸面，表面平坦，边缘完整；质地绒状；分生孢子稀疏，灰绿色；菌丝体浅嫩绿色（Light Viridine Green，R. Pl. VI）；渗出液无；可溶性色素无；背面呈棕红色。

在 YES 上 25℃培养 7 天，菌落直径 23~25 mm，稍厚，表面具辐射状沟纹，中央突起，边缘波曲状；质地绒状；分生孢子大量，豆绿色（Pea Green，R. Pl. XLVII）；菌丝体呈黄白色；渗出液无；可溶性色素无；背面呈棕黄色。

在 CYA 上 37℃培养 7 天，菌落直径 20~22 mm。

在 CYA 上 5℃培养 7 天，未生长。

分生孢子梗发生于表面菌丝，孢梗茎（60~）90~150（~200）μm × 2~2.5 μm，壁光滑；帚状枝双轮生；梗基每轮 2~6 个，排列不紧密，10~11 μm × 2~2.5 μm；瓶梗安瓿形，排列较紧密，每轮 2~6 个，10~11 μm × 2~2.5 μm；分生孢子柠檬形，3~3.5 μm × 2~2.5 μm，壁光滑。

主要分类学性状：生长缓慢，绒状菌落；分生孢子稀疏，灰绿色；在 CA、CYA 上菌丝体呈橘黄色且无分生孢子；帚状枝双轮生，排列不紧密，瓶梗安瓿形；分生孢子柠檬形，壁光滑。

分布和基物：福建厦门郊区土壤（XM8-21）；河南开封郊区菜地土壤（14391）；青海西宁湟中区塔尔寺土壤（12260 = AS 3.15811：ITS = MN847718，*CaM* = MN857548）。

文献记载：海南（张圣良等，2019）。该鉴定仅依据 rDNA 序列，尚需进一步研究确认。

讨论：该种比较独特，在 CA、CYA 上菌丝体呈橘黄色且无分生孢子；在种系学上，该种与根篮状菌 *T. radicus*、赖斯维尔篮状菌 *T. ricevillensis*、亚热带篮状菌 *T. subtropicalis* 关系较近（Yilmaz *et al.*，2016a；王龙等，2020）。

蜡黄篮状菌 图版 LIV

Talaromyces cerinus A.J. Chen, Frisvad & Samson, Stud. Mycol. 84: 125, 2016.

词源："*cerinus*"表示其菌丝体颜色为蜡黄色"cerinous"。

模式菌株：CBS 140622 = CGMCC 3.18212；遗传标记：ITS = KU866658，*BenA* = KU866845，*CaM* = KU866742，*Rpb2* = KU867002。

在 CA 上 25℃培养 7 天，菌落直径 5~7 mm，薄，表面平坦，边缘于培养基内，毛边状；质地绒状；分生孢子适量，呈草绿色（Grass Green，R. Pl. VI）；菌丝体呈白色；渗出液无；可溶性色素无；背面呈淡黄色。

在 CYA 上 25℃培养 7 天，菌落直径 20~21 mm，较薄，表面具少量无规则皱纹，边缘于培养基表面，整齐；质地绒状；分生孢子稀疏，斑块状分布，近于豆绿色（Pea Green，R. Pl. XLVII）；菌丝体在边缘白色，在中央呈浅黄色；渗出液无；可溶性色素无；背面呈橙红色。

在 MEA 上 25℃培养 7 天，菌落直径 17~18 mm，薄，表面具少量辐射状皱纹，边缘于培养基表面，整齐；质地绒状；分生孢子适量，呈豆绿色（Pea Green，R. Pl. XLVII）；菌丝体在边缘呈白色，其余呈皮黄黄色（Buff Yellow，R. Pl. IV），无渗出液和可溶性色素；背面呈橙黄色，近于深铬黄色（Deep Chrome，R. Pl. III）。

在 YES 上 25℃培养 7 天，菌落直径 17~18 mm，薄，表面稍具环状和辐射状皱纹，边缘于培养基表面，整齐；质地绒状；分生孢子少量，呈斑块状分布，呈深蓝绿色，近于绿土色（Terre Verte，R. Pl. XXXIII）；菌丝体呈蜡黄色至皮黄黄色（Buff Yellow，R. Pl. IV）；渗出液无；可溶性色素无；背面呈褐色，近于生土褐色（Raw Sienna，R. Pl. III）。

在 CYA 上 37℃培养 7 天，未生长。

在 CYA 上 5℃培养 7 天，未生长。

分生孢子梗发生于表面菌丝，孢梗茎（50~）60~100 μm × 3~4 μm，顶端稍膨大，壁光滑；帚状枝双轮生；梗基每轮 6~8 个，8~12 μm × 3~4 μm，排列不紧密；瓶梗披针形至安瓿形，每轮 4~6 个，排列不紧密，10~12 μm × 2~3 μm；分生孢子椭球形至球形，3~4 μm × 2~3 μm，壁光滑。

主要分类学性状：生长缓慢；分生孢子少量，灰绿色；菌丝体蜡黄色至皮黄色；帚状枝双轮生，排列不紧密，瓶梗披针形；分生孢子椭球形至球形，壁光滑。

分布和基物：北京空气（CGMCC 3.18212）。

讨论：在种系学上，该种与厚垣孢篮状菌 *T. chlamydosporus*、浅橘黄篮状菌 *T. subaurantiacus* 关系较近（Chen *et al.*，2016）。

厚垣孢篮状菌　图版 LV

Talaromyces chlamydosporus A.J. Chen, Frisvad & Samson, Stud. Mycol. 84: 136, 2016.

词源："*chlamydosporus*"表示其模式菌株产生近球形膨大细胞，类似厚垣孢子"chlamydospores"。

模式菌株：CGMCC 3.18199 = CBS 140635；遗传标记：ITS = KU866648，*BenA* = KU866836，*CaM* = KU866732，*Rpb2* = KU866992。

在 CA 上 25℃培养 7 天，菌落直径 10~12 mm，较薄，表面平坦，边缘于培养基内，整齐；质地绒状；分生孢子适量，分布于中央，呈浅灰绿色，近于浅灰橄榄色（Light Grayish Olive，R. Pl. XLVI）；菌丝体在边缘呈白色，其余呈钡黄色（Baryta Yellow，R. Pl. IV）；渗出液无；可溶性色素无；背面呈浅橙黄色（Light Orange Yellow，R. Pl. IV）。

在 CYA 上 25℃培养 7 天，菌落直径 15~18 mm，较厚，中央凹陷，表面具少量辐射状皱纹，边缘于培养基表面，完整；质地绒状；分生孢子适量，呈橄榄灰色（Olive Gray，R. Pl. LI）至烟灰色（Smoke Gray，R. Pl. LI）；菌丝体呈黄白色；渗出液无；可溶性色素无；背面呈镉黄色（Cadmium Yellow，R. Pl. III），外围变浅至黄色。

在 MEA 上 25℃培养 7 天，菌落直径 21~22 mm，稍厚，表面平坦，边缘于培养基表面，整齐；质地绒状兼短絮状；分生孢子稀疏，呈浅灰绿色，近于鼠曲草绿色（Gnaphalium Green，R. Pl. XLII）至豆绿色（Pea Green，R. Pl. XLII）；菌丝体在边缘呈白色，其余呈浅黄色，近于那不勒斯黄色（Naples Yellow，R. Pl. XVI）；渗出液无；可溶性色素无；背面呈杏黄色（Apricot Yellow，R. Pl. XV）至镉黄色（Cadmium Yellow，R. Pl. XV）。

在 YES 上 25℃培养 7 天，菌落直径 13~15 mm，较厚，表面具少量辐射状沟纹，边缘于培养基内，整齐；质地绒状；分生孢子稀疏，分布于近边缘，呈深蓝灰绿色（Deep Bluish Gray-Green，R. Pl. XLII）；菌丝体呈白色；渗出液无；可溶性色素无；背面呈鼠李棕色（Buckthorn Brown，R. Pl. XV）。

在 CYA 上 37℃培养 7 天，菌落直径 4~5 mm。

在 CYA 上 5℃培养 7 天，未生长。

分生孢子梗发生于表面菌丝，孢梗茎（60~）100~230（~250）μm × 2.5~5 μm，壁光滑；帚状枝双轮生；梗基每轮 2~5 个，排列紧密，10~15 μm × 2.5~5 μm；瓶梗披针形，排列紧密，每轮 4~6 个，9~13 μm × 2.5~3.5 μm；分生孢子梭形，3~5 μm × 2~3 μm，壁光滑。

主要分类学性状：生长缓慢，分生孢子呈灰绿色，类似于青霉；帚状枝双轮生，排列紧密；分生孢子梭形，壁光滑。

分布和基物：北京室内空气（CGMCC 3.18199）；江苏南京土壤（NJ6-12 = AS 3.15843；*BenA* = ON569409，*Rpb2* = ON569395；NJ6-18 = AS 3.26035）；内蒙古赤峰土壤（CF7-1）。

讨论：该种模式菌株据报道产生类似厚垣孢子的膨大细胞，作者并未观察到。在种系学上，该种与蜡黄篮状菌 *T. cerinus*、浅橘黄篮状菌 *T. subaurantiacus*、沃特曼篮状菌 *T. wortmannii* 关系较近（Chen *et al.*，2016）。

鸽色篮状菌 图版 LVI

Talaromyces columbinus S.W. Peterson & Jurjević, PLoS ONE 8 (10): e78084, 2013. Wang *et al.*, J. Liaocheng Univ. (Nat. Sci.) 33 (4): 82, 2020.

词源："columbinus"表示其分生孢子呈暗蓝灰色，类似蓝灰色鸽子的颜色"columbinus"。

模式菌株：NRRL 58811；遗传标记：ITS = KJ865739，*BenA* = KF196843，*CaM* = KJ885288，*Rpb2* = KM023270。

在 CA 上 25℃培养 7 天，菌落直径 8~10 mm，较薄，中央稍凸起，表面平坦，边缘于培养基内，毛边状；质地绒状；分生孢子适量，呈橄榄绿色，近于俄罗斯绿色（Russian Green，R. Pl. XLII）；菌丝体呈淡橙黄色；渗出液无；可溶性色素少量，呈褐黄色；背面呈褐黄色至棕黄色。

在 CYA 上 25℃培养 7 天，菌落直径 8~10 mm，较厚，突起，表面具少量辐射状沟纹，边缘于培养基内，波曲状；质地绒状；分生孢子大量，呈深蓝灰色，近于安多佛绿色（Andover Green，R. Pl. XLVII）；菌丝体呈淡橙黄色，在边缘呈白色；渗出液无；可溶性色素无；背面呈棕黄色。

在 MEA 上 25℃培养 7 天，菌落直径 10~12 mm，较薄，中央突起，表面具少量辐射状沟纹，边缘于培养基表面，整齐；质地绒状；分生孢子大量，呈暗灰黄绿色，近于鼠尾草绿色（Sage Green，R. Pl. XLVII）；菌丝体呈黄白色；渗出液无；可溶性色素无；背面褐黄色。

在 YES 上 25℃培养 7 天，菌落直径 10~12 mm，稍厚，表面稍具辐射状沟纹，边缘波曲状；质地绒状；分生孢子大量，呈灰蓝绿色，近于艾蒿绿色（Artemisia Green，R. Pl. XLVII）；菌丝体呈白色；渗出液无；可溶性色素无；背面呈棕黄色。

在 CYA 上 37℃培养 7 天，菌落直径约 25 mm。

在 CYA 上 5℃培养 7 天，未生长。

分生孢子梗发生于气生菌丝，孢梗茎 10~60 μm × 3~5 μm，顶端膨大约 6 μm，壁光滑；帚状枝双轮生；梗基每轮 8~12 个，排列紧密，7~10 μm × 3~4 μm，顶端膨大约 5 μm；瓶梗披针形或圆柱形，排列紧密，每轮 4~6 个，7~9 μm × 2.5~3 μm；分生孢子球形至椭球形或梨形，3~5 μm × 3~4 μm，壁光滑。

主要分类学性状：生长较慢，产生绒状菌落；分生孢子大量，呈蓝灰绿色；帚状枝典型双轮生，排列紧密，孢梗茎和梗基顶端膨大；球形至椭球形或梨形，壁光滑。

分布和基物：河南洛阳龙门石窟荒野土壤（AS 3.15848 = 14002；ITS = MN847719，*CaM* = MN857549）。

讨论：在形态学和种系学上，该种与云杉篮状菌 *T. piceae* 关系较近，它们均产生顶端膨大的孢梗茎和梗基，但该种生长比云杉篮状菌缓慢很多，该种的分生孢子大量，颜色呈蓝灰绿色，而云杉篮状菌的分生孢子呈橄榄灰绿色，而且该种的分生孢子链不像云杉篮状菌的分生孢子链那样聚集成类似于云杉的树冠状（Yilmaz *et al.*，2016a；王龙等，2020）。

凹皱篮状菌　图版 LVII

Talaromyces concavorugulosus S. Abe, J. Gen. Appl. Microbiol. Tokyo 2: 127, 1956.

　≡ *Penicillium concavorugulosum* S. Abe, J. Gen. Appl. Microbiol. Tokyo 2: 127, 1956.

词源："*concavorugulosus*"表示其分生孢子壁光滑或近于光滑，偶尔具凹陷且与皱褶青霉相似"with walls smooth or nearly so, occasionally with a hollow appearance (under the microscope), and because of its resemblance to *P. rugulosum*"。

模式菌株：NRRL 6192；遗传标记：ITS = KF196867，*BenA* = KF196854，*CaM* = KF196867，*Rpb2* = KF196976。

在 CA 上 25℃培养 7 天，菌落直径 18~19 mm，薄，表面平坦，边缘于培养基内，整齐；质地典型绒状；分生孢子大量，呈豆绿色（Pea Green，R. Pl. XLVII）；菌丝体在边缘呈白色略带淡绿黄色；渗出液无；可溶性色素无；背面呈灰白色。

在 CYA 上 25℃培养 7 天，菌落直径 21~22 mm，薄，表面平坦，边缘于培养基表面，整齐；质地典型绒状；分生孢子大量，呈豆绿色（Pea Green，R. Pl. XLVII）；菌丝体在边缘呈白色略带淡绿黄色；渗出液无；可溶性色素无；背面呈褐黄色，外围变浅。

在 MEA 上 25℃培养 7 天，菌落直径 20~22 mm，薄，表面平坦，边缘于培养基表面，参差不齐；质地典型绒状；分生孢子大量，呈豆绿色（Pea Green，R. Pl. XLVII）至鼠尾草绿色（Sage Green，R. Pl. XLVII）；菌丝体在边缘呈白色；渗出液无；可溶性色素无；背面呈橙红色，外围变浅。

在 YES 上 25℃培养 7 天，菌落直径 23~25 mm，外围表面平坦，中央呈火山状，边缘于培养基表面，整齐；质地典型绒状；分生孢子大量，易脱落，呈豆绿色（Pea Green，R. Pl. XLVII）；菌丝体在边缘呈白色；渗出液少量，呈淡黄色；可溶性色素无；背面呈棕色。

在 CYA 上 37℃培养 7 天，未生长。

在 CYA 上 5℃培养 7 天，未生长。

分生孢子梗发生于基内菌丝，孢梗茎 100~250 μm × 2.5~4 μm，壁光滑；帚状枝双轮生，也有三轮生及不规则生；梗基每轮 4~8 个，排列紧密，11~16 μm × 3~4 μm；瓶梗典型披针形，排列紧密，每轮 4~6 个，10~14 μm × 2~3 μm；分生孢子形态变化较大，椭球形、梭形至卵形，3~6 μm × 2~3 μm，壁光滑。

主要分类学性状：生长缓慢，形成典型绒状菌落；分生孢子大量，易脱落，呈灰绿色；菌落形态类似青霉，菌丝体呈白色略带淡黄色；帚状枝主要双轮生，也有三轮生及不规则生，排列紧密；分生孢子形态变化较大，椭球形、梭形至卵形，壁光滑。

分布和基物：甘肃兰州土壤（AS 3.5102：ITS = OQ942433，*BenA* = OQ942914，*CaM* = OQ942915）；广西柳州土壤（AS 3.5263）；海南尖峰岭土壤（W72337）、三亚土壤（SL3）；河南卫辉堆肥（cmp30 = AS 3.15803：ITS = OQ942432，*CaM* = OQ942916，*Rpb2* = OQ942920）；江西庐山土壤（5410-2：*CaM* = OQ942917）；山东烟台土壤（G231）；西藏墨脱树叶（XZ524-2 = AS 3.26037：*CaM* = ON569408）；云南大理土壤（YN107）。

讨论：该种生长缓慢，形成典型绒状菌落，表面平坦，分生孢子大量，易脱落；帚状枝排列紧密，分生孢子形态变化较大，椭球形、梭形至卵形，壁光滑，易与变幻篮状菌 *T. variabilis* 混淆，但后者菌落不呈典型绒状，表面有时不平坦，产孢稀少；在种系学上，该种与蜡黄篮状菌 *T. cerinus*、胡桃篮状菌 *T. juglandicola*、罗杰斯篮状菌 *T. rogersiae*、近光孢篮状菌 *T. sublevisporus*、变幻篮状菌、沃特曼篮状菌 *T. wortmannii* 关系较近（Peterson & Jurjević，2013；Chen *et al.*，2016；孙剑秋等，2022a）。

植内生篮状菌　图版 LVIII

Talaromyces endophyticus L. Su & Y.C. Niu, Mycologia 110(2): 380, 2018.

词源："*endophyticus*" 表示其是植物内生的 "endophytic"。

模式菌株：ACCC 39141；遗传标记：ITS = KX639168，*BenA* = KX639174，*CaM* = KX639165。

在 CA 上 25℃培养 7 天，菌落直径 14~16 mm，较薄，表面平坦，边缘于培养基表面，呈毛边状；质地稀疏短絮状；分生孢子无；菌丝体呈白色夹杂淡绿黄色（Pale Green

Yellow，R. Pl. V）；渗出液无；可溶性色素无；背面呈樱草黄色（Primuline Yellow，R. Pl. XVI）。

在 CYA 上 25℃培养 7 天，菌落直径 15~17 mm，较薄，表面平坦，边缘于培养基表面，整齐；质地绒状；分生孢子稀疏，分布于中部，呈淡橄榄灰色（Pale Olive Gray，R. Pl. LI）；菌丝体呈白色夹杂淡黄色；渗出液少量，淡黄色；可溶性色素无；背面呈火星黄色（Mars Yellow，R. Pl. III）。

在 MEA 上 25℃培养 7 天，菌落直径 14~17 mm，稍厚，表面平坦，边缘于培养基表面，整齐；质地绒状；分生孢子适量，呈浅橄榄灰色（Light Olive Gray，R. Pl. LI）；菌丝体在边缘呈白色，近边缘呈淡黄色；渗出液少量，无色；可溶性色素无；背面呈旱金莲皮黄色（Capucine Buff，R. Pl. III）。

在 YES 上 25℃培养 7 天，菌落直径 24~27 mm，稍薄，表面稍具皱纹，边缘于培养基表面，整齐；质地绒状；分生孢子无或稀疏，呈灰绿色；菌丝体呈黄白色；渗出液无；可溶性色素无；背面呈苏丹棕色（Sudan Brown，R. Pl. III）。

在 CYA 上 37℃培养 7 天，未生长。

在 CYA 上 5℃培养 7 天，未生长。

分生孢子梗发生于表面菌丝和气生菌丝，孢梗茎 10~120 μm × 2.5~5 μm，壁光滑；帚状枝双轮生和单轮生；梗基每轮 2~6 个，排列紧密，8~15 μm × 2~3 μm；瓶梗披针形，排列紧密，每轮 2~4 个，8~13 μm × 2.5~3.5 μm，梗颈较长；分生孢子长椭球形至梭形，3~5 μm × 2~3 μm，壁光滑。

主要分类学性状：生长局限或缓慢，产生绒状菌落；分生孢子少量，呈灰绿色；菌丝体呈白色夹杂淡黄色；帚状枝双轮生和单轮生，排列紧密；分生孢子长椭球形至梭形，壁光滑。

分布和基物：海南三亚土壤（SL2 = AS 3.15829）；内蒙古阿拉善左旗西南郊土壤（NM8-1 = AS 3.15850；*CaM* = ON569403，*Rpb2* = ON569396）；山东滨州黄瓜茎（ACCC 39141）。

讨论：该种模式菌株分离自黄瓜茎，但作者分离的菌株均来自土壤，而且分布范围相距很远，气候、环境迥异。在种系学上，该种与蜡黄篮状菌 *T. cerinus*、厚垣孢篮状菌 *T. chlamydosporus*、胡桃篮状菌 *T. juglandicola*、罗杰斯篮状菌 *T. rogersiae*、浅橘黄篮状菌 *T. subaurantiacus*、沃特曼篮状菌 *T. wortmannii* 关系较近（Peterson & Jurjević，2017；Su & Niu，2018；孙剑秋等，2022a）。据作者观察，该种在形态和序列上与厚垣孢篮状菌很难区分。

岛篮状菌　图版 LIX

Talaromyces islandicus (Sopp) Samson, N. Yilmaz, Frisvad & Seifert, Stud. Mycol. 70: 176, 2011. Li *et al.*, J. Nat. Prod. 80: 166, 2016.

≡ *Penicillium islandicum* Sopp, Skr. VidenskSelsk. Christiania, Kl. I, Math.-Natur. (no. 11): 161, 1912. Tzean *et al.*, *Penicillium* and Related Teleomorphs from Taiwan. p. 81, 1994. Kong & Wang, Flora Fungorum Sinicorum Vol. 35 *Penicillium* et Teleomorph Congnati. p. 199, 2007.

词源："*islandicus*"表示该种模式菌株发现于挪威的一个叫斯科尔的岛屿"the Island of Skyr"。

模式菌株：CBS 338.48 = NRRL 1036；遗传标记：ITS = KF984885，*BenA* = KF984655，*CaM* = KF984780，*Rpb2* = KF985018。

在 CA 上 25℃培养 7 天，菌落直径 14~16 mm，薄，表面具少量辐射状皱纹，边缘于培养基表面，整齐；质地绒状；分生孢子较多，呈深灰绿色，近于安多佛绿色（Andover Green，R. Pl. XLVII）；菌丝体呈浅橙黄色（Light Orange Yellow，R. Pl. XLVII）至淡黄橙色（Pale Yellow Orange，R. Pl. XLVII）；渗出液无；可溶性色素少量，呈淡橙黄色；背面呈烧土褐色（Burnt Sienna，R. Pl. II）。

在 CYA 上 25℃培养 7 天，菌落直径 24~25 mm，较薄，表面具少量辐射状皱纹，边缘于培养基表面，整齐；质地绒状；分生孢子大量，呈深灰绿色，近于安多佛绿色（Andover Green，R. Pl. XLVII）；菌丝体呈淡黄橙色（Pale Yellow Orange，R. Pl. III）至橙皮黄色（Orange Buff，R. Pl. III）；渗出液较多，呈无色至淡黄色微滴状；可溶性色素无或微量，呈淡橙黄色；背面呈红木红色（Mahogany Red，R. Pl. II）。

在 MEA 上 25℃培养 7 天，菌落直径 22~23 mm，较薄，表面平坦，边缘于培养基表面，整齐；质地绒状；分生孢子大量，呈石板橄榄色（Slate Olive，R. Pl. XLVII）至百合绿色（Lily Green，R. Pl. XLVII）；菌丝体呈白色；渗出液无；可溶性色素少量，呈浅橙色；背面呈烧土褐色（Burnt Sienna，R. Pl. II）。

在 YES 上 25℃培养 7 天，菌落直径 26~28 mm，厚，表面具较多辐射状沟纹，边缘于培养基表面，波曲状；质地绒状；分生孢子大量，呈深灰绿色，近于安多佛绿色（Andover Green，R. Pl. XLVII）至石板橄榄色（Slate Olive，R. Pl. XLVII）；菌丝体呈白色；渗出液无，无色水滴状；可溶性色素无；背面中部凹陷，内含大量水蒸气和灰绿色孢子，边缘呈烧土褐色（Burnt Sienna，R. Pl. II）。

在 CYA 上 37℃培养 7 天，菌落直径 7~10 mm。

在 CYA 上 5℃培养 7 天，未生长。

分生孢子梗发生于气生菌丝，孢梗茎 25~120 μm × 3~3.5 μm，壁光滑；帚状枝双轮生和不规则生，排列不紧密；梗基每轮 3~6 个，7~12 μm × 2.5~3.5 μm；瓶梗安瓿形，每轮 4~6 个，排列不紧密，7~11 μm × 2~3 μm；分生孢子椭球形，大小不一，3~6 μm × 2.5~4 μm，壁光滑。

主要分类学性状：生长缓慢，绒状菌落；菌丝体橙黄色；分生孢子大量，呈灰绿色；帚状枝双轮生和不规则生，排列不紧密，瓶梗安瓿形；分生孢子较大，椭球形，壁光滑。

分布和基物：北京空气（AS 3.18196）；广东深圳土壤（LZ7-5）；河北小五台山土壤（AS 3.4025：*CaM* = ON569404）。

文献记载：安徽、北京、贵州、湖北、江苏、山东、台湾、新疆（戴芳澜，1979；Tzean *et al.*，1994；孔华忠和王龙，2007；Chen *et al.*，2016；Li *et al.*，2016）。这些鉴定仅依据形态学或 rDNA 序列，尚需进一步研究确认。

讨论：该种容易污染大米使其变成浅橙黄色，称为黄变米，长期食用黄变米会导致肝癌(Oh *et al.*，2008)。该种有些菌株，如 NRRL 1175 能产生大量醌茜素。该类蒽醌物质是一种非多肽类的小分子降血糖物质(Parker *et al.*，2000)，但国内外没有后续的深入研究。在种系学上，该种与黑麦草篮状菌 *T. loliensis* 关系较近（Yilmaz *et al.*，2016a）。

新皱褶篮状菌　图版 LX

Talaromyces neorugulosus A.J. Chen, Frisvad & Samson, Stud. Mycol. 84: 139, 2016.

词源："*neorugulosus*"表示其类似于皱褶篮状菌"*T. rugulosus*"。

模式菌株：CBS 140623 = CGMCC 3.18215；遗传标记：ITS = KU866659，*BenA* = KU866846，*CaM* = KU866743，*Rpb2* = KU867003。

在 CA 上 25℃培养 7 天，菌落直径 8~12 mm，稍厚，表面平坦或稍具沟纹，边缘于培养基表面，整齐；质地绒状；分生孢子大量，呈深灰绿色，近于安多佛绿色（Andover Green，R. Pl. XLVII）；菌丝体呈白色；无渗出液和可溶性色素；背面呈橄榄灰色（Olive Gray，R. Pl. XLVII）。

在 CYA 上 25℃培养 7 天，菌落直径 14~17 mm，中部较厚，外围较薄，表面具无规则沟纹，边缘于培养基表面，整齐；质地绒状；分生孢子大量，呈深灰绿色，近于安多佛绿色（Andover Green，R. Pl. XLVII）；菌丝体呈白色；渗出液无；可溶性色素无；背面呈橄榄灰色（Olive Gray，R. Pl. XLVII）。

在 MEA 上 25℃培养 7 天，菌落直径 8~10 mm，较厚，表面平坦或具少量辐射状沟纹，边缘于培养基表面，整齐；质地绒状；分生孢子大量，呈豆绿色（Pea Green，R. Pl. XLVII）；菌丝体呈白色；渗出液无；可溶性色素无；背面呈褐黄色。

在 YES 上 25℃培养 7 天，菌落直径 15~17 mm，较厚，凸起，表面具较多辐射状沟纹和裂纹，边缘低于培养基表面，整齐；质地绒状；分生孢子大量，呈深灰绿色，近于安多佛绿色（Andover Green，R. Pl. XLVII）；菌丝体呈白色；渗出液无；可溶性色素无；背面呈橄榄灰色（Olive Gray，R. Pl. XLVII）。

在 CYA 上 37℃培养 7 天，未生长。

在 CYA 上 5℃培养 7 天，未生长。

分生孢子梗发生于基内菌丝，孢梗茎 60~90 μm × 3~3.5 μm，壁光滑；帚状枝双轮生，偶尔三轮生和不规则生，排列较紧密，梗基每轮 4~6 个，10~15 μm × 2.5~4 μm；瓶梗安瓿形，每轮 4~6 个，8~12 μm × 2.5~3.5 μm；分生孢子大小不一，近球形、卵形至椭球形，4~6 μm × 2~3.5 μm，壁光滑。

主要分类学性状：生长局限，质地绒状；分生孢子大量，呈灰绿色；菌丝体呈白色；帚状枝双轮生，偶尔三轮生和不规则生，瓶梗安瓿形；分生孢子形态变化较大，近球形、卵形至椭球形，壁光滑。

分布和基物：北京空气（CGMCC 3.18215）。

讨论：该种在形态学上与皱褶篮状菌 *T. rugulosus* 很相似，但比后者生长稍快，帚状枝比后者排列紧密；在种系学上，该种与螨生篮状菌 *T. acaricola*、腔生篮状菌 *T. atricola*、下橄榄色篮状菌 *T. infraolivaceus*、皱褶篮状菌关系较近（Chen *et al.*，2016；孙剑秋等，2022a）。

云杉篮状菌　图版 LXI

Talaromyces piceae (Raper & Fennell) Samson, N. Yilmaz, Houbraken, Spierenb., Seifert,

Peterson, Varga & Frisvad [as '*piceus*'], Stud. Mycol. 70: 176, 2011.

≡ *Penicillium piceae* Raper & Fennell [as '*piceum*'], Mycologia 40: 533, 1948. Kong & Wang, Flora Fungorum Sinicorum Vol. 35 *Penicillium* et Teleomorph Congnati. p. 203, 2007.

词源："*piceae*"表示其产生的分生孢子链聚集成圆锥形，很像云杉（spruce，"*Picea*"）形成的圆锥形树冠。

模式菌株：CBS 361.48 = NRRL 1051；遗传标记：ITS = KF984792，*BenA* = KF984668，*CaM* = KF984680，*Rpb2* = KF984899。

在 CA 上 25℃培养 7 天，菌落直径 19~22 mm，较薄，表面平坦，边缘于培养基内，毛边状；质地绒状；分生孢子适量，呈橄榄绿色（Olive Green，R. Pl. IV）；菌丝体呈白色夹杂淡黄色；渗出液无；可溶性色素无；背面呈浅赭黄色。

在 CYA 上 25℃培养 7 天，菌落直径 30~32 mm，较薄，表面平坦，边缘于培养基内，整齐；质地绒状；分生孢子稀疏，呈绿黄色，近于莺鸟绿色（Warbler Green，R. Pl. IV）；菌丝体呈浅褐黄色，近于深移民期皮黄色（Deep Colonial Buff，R. Pl. XXX）；渗出液较多，浅黄色，近于深移民期皮黄色（Deep Colonial Buff，R. Pl. XXX）；可溶性色素无；背面呈褐红色，近于阿格斯棕色（Argus Brown，R. Pl. III）。

在 MEA 上 25℃培养 7 天，菌落直径 34~37 mm，较薄，表面平坦，中央稍突起，边缘于培养基内，整齐；质地绒状；分生孢子稀疏，呈浅灰色；菌丝体在边缘呈浅褐黄色，其余浅赭黄色，近于橄榄赭色（Olive Ocher，R. Pl. XXX）；渗出液大量，橄榄赭色（Olive Ocher，R. Pl. XXX）；可溶性色素无；背面呈橙红色，近于橙赤褐色（Orange Rufous，R. Pl. II）。

在 YES 上 25℃培养 7 天，菌落直径 58~60 mm，较薄，表面具大量无规则沟纹，边缘于培养基表面，整齐；质地绒状；分生孢子大量，呈橄榄灰绿色；菌丝体呈橄榄赭色（Olive Ocher，R. Pl. XXX），在边缘呈白色；渗出液无；可溶性色素无；背面呈棕色。

在 CYA 上 37℃培养 7 天，菌落直径 33~35 mm。

在 CYA 上 5℃培养 7 天，未生长。

分生孢子梗发生于表面菌丝，孢梗茎 10~80 μm × 2.5~3.5 μm，顶端膨大约 6 μm，壁光滑；帚状枝双轮生；梗基每轮 6~8 个，排列紧密，9~14 μm × 2.5~3.5 μm，顶端膨大；瓶梗圆柱形至安瓿形，排列紧密，每轮 4~6 个，8~11 μm × 2.5~3.5 μm，梗颈较粗较短；分生孢子椭球形，3~4 μm × 2~3.5 μm，壁光滑。

主要分类学性状：生长较快，菌丝体赭黄色；分生孢子较少，呈灰色至灰绿色；孢梗茎顶端膨大；帚状枝双轮生，排列紧密；梗基顶端膨大，瓶梗圆柱形至安瓿形，梗颈较粗较短；分生孢子椭球形，壁光滑；分生孢子链聚集呈云杉树冠状的圆锥形。

分布和基物：广西北海土壤（AS 3.5680；AS 3.5682：*CaM* = ON569406，*Rpb2* = ON569398）。

文献记载：河北、湖北、西藏、新疆（孔华忠和王龙，2007）。由于该种分生孢子链聚集成特征性的类似云杉树冠的圆锥形，仅依据形态学即可准确鉴定。

讨论：该种比较独特，分生孢子链聚集成云杉树冠状的圆锥形，分生孢子在 YES

上大量，橄榄灰绿色，在其他培养基上稀少，菌丝体呈赭黄色；在形态学的其他性状及在种系学上均与鸽色篮状菌 *T. columbinus* 相近。

根篮状菌 图版 LXII

Talaromyces radicus (A.D. Hocking & Whitelaw) Samson, N. Yilmaz, Frisvad & Seifert, Stud. Mycol. 70: 177, 2011. Su & Niu, Mycologia 110 (2): 381, 2018. Sun *et al.*, Mycosystema 41 (4): 684, 2022a.

≡ *Penicillium radicum* A.D. Hocking & Whitelaw, Mycol. Res. 102: 802, 1998.

词源："*radicus*"表示其模式菌株分离自小麦根部"*radicalis*"。

模式菌株：CBS 100489 = FRR 4718；遗传标记：ITS = KF984878，*BenA* = KF984599，*CaM* = KF984773，*Rpb2* = KF985013。

在 CA 上 25℃培养 7 天，菌落直径约 15 mm，较薄，中央稍突起，表面平坦，边缘于培养基表面，整齐；质地绒状；分生孢子无；菌丝体呈绿黄色，近于淡绿黄色（Pale Greenish Yellow，R. Pl. V），菌丝体在边缘呈白色；渗出液无；可溶性色素无；背面呈橄榄色，近于亚麻橄榄色（Ecru Olive，R. Pl. V），边缘呈浅黄色。

在 CYA 上 25℃培养 7 天，菌落直径 15~16 mm，较薄，表面平坦，边缘于培养基表面，整齐；质地绒状；分生孢子无或稀疏，呈灰绿色，近于浅灰橄榄色（Light Grayish Olive，R. Pl. XLVI）；菌丝体呈淡绿黄色（Pale Greenish Yellow，R. Pl. V），在边缘呈白色；渗出液无；可溶性色素无；背面呈维罗纳棕色（Verona Brown，R. Pl. XXIX）。

在 MEA 上 25℃培养 7 天，菌落直径 17~19 mm，较薄，表面平坦，边缘于培养基表面，整齐；质地绒状；分生孢子无；菌丝体呈淡绿黄色（Pale Greenish Yellow，R. Pl. V）；渗出液少量，无色；可溶性色素无；背面呈橙红色，近于赭橙色（Ochraceous-Orange，R. Pl. XV）。

在 YES 上 25℃培养 7 天，菌落直径 20~25 mm，较薄，表面稍具无规则皱纹，边缘于培养基表面，波曲状；质地绒状；分生孢子适量，呈鹦鹉绿色（Parrot Green，R. Pl. VI）；菌丝体呈淡绿黄色（Pale Greenish Yellow，R. Pl. V），在边缘呈白色；渗出液无；可溶性色素无；背面呈褐黄色。

在 CYA 上 37℃培养 7 天，菌落直径约 15 mm。

在 CYA 上 5℃培养 7 天，未生长。

分生孢子梗发生于表面菌丝和气生菌丝，孢梗茎 80~150（~200）μm × 2.5~3 μm，壁光滑；帚状枝双轮生；梗基每轮 4~6 个，排列紧密，9~11 μm × 2.5~3 μm；瓶梗圆柱形至披针形，排列紧密，每轮 4~6 个，8~11 μm × 2~3 μm；分生孢子椭球形，2.5~3 μm × 2~3 μm，壁光滑。

主要分类学性状：生长缓慢，菌丝体呈绿黄色；分生孢子少量，呈灰绿色；帚状枝双轮生，排列紧密；分生孢子椭球形，壁光滑。

分布和基物：北京顺义土壤（AS 3.15842 = ACCC 39151）；云南西双版纳（BN3-6 = AS 3.15861：ITS = MW897747，*CaM* = MW922432，*Rpb2* = MW922435）。

讨论：在种系学上，该种与安拉阿巴德篮状菌 *T. allahabadensis*、赖斯维尔篮状菌 *T. ricevillensis*、亚热带篮状菌 *T. subtropicalis* 关系较近（Yilmaz *et al.*，2016a；Peterson

& Jurjević，2017；Su & Niu，2018；王龙等，2020；孙剑秋等，2022a）。

皱褶篮状菌　图版 LXIII

Talaromyces rugulosus (Thom) Samson, N. Yilmaz, Frisvad & Seifert, Stud. Mycol. 70: 177, 2011. Wang *et al*., Mol. Plant-Microbe Interact. 33 (12): 1447, 2020.

 ≡ *Penicillium rugulosum* Thom, Bull. U.S. Department of Agriculture 118: 60, 1910. Tzean *et al*., *Penicillium* and Related Teleomorphs from Taiwan. p. 89, 1994. Kong & Wang, Flora Fungorum Sinicorum Vol. 35 *Penicillium* et Teleomorph Congnati. p. 205, 2007.

词源："*rugulosus*"表示其分生孢子壁为皱褶状粗糙"rugulose"。

模式菌株：CBS 371.48 = NRRL 1045；遗传标记：ITS = KF984834，*BenA* = KF984575，*CaM* = KF984702，*Rpb2* = KF984925。

在 CA 上 25℃培养 7 天，菌落直径 10~11 mm，薄，表面平坦，中央凸起，边缘于培养基表面，整齐；质地绒状；分生孢子较多，分布于中央，呈灰绿色，近于豆绿色（Pea Green，R. Pl. XLVII）至鼠曲草绿色（Gnaphalium Green，R. Pl. XLVII）；菌丝体在边缘呈白色，其余呈淡黄绿色，近于萘绿色（Naphthalene Green，R. Pl. XVI）；渗出液无；可溶性色素无；背面中央呈蜡黄色，其余白色。

在 CYA 上 25℃培养 7 天，菌落直径 9~11 mm，较厚，表面平坦，边缘于培养基表面，整齐；质地绒状；分生孢子适量，近于玉石绿色（Jade Green，R. Pl. XXXI）；菌丝体在边缘呈白色至硫黄色（Sulphur Yellow，R. Pl. V）；渗出液无；可溶性色素无；背面中央呈蜡黄色，其余白色。

在 MEA 上 25℃培养 7 天，菌落直径 13~16 mm，薄，表面平坦，边缘平坦于培养基表面，整齐；质地绒状；分生孢子较多，呈深灰绿色，近于安多佛绿色（Andover Green，R. Pl. XLVII）；菌丝体在边缘为白色夹杂硫黄色（Sulphur Yellow，R. Pl. V），无渗出液和可溶性色素；背面呈褐黄色。

在 YES 上 25℃培养 7 天，菌落直径 8~10 mm，中部厚，边缘薄、表面平坦，边缘于培养基表面，整齐；质地绒状；分生孢子适量，呈灰绿色，近于豆绿色（Pea Green，R. Pl. XLVII）；菌丝体呈白色；渗出液无；可溶性色素无；背面呈褐金色，边缘浅黄色。

在 CYA 上 37℃培养 7 天，未生长。

在 CYA 上 5℃培养 7 天，未生长。

分生孢子梗发生于表面菌丝，孢梗茎（50~）60~100 μm × 3~4 μm，壁光滑；帚状枝双轮生，偶尔三轮生，排列不紧密，类似于青霉；梗基每轮 3~6 个，排列不紧密，8~12 μm × 3~4 μm；瓶梗安瓿形，每轮 3~6 个，排列不紧密，10~12 μm × 2~3 μm；分生孢子椭球形，3~4 μm × 2~3 μm，壁光滑至微皱。

主要分类学性状：在生长局限，分生孢子呈深灰绿色，菌丝体呈白色；帚状枝双轮生，偶尔三轮生，类似于青霉；分生孢子椭球形，壁光滑至微皱。

分布和基物：北京空气（W13939 = AS 3.15899 = AS 3.16208；基因组 GCA_013368755.1），京西林场土壤（JXL5-1，JXL31-1）；广西南宁土壤（AS 3.5710）；海南尖峰岭土壤（W72335 = AS 3.15804）；河北小五台山土壤（AS 3.5118）；黑龙江

黑河孙吴柞栎树叶（HL78）；四川峨眉山土壤（AS 3.5179）；新疆乌鲁木齐土壤（AS 3.5719；AS 3.5720）。

文献记载：福建、甘肃、广东、广西、海南、河北、黑龙江、湖北、青海、四川、台湾、云南（Tzean *et al.*，1994；孔华忠和王龙，2007；徐婧等，2013）。这些鉴定仅依据形态学或 rDNA 序列，尚需进一步研究确认。

讨论：该种在形态学上与新皱褶篮状菌 *T. neorugulosus* 很相似，但该种较后者生长很慢，帚状枝形态类似于青霉而不像篮状菌，分生孢子形态变化不大；在种系学上，该种与螨生篮状菌 *T. acaricola*、腔生篮状菌 *T. atricola*、下橄榄色篮状菌 *T. infraolivaceus*、新皱褶篮状菌关系较近（Chen *et al.*，2016；孙剑秋等，2022a）。该种在人工培养基上生长局限，但其可以寄生于黄曲霉菌落上，生长较快并将黄曲霉菌落吞没覆盖（Wang *et al.*，2020）。

浅橘黄篮状菌　图版 LXIV

Talaromyces subaurantiacus Visagie, N. Yilmaz & K. Jacobs, Persoonia 36: 52, 2015.

词源："subaurantiacus"表示其产生的菌丝体呈浅橘黄色"light orange"。

模式菌株：CBS 137383；遗传标记：ITS = JX091475，*BenA* = JX091609，*CaM* = JX140728，*Rpb2* = KF984960。

在 CA 上 25℃培养 7 天，菌落直径 7~8 mm，薄，表面平坦，边缘于培养基内，毛边状；质地绒状；分生孢子稀少，呈鼠尾草绿色（Sage Green，R. Pl. XLVII）；菌丝体呈钡黄色（Baryta Yellow，R. Pl. IV）；渗出液无；可溶性色素无；背面呈古金黄色（Old Gold，R. Pl. XVI）。

在 CYA 上 25℃培养 7 天，菌落直径 17~18 mm，较薄，表面平坦，边缘于培养基内，整齐；质地绒状；分生孢子较多，呈豆绿色（Pea Green，R. Pl. XLVII）；菌丝体呈白色；渗出液少量，无色；可溶性色素无；背面呈榛子色（Avellaneous，R. Pl. XL）或土褐色（Drab，R. Pl. XLVI）。

在 MEA 上 25℃培养 7 天，菌落直径 17~18 mm，较薄，表面平坦，边缘于培养基表面，整齐；质地绒状；分生孢子较多，呈豆绿色（Pea Green，R. Pl. XLVII）；菌丝体在边缘呈白色，近边缘带蜡黄色（Wax Yellow，R. Pl. XVI）；渗出液少量，古董棕色（Antique Brown，R. Pl. III）；可溶性色素无；背面呈褐黄色，近于移民期皮黄色（Colonial Buff，R. Pl. XXX）。

在 YES 上 25℃培养 7 天，菌落直径 17~19 mm，较薄，表面具少量辐射状沟纹，中央稍微突起，边缘于培养基表面，整齐；质地绒状；分生孢子大量，呈豆绿色（Pea Green，R. Pl. XLVII）；菌丝体呈白色；渗出液少量，淡玉髓黄色（Pale Chalcedony Yellow，R. Pl. XVIII）；可溶性色素无；背面呈深褐色，近于粗麻布棕色（Sayal Brown，R. Pl. XXIX）至暖乌贼墨色（Warm Sepia，R. Pl. XXIX）。

在 CYA 上 37℃培养 7 天，菌落直径约 13 mm。

在 CYA 上 5℃培养 7 天，未生长。

分生孢子梗发生于气生菌丝和表面菌丝，孢梗茎（70~）80~140（~180）μm × 2.5~3 μm，顶端稍膨大，壁光滑；帚状枝双轮生；梗基每轮 4~6（~8）个，排列不紧密，9~

11 μm × 2~2.5 μm；瓶梗圆柱形至安瓿形，排列不紧密，每轮 4~6 个，9~11 μm × 2~2.5 μm；分生孢子椭球形至橄榄形，3~3.5 μm × 2~2.5 μm，壁光滑至稍粗糙。

主要分类学性状：生长局限，菌丝体呈白色至浅橘黄色；分生孢子较多，呈灰绿色至豆绿色；帚状枝双轮生，排列不紧密，瓶梗圆柱形至安瓿形；分生孢子椭球形至橄榄形，壁光滑至稍粗糙。

分布和基物：吉林靖宇县土壤（AS 3.15691 = NN071613；ITS = KY007091，*BenA* = KY007107，*CaM* = KY007099，*Rpb2* = KY112589）。

讨论：在种系学上，该种与蜡黄篮状菌 *T. cerinus*、胡桃篮状菌 *T. juglandicola*、罗杰斯篮状菌 *T. rogersiae*、沃特曼篮状菌 *T. wortmannii* 关系较近（Yilmaz *et al.*，2016a；Peterson & Jurjević，2017）。

哒叻篮状菌　图版 LXV

Talaromyces tratensis Manoch, Dethoup & N. Yilmaz, Mycoscience 54: 337, 2013. Sun *et al.*, Mycosystema 41 (4): 686, 2022a.

词源："*tratensis*"表示其模式菌株分离自泰国哒叻"Trat"。

模式菌株：CBS 133146 = KUFC 3383；遗传标记：ITS = KF984891，*BenA* = KF984559，*CaM* = KF984690，*Rpb2* = KF984911。

在 CA 上 25℃培养 7 天，菌落直径 7~10 mm，稍薄，凸面，边缘于培养基内，流苏状；质地绒状；分生孢子无；菌丝体呈白色至淡绿黄色（Pale Green Yellow, R. Pl. V）；渗出液无；可溶性色素无；背面呈浅橙黄色。

在 CYA 上 25℃培养 7 天，菌落直径 11~13 mm，稍厚，中央突起，表面平坦或稍具皱纹，边缘于培养基表面，整齐；质地绒状兼短絮状；分生孢子无；菌丝体呈白色夹杂淡绿黄色（Pale Green Yellow, R. Pl. V）；渗出液少量，无色；可溶性色素少量，呈淡黄色；背面呈浅橙黄色，向外变浅。

在 MEA 上 25℃培养 7 天，菌落直径 18~20 mm，较厚，表面呈团块状，中央突起，边缘于培养基表面，参差不齐；质地绒状；分生孢子无；可见适量橙黄色裸囊壳；菌丝体在边缘呈白色，其余呈淡橙黄色（Pale Orange Yellow, R. Pl. III）；渗出液少量，无色；可溶性色素无；背面呈橙红色。

在 YES 上 25℃培养 7 天，菌落直径 18~20 mm，较厚，表面具无规则皱纹，中央稍微突起，边缘于培养基表面，不整齐；质地致密短絮状；分生孢子无；菌丝体在边缘呈白色，在中部呈淡绿黄色（Pale Green Yellow, R. Pl. V）；裸囊壳少量，呈橙黄色；渗出液适量，无色；可溶性色素无；背面呈橙褐色。

在 CYA 上 37℃培养 7 天，未生长。

在 CYA 上 5℃培养 7 天，未生长。

裸囊壳呈橙黄色，球形，14 天成熟，150~200 μm；子囊球形至椭球形，8~12 μm × 8~11 μm；子囊孢子椭球形，壁光滑至稍粗糙，3.5~5 μm × 2.5~3.5 μm。分生孢子未发生。

主要分类学性状：生长缓慢，菌丝体呈白色夹杂淡橙黄色，在 MEA 产生适量橙黄色裸囊壳和菌丝体；子囊孢子椭球形，壁光滑至稍粗糙。

分布和基物：湖南长沙岳麓山土壤（9162）；江苏南京土壤（NJ4）；内蒙古锡林

浩特市与阿巴嘎旗交界处土壤（NM1-1 = AS 3.15855；ITS = MW897748，*CaM* = MW922433，*Rpb2* = MW922436）。

讨论：在种系学上，该种与诃罗德篮状菌 *T. herodensis*、耶拉篮状菌 *T. yelensis* 关系较近（Peterson & Jurjević，2017；孙剑秋等，2022a）。

变幻篮状菌　图版 LXVI

Talaromyces variabilis (Sopp) Samson, N. Yilmaz, Frisvad & Seifert, Stud. Mycol. 70: 177, 2011.

≡ *Penicillium variabile* Sopp, Skr. VidenskSelsk. Christiania, Kl. I, Math.-Natur. (no. 11): 169, 1912. Tzean *et al.*, *Penicillium* and Related Teleomorphs from Taiwan. p. 91, 1994. Kong & Wang, Flora Fungorum Sinicorum Vol. 35 *Penicillium* et Teleomorph Congnati. p. 201, 2007.

词源："*variabilis*"表示其分生孢子大小变化较大"great variability in size"。

模式菌株：NRRL 1048 = CBS 385.48；遗传标记：ITS = KX657276，*BenA* = KF196853，*CaM* = KF196878，*Rpb2* = KX657552。

在 CA 上 25℃培养 7 天，菌落直径 13~15 mm，薄，表面平坦，中央凸起，边缘于培养基内，毛边状；质地绒状；分生孢子稀少或无；菌丝体呈淡绿黄色（Pale Greenish Yellow，R. Pl. V）；渗出液少量，无色；可溶性色素无；背面呈浅橙黄色。

在 CYA 上 25℃培养 7 天，菌落直径 13~15 mm，稍厚，表面平坦，边缘于培养基表面，整齐；质地绒状；分生孢子无；菌丝体呈钡黄色（Baryta Yellow，R. Pl. IV），在边缘呈白色；渗出液少量，无色；可溶性色素少量，呈皮黄黄色（Buff Yellow，R. Pl. IV）；背面呈浅橙黄色。

在 MEA 上 25℃培养 7 天，菌落直径 21~22 mm，较薄，表面平坦，表面覆盖稀少白色菌丝体，边缘于培养基表面，整齐；质地绒状兼稀絮状；分生孢子适量，呈鹦鹉绿色（Parrot Green，R. Pl. VI）；菌丝体呈浅黄色；渗出液无；可溶性色素无；背面呈杏黄色（Apricot Yellow，R. Pl. IV）。

在 YES 上 25℃培养 7 天，菌落直径 23~24 mm，稍厚，中央凸起，中部具有少量辐射状沟纹，外围平坦，边缘于培养表面，整齐；质地绒状；分生孢子适量，蓝灰色，近于鼠曲草绿色（Gnaphalium Green，R. Pl. XLVII）；菌丝体在边缘呈白色，在中部呈浅绿黄色；渗出液少量，淡黄色；可溶性色素无；背面呈皮黄色（Buff Yellow，R. Pl. IV）。

在 CYA 上 37℃培养 7 天，未生长。

在 CYA 上 5℃培养 7 天，未生长。

分生孢子梗发生于表面菌丝，孢梗茎 250~300（~400）μm × 3~3.5 μm，壁光滑；帚状枝主要双轮生，也有三轮生及不规则生；梗基每轮 4~6 个，排列紧密，8~14 μm × 3~4 μm；瓶梗典型披针形，每轮 3~6 个，排列紧密，7~12 μm × 2.5~3 μm；分生孢子形态变化较大，椭球形、橄榄形至梭形，3~6 μm × 2.5~3 μm，壁光滑。

主要分类学性状：生长缓慢，菌丝呈淡黄色；分生孢子在 CA 上稀少，在 MEA 上适量，呈鹦鹉绿色，在 YES 上适量，呈蓝灰色，菌落形态类似于青霉；帚状枝主要双轮生，也有三轮生及不规则生，排列紧密；分生孢子形态变化较大，椭球形、橄榄形至梭形，壁光滑。

分布和基物：河北蠡县土壤（5722-4 = AS 3.15840：*BenA* = ON637888；ITS = OQ942434）；广西北海土壤（C11113 = AS 3.5685：*CaM* = OQ942918，*Rpb2* = OQ942919）。

讨论：该种在形态学上比较独特，生长较慢，帚状枝双轮生和三轮生及不规则生，排列紧密，分生孢子形态变化较大，易与凹皱篮状菌 *T. concavorugulosus* 混淆，其区别见凹皱篮状菌的讨论部分；在种系学上与凹皱篮状菌、胡桃篮状菌 *T. juglandicola*、近光孢篮状菌 *T. sublevisporus*、沃特曼篮状菌 *T. wortmannii* 关系较近（Yilmaz *et al.*, 2016a；Peterson & Jurjević, 2017）。该种被 Yilmaz 等（2014，2016a）作为 *T. wortmannii* 的异名，但其模式菌株 NRRL 1048 在系统树中作为单独分支与上述物种明显区分，因此应为独立的种（Peterson & Jurjević, 2013）。

沃特曼篮状菌　图版 LXVII

Talaromyces wortmannii (Klöcker) C.R. Benj., Mycologia 47(5): 683, 1955. Tzean *et al.*, *Penicillium* and Related Teleomorphs from Taiwan. p. 143, 1994. Kong & Wang, Flora Fungorum Sinicorum Vol. 35 *Penicillium* et Teleomorph Congnati. p. 232, 2007. Su & Niu, Mycologia 110 (2): 381, 2018.

≡ *Penicillium wortmannii* Klöcker. C. r. Trav. Laboratoire d. Carlsberg 6: 100, 1903.

≡ *Penicillium kloeckeri* Pitt., The Genus *Penicillium* and Its Teleomorphic States *Eupenicillium* and *Talaromyces*: 491, 1980.

词源："*wortmannii*"表示纪念真菌学家"Wortmann"。

模式菌株：CBS 391.48 = NRRL 1017；遗传标记：ITS = KF984829，*BenA* = KF984648，*CaM* = KF984756，*Rpb2* = KF984977。

在 CA 上 25℃培养 7 天，菌落直径 18~20 mm，薄，表面平坦，中央凸起，边缘于培养基内，整齐；质地绒状；分生孢子无；菌丝体在边缘呈白色，其余呈牙黄色（Ivory Yellow，R. Pl. XXX）夹杂海壳粉色（Seashell Pink，R. Pl. XIV）；无渗出液和可溶性色素；背面呈火星黄色（Mars Yellow，R. Pl. III），中央呈生土褐色（Raw Sienna，R. Pl. III）。

在 CYA 上 25℃培养 7 天，菌落直径 29~30 mm，薄，表面平坦，边缘于培养基内，流苏状；质地绒状；分生孢子无；菌丝体呈玉米黄色（Maize Yellow，R. Pl. III），在中央夹杂海壳粉色（Seashell Pink，R. Pl. XIV）；无渗出液和可溶性色素；背面呈生土褐色（Raw Sienna，R. Pl. III）。

在 MEA 上 25℃培养 7 天，菌落直径 44~46 mm，稀疏，薄，表面平坦，中央凸起，具少量裸囊壳，呈皮黄黄色（Buff Yellow，R. Pl. VI），边缘于培养内，流苏状；质地短絮状；分生孢子稀疏，呈淡灰色；菌丝体在边缘呈白色，其余呈海壳粉色（Seashell Pink，R. Pl. XIV）；无渗出液和可溶性色素；背面呈火星黄色（Mars Yellow，R. Pl. IV），外围渐浅。

在 YES 上 25℃培养 7 天，菌落直径 33~34 mm，薄，表面具少量辐射状和无规则沟纹，边缘于培养内，流苏状；质地绒状；分生孢子无；菌丝体呈绿黄色（Green Yellow，

R. Pl. V），在中央夹杂浅刚果粉色（Light Congo Pink，R. Pl. XXVIII），在边缘呈白色；无渗出液和可溶性色素；背面呈黄嘌呤橙色（Xanthine Orange，R. Pl. III）。

在 CYA 上 37℃培养 7 天，未生长。

在 CYA 上 5℃培养 7 天，未生长。

裸囊壳球形，100~200 μm；原基由不规则膨大细胞构成；子囊球形至椭球形，8~11 μm × 7~9 μm，10~14 天成熟；子囊孢子椭球形，壁具小刺，4~5 μm × 3~4 μm。分生孢子梗发生于表面菌丝或气生菌丝，孢梗茎 50~100（~200）μm × 2.5~3 μm，壁光滑；帚状枝双轮生，偶尔三轮生或不规则生；梗基每轮 4~6 个，排列紧密，8~12 μm × 2.5~3.5 μm；瓶梗披针形，每轮 2~6 个，8~11 μm × 2.5~3 μm，排列紧密；分生孢子形态变化较大，梭形、橄榄形至椭球形，3~6 μm × 2.5~3 μm，壁光滑。

主要分类学性状：生长适度，菌丝体呈黄色夹杂海壳粉色；分生孢子稀少，呈淡灰色；帚状枝双轮生，也有三轮生及不规则生，排列紧密；分生孢子形态变化较大，梭形、橄榄形至椭球形，壁光滑。

分布和基物：江苏盐城滩涂土壤（JS4-1 = AS 3.16272；*Rpb2* = ON569399）。

文献记载：甘肃、广东、广西、台湾（Tzean *et al.*，1994；孔华忠和王龙，2007；谢华蓉等，2017；Sun *et al.*，2017）。这些鉴定仅依据形态学或 rDNA 序列，尚需进一步研究确认。

讨论：在种系学上该种与蜡黄篮状菌 *T. cerinus*、凹皱篮状菌 *T. concavorugulosus*、胡桃篮状菌 *T. juglandicola*、近光孢篮状菌 *T. sublevisporus*、罗杰斯篮状菌 *T. rogersiae*、浅橘黄篮状菌 *T. subaurantiacus*、变幻篮状菌 *T. variabilis* 关系较近（Yilmaz *et al.*，2016a；Peterson & Jurjević，2017；孙剑秋等，2022a）。

糙刺孢篮状菌组 section *Trachyspermi* Yaguchi & Udagawa
[as ‘*trachyspermus*’]
Mycoscience 37: 57, 1996.

模式种：*Talaromyces trachyspermus* (Shear) Stolk & Samson, Stud. Mycol. 2: 32, 1972.

该组物种通常生长局限，若产生有性阶段则形成白色或黄白色裸囊壳，帚状枝通常双轮生。有些种产生嗜氮酮类生物碱，呈红色可溶性色素扩散到培养基中，或只存在于菌丝内而不扩散的培养基中，使得菌落背面呈红色，如白双轮篮状菌 *T. albobiverticillius*、暗玫瑰篮状菌 *T. atroroseus*、红色素篮状菌 *T. rubrifaciens*。该类色素类似于橙色或红色红曲色素，而且上述这 3 个种均不产真菌毒素，因此它们具有开发食用色素的潜力（Frisvad *et al.*，2013；Isbrandt *et al.*，2020；Tolborg *et al.*，2020；Liu & Wang，2021）。

该组全球已报道 43 种，本卷研究和描述我国发现的 16 个种，以粗体显示（表 9）。

表 9　截至本卷定稿，糙刺孢篮状菌组已报道的物种及其模式菌株、分离地和遗传标记

物种	模式菌株	模式菌株分离地	遗传标记			
			ITS	*BenA*	*CaM*	*Rpb2*
T. aerius	CBS 140611 = CGMCC 3.18197	中国	KU866647	KU866835	KU866731	KU866991
T. affinitatimellis	CBS 143840	西班牙	LT906543	LT906552	LT906549	LT906549
T. africanus	DTO 179-C5 = CBS 147340	南非	OK339610	OK338782	OK338808	OK338833
T. albidus	AS 3.26143	中国	OQ746343	OQ746324	OQ746326	OQ746328
T. albisclerotius	CBS 141839 = DTO 340-G5	中国	MN864276	MN863345	MN863322	MN863334
T. albobiverticillius	CBS 133440 = DTO 166-E5	中国	HQ605705	KF114778	KJ885258	KM023310
T. amyrossmaniae	NFCCI 1919	印度	MH909062	MH909064	MH909068	MH909066
T. assiutensis	CBS 147.78	埃及	JN899323	KJ865720	KJ885260	KM023305
T. atroroseus	CBS 133442 = IBT 32470	南非	KF114747	KF114789	KJ775418	KM023288
T. austrocalifornicus	CBS 644.95 = IBT 17522	美国	JN899357	KJ865732	KJ885261	MN969147
T. basipetosporus	CBS 143836	阿根廷	LT906542	LT906563	N/A	LT906545
T. brasiliensis	CBS 142493	巴西	MF278323	LT855560	LT855563	LT855566
T. calidominioluteus	CBS 147313 = DTO 052-G3	巴西	OK339612	OK338786	OK338817	OK338837
T. catalonicus	FMR 16441 = CBS 143039	西班牙	LT899793	LT898318	LT899775	LT899811
T. chongqingensis	CS26-67 = CGMCC 3.20482	中国	MZ358001	MZ361343	MZ361350	MZ361357
T. clemensii	PPRI 26753	南非	MK951940	MK951833	MK951906	MN418451
T. convolutus	CBS 100537 = IBT 14989	尼泊尔	JN899330	KF114773	MN969316	JN121414
T. cystophila	GX1	中国	OM835900	ON164851	ON164853	ON164852
T. diversus	CBS 320.48 = NRRL 2121	美国	KJ865740	KJ865723	KJ885268	KM023285
T. erythromellis	CBS 644.80 = FRR 1868	澳大利亚	JN899383	HQ156945	KJ885270	KM023290
T. gaditanus	CBS 169.81 = IMI 253792	西班牙	MH861318	OK338775	OK338802	OK338827
T. germanicus	CBS 147314 = DTO 055-D1	德国	OK339619	OK338799	OK338812	OK338845
T. guatemalensis	CCF 6215	危地马拉	MN322789	MN329687	MN329688	MN329689
T. halophytorum	KACC 48127 = CBS 644.80	韩国	MH725786	MH729367	MK111426	MK111427
T. heiheensis	CGMCC 3.18012	中国	KX447526	KX447525	KX447532	KX447529

物种	模式菌株	模式菌株分离地	遗传标记			
			ITS	BenA	CaM	Rpb2
T. mellisjaponici	NBRC 116048	日本	LC763421	LC763430	LC763439	LC763448
T. minioluteus	CBS 642.68 = IMI 089377	未知	JN899346	KF114799	KJ885273	JF417443
T. minnesotensis	CBS 142381 = UTHSC DI16-144	美国	LT558966	LT559083	LT795604	LT795605
T. pernambucoensis	URM 6894	巴西	LR535947	LR535945	LR535946	LR535948
T. phuphaphetensis	TBRC 16281	泰国	ON692803	ON706960	ON706962	ON706964
T. resinae	CGMCC 3.4387 = CBS 324.83	中国	MT079858	MN969442	MT066184	MN969221
T. rubidus	AS 3.26142	中国	OQ746342	OQ746323	OQ746325	OQ746327
T. rubrifaciens	CGMCC 3.17658 = CBS 140498	中国	KR855658	KR855648	KR855653	KR855663
T. samsonii	CBS 137.84 = IMI 282404	西班牙	MH861709	OK338798	OK338824	OK338844
T. satunensis	TBRC 16246	泰国	ON692804	ON706961	ON706963	N/A
T. sedimenticola	GDMCC 3.746 = JCM 39451	马里亚纳海沟	ON000284	ON384002	ON326484	ON000277
T. solicola	DAOM 241015 = CBS 133445 T	南非	FJ160264	GU385731	KJ885279	KM023295
T. speluncarum	CBS 143844	西班牙	LT985890	LT985901	LT985906	LT985911
T. subericola	CBS 144322	西班牙	LT985888	LT985899	LT985904	LT985909
T. systylus	BAFCcult 3419	阿根廷	KP026917	KR233838	KR233837	N/A
T. trachyspermus	CBS 373.48 = NRRL 1028	美国	JN899354	KF114803	KJ885281	JF417432
T. ucrainicus	CBS 162.67 = FRR 3462	乌克兰	JN899394	KF114771	KJ885282	KM023289
T. udagawae	CBS 579.72	日本	JN899350	KF114796	KX961260	MN969148

空气篮状菌　图版 LXVIII

Talaromyces aerius A.J. Chen, Frisvad & Samson, Stud. Mycol. 84: 124, 2016.

词源："*aerius*"表示其模式菌株分离自室内空气"indoor air"。

模式菌株：CBS 140611 = CGMCC 3.18197；遗传标记：ITS = KU866647，*BenA* = KU866835，*CaM* = KU866731，*Rpb2* = KU866991。

在 CA 上 25℃培养 7 天，菌落直径 0~2 mm，稍凸，质地绒状；分生孢子无；菌丝体呈白色；无渗出液和可溶性色素；背面呈褐黄色。

在 CYA 上 25℃培养 7 天，菌落直径 10~13 mm，较厚，无规则沟纹较多，边缘于培养基表面，整齐；质地绒状；分生孢子稀少至适量，呈橄榄灰色（Olive Gray, R. Pl. LI）；菌丝体呈灰白色；无渗出液和可溶性色素；背面呈榛子色（Avellaneous, R. Pl. XL）。

在 MEA 上 25℃培养 7 天，菌落直径 28~32 mm，较薄，平坦，中央无规则皱纹较多，边缘于培养基内，流苏状；质地绒状；分生孢子适量，呈豆绿色（Pea Green, R. Pl. XLVII）；菌丝体在边缘呈白色，其余呈硫黄色（Sulphur Yellow, R. Pl. V）；渗出液无；可溶性色素无；背面呈胭脂红色（Carmine, R. Pl. I）。

在 YES 上 25℃培养 7 天，菌落直径 18~22 mm，较厚，表面具无规则沟纹较多，边缘于培养表面，整齐；质地绒状；分生孢子稀少至适量，呈橄榄灰色（Olive Gray, R. Pl. LI）；菌丝体呈白色；渗出液无；可溶性色素无；背面呈浅皮黄色。

在 CYA 上 37℃培养 7 天，未生长。

在 CYA 上 5℃培养 7 天，未生长。

分生孢子梗发生于表面菌丝，孢梗茎 50~150 μm × 3~3.5 μm，壁光滑；帚状枝双轮生，也有不规则生；梗基每轮 4~6 个，排列紧密，8~14 μm × 3~4 μm；瓶梗披针形，每轮 4~6 个，排列紧密，9~10 μm × 2.5~4 μm；分生孢子椭球形至柠檬形，3~4 μm × 2.5~3 μm，有些较大可达 5~6 μm，壁光滑。

主要分类学性状：在 CA 上不生长至生长非常局限，在其他培养基上生长缓慢，除了在 MEA 上菌落薄且平坦，在 CYA 和 YES 培养基上菌落较厚且表面具较多无规则皱纹；菌丝体呈白色；分生孢子稀少，呈浅灰绿色，菌落形态类似青霉；帚状枝双轮生；分生孢子大小不一，椭球形至柠檬形，壁光滑。

分布和基物：北京空气（CGMCC 3.18197）。

讨论：该种形态学上比较独特，在 CYA 和 YES 菌落较厚，分生孢子稀少呈橄榄灰色；在种系学上没有亲缘关系较近的物种，似乎与土栖篮状菌 T. solicola 有些关系，但无统计学支持率（Sun *et al.*，2020；Rodríguez-Andrade *et al.*，2020）。

白色篮状菌　图版 LXVIX

Talaromyces albidus L. Wang, Mycopathologia 188: 795, 2023.

词源："*albidus*"表示其产生白色裸囊壳"the white colour of its gymnothecia"。

模式菌株：AS 3.26143；遗传标记：ITS = OQ746343，*BenA* = OQ746324，*CaM* = OQ746326，*Rpb2* = OQ746328。

在 CA 上 25℃培养 7 天，菌落直径 24~25 mm，薄，表面平坦，边缘呈毛边状；质地绒状；分生孢子无；菌丝体呈硫黄色（Sulphur Yellow, R. Pl. V）夹杂海壳粉色（Seashell Pink, R. Pl. XIV）；渗出液无；可溶性色素无；背面呈暗枸橼色（Dark Citrine, R. Pl. IV），外围变浅至玉米黄色（Maize Yellow, R. Pl. IV）。

在 CYA 上 25℃培养 7 天，菌落直径 28~30 mm，薄，表面平坦，边缘呈毛边状；质地绒状；分生孢子无；菌丝体呈白色至硫黄色（Sulphur Yellow, R. Pl. V）；未成熟裸囊壳适量，呈白色至硫黄色（Sulphur Yellow, R. Pl. V）；渗出液无；可溶性色素无；背面呈暗枸橼色（Dark Citrine, R. Pl. IV），外围呈淡黄橙色（Pale Yellow Orange, R. Pl. III）。

在 MEA 上 25℃培养 7 天，菌落直径 27~28 mm，薄，平坦，边缘于培养基内，整齐；质地绒状，由于产生适量裸囊壳而兼颗粒状；分生孢子无或稀疏，呈淡灰色；未成熟裸囊壳适量，呈白色；菌丝体呈白色，夹杂萘黄色（Naphthalene Yellow, R. Pl. XVI）；

渗出液无；可溶性色素无；背面中部呈赤褐色，呈红褐色（Russet，R. Pl. XV），其余呈淡赭皮黄色（Pale Ochraceous Buff，R. Pl. XV）。

在 YES 上 25℃培养 7 天，菌落直径 25~26 mm，稍厚，平坦，边缘于培养基内，较宽，流苏状；质地绒状；分生孢子稀疏，土褐灰色（Drab Gray，R. Pl. XVI）；菌丝体呈白色夹杂浅土褐色（Light Drab，R. Pl. XLVI）；渗出液无；可溶性色素无；背面呈维罗纳棕色（Verona Brown，R. Pl. XXIX），外围呈粉肉桂色（Pinkish Cinnamon，R. Pl. XXIX）。

在 CYA 上 37℃培养 7 天，菌落直径 27~28 mm。

在 CYA 上 5℃培养 7 天，未生长。

裸囊壳 14 天后成熟，白色至浅黄白色，球形，300~400 μm；原基由不规则膨大细胞构成；子囊单生，球形至椭球形，8~9 μm；子囊孢子椭球形，4~5 μm × 2.5~3 μm，壁带小刺。分生孢子梗发生于气生菌丝，孢梗茎 13~20 μm × 2 μm，壁光滑；帚状枝双轮生兼单轮生；梗基每轮 2~3 个，排列不紧密，10~15 μm × 2~2.5 μm；瓶梗披针形，排列不紧密，每轮（3~）6~8 个，12~15 μm × 2~2.5 μm；分生孢子椭球形，3~3.5 μm × 2~2.5 μm，壁光滑。

主要分类学性状：生长缓慢，形成绒状菌落，菌丝体白色，裸囊壳白色至浅黄白色，分生孢子无或稀疏；子囊孢子椭球形至长椭球形，壁带小刺；帚状枝双轮生兼单轮生，排列不紧密，瓶梗披针形；分生孢子椭球形，壁光滑。

分布和基物：上海崇明东滩鸟类国家级自然保护区土壤（JS5-6 = AS 3.26143）。

讨论：该种产生白色至浅黄白色裸囊壳和子囊孢子椭球形至长椭球形，壁带小刺，在形态学和种系学上均与艾斯尤特篮状菌 *T. assiutensis* 和糙刺孢篮状菌 *T. trachyspermus* 关系最近，该种生长比后两者较快，在其他形态上很难区分（Zang *et al.*，2023）。

白核篮状菌　图版 LXX

Talaromyces albisclerotius B.D. Sun, A.J. Chen, Houbraken & Samson, MycoKeys 68: 88, 2020.

词源："*albisclerotius*"表示其可以产生白色菌核"white sclerotia"。

模式菌株：CBS 141839 = DTO 340-G5；遗传标记：ITS = MN864276，*BenA* = MN863345，*CaM* = MN863322，*Rpb2* = MN863334。

在 CA 上 25℃培养 7 天，菌落直径 1~2 mm，平坦，边缘于培养基内，不整齐；质地绒状；分生孢子无；菌丝体白色；无渗出液和可溶性色素；背面呈白色。

在 CYA 上 25℃培养 7 天，菌落直径 2~3 mm，稍厚，边缘于培养基表面，不整齐；质地绒状；分生孢子较多，呈豆绿色（Pea Green，R. Pl. XLVII）；菌丝体呈白色；无渗出液和可溶性色素；背面呈浅褐色。

在 MEA 上 25℃培养 7 天，菌落直径 16~18 mm，薄，平坦，边缘于培养基内，流苏状；质地绒状；分生孢子较多，呈深灰绿色，近于安多佛绿色（Andover Green，R. Pl. XLVII）；菌丝体呈绿黄色，在边缘呈白色；渗出液无；可溶性色素无；背面呈褐黄色。

在 YES 上 25℃培养 7 天，菌落直径 3~4 mm，较厚，边缘于培养基表面，不整齐；

质地绒状；分生孢子无或稀少；菌丝体呈白色；渗出液无；可溶性色素无；背面呈褐色。

在 CYA 上 37℃培养 7 天，未生长。

在 CYA 上 5℃培养 7 天，未生长。

分生孢子梗发生于表面菌丝，孢梗茎 50~150 μm × 3~3.5 μm，壁光滑；帚状枝双轮生，排列不紧密，偶尔不规则生；梗基每轮 4~6 个，9~11 μm × 3.5~4 μm；瓶梗安瓿形，每轮 3~6 个，排列不紧密，9~12 μm × 3.5~4 μm；分生孢子球形至椭球形，3~4 μm，壁光滑。

主要分类学性状：在 CA、CYA、YES 上生长非常局限，在 MEA 上生长缓慢，菌丝体呈白色；帚状枝双轮生，偶尔不规则生，排列不紧密，瓶梗安瓿形；分生孢子球形至椭球形，壁光滑。

分布和基物：新疆土壤（AS 3.26033 = CBS 141839）。

讨论：该种除了在 MEA 上生长较缓慢，在其他 3 种培养基上均生长非常局限，类似异生篮状菌 *T. diversus*，其帚状枝排列不紧密，瓶梗安瓿形；在种系学上，该种无亲缘关系较近的物种（Sun *et al.*，2020）。

白双轮篮状菌　图版 LXXI

Talaromyces albobiverticillius (H.M. Hsieh, Y.M. Ju & S.Y. Hsieh) Samson, N. Yilmaz, Frisvad & Seifert, Stud. Mycol. 70: 174, 2011.

≡ *Penicillium albobiverticillium* H.M. Hsieh, Y.M. Ju & S.Y. Hsieh, Fungal Science, Taipei 25 (1): 26, 2010.

词源："*albobiverticillius*"表示其双轮帚状枝产生白色分生孢子"white conidial masses from biverticillate penicillia"。

模式菌株：CBS 133440 = DTO 166-E5；遗传标记：ITS = HQ605705，*BenA* = KF114778，*CaM* = KJ885258，*Rpb2* = KM023310。

在 CA 上 25℃培养 7 天，菌落直径 2~3 mm，较厚，边缘于培养基表面，不整齐；质地绒状；分生孢子无；菌丝体呈白色；渗出液无；可溶性色素无；背面呈橙红色。

在 CYA 上 25℃培养 7 天，菌落直径 8~10 mm，较厚，表面具少量不规则皱纹，边缘于培养表面，不整齐；质地绒状；分生孢子无；菌丝体呈浅橙黄色；渗出液无；可溶性色素无；背面呈黄橙色。

在 MEA 上 25℃培养 7 天，菌落直径 28~30 mm，表面平坦，边缘于培养基表面，整齐；质地短絮状；分生孢子稀疏，呈灰白色；菌丝体在边缘呈白色，其余呈硫黄色；渗出液少量，呈水滴状，近于珊瑚红色；可溶性色素大量，呈暗红色，近于庞培红色（Pompeian Red，R. Pl. XIII）；背面呈暗红色，近于牛血红色（Ox-blood Red，R. Pl. I）。

在 YES 上 25℃培养 7 天，菌落直径 11~13 mm，中央厚，表面稍具辐射状皱纹，边缘于培养基表面，整齐；质地绒状兼短絮状；分生孢子无；菌丝体在边缘呈白色，其余呈脏粉色，近于粉葡萄酒色（Pinkish Vinaceous，R. Pl. XXVII）；渗出液少量，浅粉红色；可溶性色素适量，暗红色，近于巴西红色（Brazil Red，R. Pl. I）；背面呈棕红色。

在 CYA 上 37℃培养 7 天，未生长。

在 CYA 上 5℃培养 7 天，未生长。

分生孢子梗发生于表面菌丝和气生菌丝，孢梗茎 250~350 μm × 2.5~3.5 μm，壁光滑；帚状枝双轮生，偶尔不规则生；梗基每轮 3~8 个，排列较紧密，9~12 μm × 3~4 μm；瓶梗披针形，排列较紧密，每轮 4~6 个，9~13 μm × 2.5~3 μm；分生孢子球形至近球形，2~3 μm，壁光滑。

主要分类学性状：在 CA 上生长非常局限，在 CYA、YES 上生长局限；分生孢子无或稀疏，在 MEA 和 YES 上产生大量红色可溶性色素；帚状枝双轮生，偶尔不规则生；分生孢子球形至近球形，壁光滑。

分布和基物：台湾阔叶树叶（AS 3.26031 = CBS 133440）（Hsieh *et al.*，2010）。

讨论：该种在 CA、CYA 上生长局限，在 MEA、YES 上分别产生大量和适量的深红色红曲红可溶性色素，而且不产真菌毒素，其分生孢子无或稀疏（Frisvad *et al.*，2013）；在种系学上与红色素篮状菌 *T. rubrifaciens* 关系最近，与红蜜篮状菌 *T. erythromellis*、黑河篮状菌 *T. heiheensis* 关系较近（Rodríguez-Andrade *et al.*，2020）。

艾斯尤特篮状菌　图版 LXXII

Talaromyces assiutensis Samson & Abdel-Fattah, Persoonia 9 (4): 501, 1978. Tzean *et al.*, *Penicillium* and Related Teleomorphs from Taiwan. p. 125, 1994.

≡ *Penicillium assiutense* Samson & Abdel-Fattah, Persoonia 9 (4): 501, 1978.

词源："assiutensis"表示其分离地的埃及地名艾斯尤特"Assiut"。

模式菌株：CBS 147.78；遗传标记：ITS = JN899323，*BenA* = KJ865720，*CaM* = KJ885260，*Rpb2* = KM023305。

在 CA 上 25℃培养 7 天，菌落直径 11~15 mm，较薄，中央稍凸起，表面平坦，边缘于培养基内，毛边状；质地绒状；分生孢子稀疏，近于豆绿色（Pea Green，R. Pl. XLVII）；菌丝体白色夹杂硫黄色（Sulphur Yellow，R. Pl. V）；渗出液无；可溶性色素无；背面呈樱草黄色（Primuline Yellow，R. Pl. XVI）；外围变浅。

在 CYA 上 25℃培养 7 天，菌落直径 18~23 mm，较薄，表面平坦，中央稍突起，边缘于培养基内，毛边状；质地绒状；分生孢子稀疏，分布于中央，呈豆绿色（Pea Green，R. Pl. XLVII）；菌丝体呈白色，在中部稍带浅嫩绿黄色（Light Viridine Yellow，R. Pl. VI）；渗出液无；可溶性色素无；背面呈麂皮色（Chamois，R. Pl. XXX），中央呈蜜黄色（Honey Yellow，R. Pl. XXX）。

在 MEA 上 25℃培养 7 天，菌落直径 20~24 mm，稍厚，平坦，中央稍突起，边缘于培养基表面，毛边状；质地致密短絮状；分生孢子无或稀疏，呈淡灰色；在中部可见适量裸囊壳，呈白色；菌丝体呈白色；渗出液无；可溶性色素无；背面呈浅褐红色。

在 YES 上 25℃培养 7 天，菌落直径 16~21 mm，较薄，平坦，中央凸起，边缘于培养基内，流苏状；质地绒状兼短絮状；分生孢子无或稀疏，呈淡烟灰色（Pale Smoke Gray，R. Pl. XVII）；菌丝体呈白色；渗出液无；可溶性色素无；背面呈浅褐色，近于赭茶色（Ochraceous Tawny，R. Pl. XV）。

在 CYA 上 37℃培养 7 天，菌落直径 25~30 mm。

在 CYA 上 5℃培养 7 天，未生长。

裸囊壳 14 天后成熟，白色至浅黄白色，球形至椭球形，550~600 μm × 250~500 μm；

子囊球形至椭球形，8~13 μm × 5~8 μm；子囊孢子椭球形至长椭球形，4~5 μm × 2~3 μm，壁带小刺。分生孢子梗发生于表面菌丝，孢梗茎（20~）50~100（~120）μm × 2~3 μm，壁光滑；帚状枝双轮生兼单轮生；梗基每轮 2~6 个，排列不紧密，10~15 μm × 2~3 μm；瓶梗安瓿形至披针形，排列不紧密，每轮 4~6 个，10~16 μm × 2~3 μm；分生孢子椭球形，2~5 μm × 1.5~2.5 μm，壁光滑。

主要分类学性状：在 CA、YES 上生长缓慢，形成绒状至致密短絮状白色菌落；裸囊壳呈白色至浅黄白色；分生孢子无或稀疏，呈烟灰色；菌丝体呈白色；子囊孢子椭球形至长椭球形，壁带小刺；帚状枝双轮生兼单轮生，排列不紧密，瓶梗安瓿形至披针形；分生孢子椭球形，壁光滑。

分布和基物：海南海口土壤（12786 = AS 3.15799）；河北保定蠡县土壤（LX3-1，LX4）；河南郑州土壤（AS 3.5958，13314），卫辉土壤（WH1-1）；新疆乌鲁木齐土壤（AS 3.5721）；浙江舟山土壤（12716；12717 = AS 3.15819：ITS = MW721009，*BenA* = MW727230，*Rpb2* = MW727224）。

文献记载：台湾、南海（Tzean *et al.*，1994；Cai *et al.*，2019；Li *et al.*，2022）。这些鉴定仅依据形态学或 rDNA 序列，尚需进一步研究确认。

讨论：该种产生白色至浅黄白色裸囊壳和子囊孢子椭球形至长椭球形，壁带小刺等特征在形态学和种系学上均与糙刺孢篮状菌 *T. trachyspermus* 关系最近，只是该种生长比后者较快，裸囊壳和子囊孢子比后者略大。

暗玫瑰篮状菌　图版 LXXIII

Talaromyces atroroseus N. Yilmaz, Frisvad, Houbraken & Samson, PLoS ONE 8: e84102, 2013. Shan *et al.*, Mycosystema 40 (5): 1222, 2021.

词源："*atroroseus*" 表示其产生的可溶性色素呈暗玫瑰色 "dark rose"。

模式菌株：CBS 133442 = IBT 32470；遗传标记：ITS = KF114747，*BenA* = KF114789，*CaM* = KJ775418，*Rpb2* = KM023288。

在 CA 上 25℃培养 7 天，菌落直径 7~9 mm，较薄，表面平坦，边缘于培养基表面，整齐；质地绒状；分生孢子较多，近于古董绿色（Antique Green，R. Pl. VI）至暗水芹绿色（Dark Cress Green，R. Pl. VI）；菌丝体在边缘呈硫黄色（Sulphur Yellow，R. Pl. V）；渗出液无；可溶性色素较多，呈猩红色（Scarlet-Red，R. Pl. I）；背面呈牛血红色（Ox-blood Red，R. Pl. I）。

在 CYA 上 25℃培养 7 天，菌落直径 20~22 mm，较薄，表面具少量辐射状脊纹，边缘于培养基表面，整齐；质地绒状；分生孢子大量，近于常青藤绿色（Ivy Green，R. Pl. XXXI）；菌丝体在边缘呈白色至硫黄色（Sulphur Yellow，R. Pl. V）；渗出液无；可溶性色素大量，呈猩红色（Scarlet-Red，R. Pl. I）；背面呈紫酱色（Maroon，R. Pl. I）。

在 MEA 上 25℃培养 7 天，菌落直径 20~22 mm，薄，表面近于平坦，边缘于培养基表面，波曲状；质地绒状；分生孢子大量，近于暗水芹绿色（Dark Cress Green，R. Pl. VI）；菌丝体在边缘呈白色至硫黄色（Sulphur Yellow，R. Pl. V）；渗出液无；可溶性色素无；背面呈钡黄色（Baryta Yellow，R. Pl. IV）。

在 YES 上 25℃培养 7 天，菌落直径 29~32 mm，稍厚，表面具较多辐射状脊纹，边缘于培养基表面，参差不齐；质地绒状；分生孢子大量，近于常青藤绿色（Ivy Green，R. Pl. XXXI）；菌丝体在边缘呈白色至硫黄色（Sulphur Yellow，R. Pl. V）；渗出液无；可溶性色素适量，呈猩红色（Scarlet-Red，R. Pl. I）；背面呈石榴石棕色（Garnet Brown，R. Pl. I）。

在 CYA 上 37℃培养 7 天，菌落直径 21~25 mm。

在 CYA 上 5℃培养 7 天，未生长。

分生孢子梗发生于表面菌丝，孢梗茎（60~）90~160 μm × 2.5~3 μm，壁光滑；帚状枝主要双轮生，偶见三轮生和不规则生；梗基每轮 3~6 个，排列较紧密，10~15 μm × 3~4 μm；瓶梗披针形，排列紧密，每轮 4~6 个，9~13 μm × 2.5~3 μm，梗颈较粗较短；分生孢子椭球形，3~4 μm × 2~3 μm，稍粗糙。

主要分类学性状：生长较慢，表面具较多辐射状脊纹；分生孢子大量，深绿色；菌丝体白色，类似于青霉；在 CA、CYA、YES 上产生大量暗红色可溶性色素；帚状枝主要双轮生，偶见三轮生和不规则生；分生孢子椭球形，稍粗糙。

分布和基物：北京怀柔土壤（HR11-1 = AS 3.16275：ITS = MT883348，*BenA* = MT892946，*CaM* = MT892952）；辽宁大连土壤（CBS 364.48）；西藏日喀则土壤（RKZ7-2）。

讨论：该种在 CA、CYA 上产生大量红色红曲色素（red *Monascus* pigment），不产真菌毒素（Frisvad *et al*., 2013）。在种系学上该种无亲缘关系较近的物种（Rodríguez-Andrade *et al*., 2020）。

热微黄篮状菌　图版 LXXIV

Talaromyces calidominioluteus Houbraken & Pyrri, J. Fungi 7: 993, 2021. Wang, J. Liaocheng Univ. (Nat. Sci.) 36 (6): 82, 2023.

词源："*calidominioluteus*" 表示该种在 CYA、30℃生长较快 "the faster growth on CYA incubated at 30℃ than the other species in the *T. minioluteus*-clade"。

模式菌株：CBS 147313 = DTO 052-G3；遗传标记：ITS = OK339612，*BenA* = OK338786，*CaM* = OK338817，*Rpb2* = OK338837。

在 CA 上 25℃培养 7 天，菌落直径 10~11 mm，稍厚，表面平坦，边缘于培养基表面，波曲状；质地绒状；分生孢子适量，呈常青藤绿色（Ivy Green，R. Pl. XXXI）；菌丝体呈硫黄色（Sulphur Yellow，R. Pl. V）；渗出液无；可溶性色素适量，呈橙皮黄色（Orange Buff，R. Pl. III）；背面呈琥珀棕色（Amber Brown，R. Pl. III）。

在 CYA 上 25℃培养 7 天，菌落直径 18~20 mm，稍厚，表面平坦，中央凸起，边缘于培养基内，整齐；质地绒状；分生孢子适量，呈深灰绿色,近于常青藤绿色(Ivy Green，R. Pl. XXXI)；菌丝体呈硫黄色（Sulphur Yellow，R. Pl. V）；渗出液无；可溶性色素少量，橙皮黄色（Orange Buff，R. Pl. III）；背面呈橙赤褐色（Orange Rufous, R. Pl. II）。

在 MEA 上 25℃培养 7 天，菌落直径 23~24 mm，较薄，表面平坦，边缘于培养表面，参差不齐；质地绒状；分生孢子大量，呈常青藤绿色（Ivy Green，R. Pl. XXXI）；菌丝体呈硫黄色（Sulphur Yellow，R. Pl. V）；无渗出液和可溶性色素；背面呈旱金莲皮黄色（Capucine Buff，R. Pl. III）。

在 YES 上 25℃培养 7 天，菌落直径 20~22 mm，厚，表面具少量辐射状沟纹，边缘于培养基表面，波曲状；质地绒状兼致密短絮状；分生孢子稀少，呈菠菜绿色（Spinach Green，R. Pl. V）至浅灰橄榄色（Light Grayish Olive，R. Pl. XLVI）；菌丝体在边缘呈白色，其余夹杂硫黄色（Sulphur Yellow，R. Pl. V）至淡绿黄色（Pale Green Yellow，R. Pl. V），有时在中部夹杂褐粉色，近于葡萄酒皮黄色（Vinaceous Buff，R. Pl. XL）；渗出液无；可溶性色素无；背面呈苏丹棕色（Sudan Brown，R. Pl. III）。

在 CYA 上 37℃培养 7 天，未生长。

在 CYA 上 5℃培养 7 天，未生长。

分生孢子梗发生于表面菌丝，孢梗茎 100~200 μm × 2.5~3.5 μm，壁光滑；帚状枝双轮生，排列较紧密，偶见 1~2 个副枝；梗基每轮 3~10 个，10~16 μm × 2.5~3.5 μm；瓶梗披针形，每轮 3~8 个，10~13 μm × 2~3 μm；分生孢子椭球形至柠檬形，3~4 μm × 2~2.5 μm，壁光滑。

主要分类学性状：生长适中，在 MEA 菌落较薄并产生大量深灰绿色分生孢子，在其他培养基上菌落较厚，在 CA、CYA 上产生适量橙黄色可溶性色素，背面呈琥珀褐色；帚状枝双轮生，偶见副枝；分生孢子椭球形至柠檬形，壁光滑。

分布和基物：安徽黄山土壤（AS 3.8022 = 12685：ITS = OQ981605，*BenA* = OQ992535，*CaM* = OQ992536，*Rpb2* = OQ992537）；新疆阜康梧桐沟土壤（CGMCC 3.15382：ITS = OQ608443，*BenA* = ON569410，*CaM* = OQ626763，*Rpb2* = OQ626765）。

讨论：该种属于微黄篮状菌 *T. minioluteus* 群，在形态学和种系学上均与非洲篮状菌 *T. africanus* 关系最近（Pyrri *et al.*，2021；王龙，2023）。

重庆篮状菌 图版 LXXV

Talaromyces chongqingensis X.C. Wang & W.Y. Zhuang, Biology 10: 745, 2021.

词源："*chongqingensis*"表示其模式菌株分离自中国重庆"Chongqing"。

模式菌株：CS26-67 = CGMCC 3.20482；遗传标记：ITS = MZ358001，*BenA* = MZ361343，*CaM* = MZ361350，*Rpb2* = MZ361357。

在 CA 上 25℃培养 7 天，菌落直径 6~7 mm，薄，表面平坦，边缘于培养基表面，整齐；质地短絮状；分生孢子较多，呈深黄绿色，近于克龙贝格绿色（Kronberg's Green，R. Pl. XXXI）；菌丝体呈浅绿黄色（Light Green Yellow，R. Pl. V）；渗出液无；可溶性色素少量，淡紫色，近于海索草紫色（Hyssop Violet，R. Pl. XXXVI）；背面呈胭脂仙人掌红色（Nopal Red，R. Pl. I）。

在 CYA 上 25℃培养 7 天，菌落直径 10~11 mm，较薄，表面平坦，边缘于培养基表面，整齐；质地绒状；分生孢子较多，呈紫杉绿色（Yew Gray，R. Pl. XXXI）；菌丝体呈浅绿黄色（Light Green Yellow，R. Pl. V）；渗出液无；可溶性色素少量，呈鲑肉色（Salmon Color，R. Pl. XIV）；背面呈棕红色，近于凯撒棕色（Kailser Brown，R. Pl. XIV）。

在 MEA 上 25℃培养 7 天，菌落直径 20~22 mm，厚，中部平坦，边缘于培养基表面，毛边状；质地中部绒状，外围短絮状；分生孢子适量，呈暗常青藤绿色（Dark Ivy Green，R. Pl. XLVII）；菌丝体呈浅绿黄色（Light Green Yellow，R. Pl. V）；无渗出液和可溶性色素；背面呈镉黄色（Cadmium Yellow，R. Pl. III）。

在 YES 上 25℃培养 7 天，菌落直径 17~18 mm，厚，表面稍具辐射状皱纹，边缘于培养基表面，波曲状；质地绒状；分生孢子适量，呈暗常青藤绿色（Dark Ivy Green，R. Pl. XLVII）；菌丝体呈浅绿黄色（Light Green Yellow，R. Pl. V）；渗出液无；可溶性色素无；背面呈英国红色（English Red，R. Pl. II）。

在 CYA 上 37℃培养 7 天，未生长。

在 CYA 上 5℃培养 7 天，未生长。

分生孢子梗发生于表面菌丝，孢梗茎 100~250 μm × 2.5~3 μm，壁光滑；帚状枝双轮生，排列紧密；梗基每轮 4~6 个，10~12 μm × 2.5~3 μm；瓶梗披针形，每轮 3~5 个，10~12 μm × 2~2.5 μm；分生孢子柠檬形至椭球形，2.5~3.5 μm × 2~2.5 μm，壁光滑。

主要分类学性状：生长缓慢，在 CA 上产生紫红色可溶性色素，在 CYA 上产生鲑肉色可溶性色素；分生孢子呈深黄绿色；菌丝体呈浅绿黄色，在 MEA 上产生短絮状浅绿黄色菌丝体；帚状枝双轮生，排列紧密；分生孢子呈柠檬形至椭球形，壁光滑。

分布和基物：重庆大巴山国家级自然保护区土壤（CS26-67 = CGMCC 3.20482）。

讨论：该种属于微黄篮状菌群，在形态学和种系学上均与卡迪斯篮状菌 *T. gaditanus*、微黄篮状菌 *T. minioluteus*、萨姆森篮状菌 *T. samsonii* 关系较近（Pyrri *et al.*，2021）。

异生篮状菌　图版 LXXVI

Talaromyces diversus (Raper & Fennell) Samson, N. Yilmaz & Frisvad, Stud. Mycol. 70: 175, 2011.

≡ *Penicillium diversum* Raper & Fennell, Mycologia 40: 539, 1948. Kong & Wang, Flora Fungorum Sinicorum Vol. 35 *Penicillium* et Teleomorph Congnati. p. 188, 2007.

词源："*diversus*"表示其在不同培养基上生长状态迥异"markedly different growth upon different substrata"。

模式菌株：CBS 320.48 = NRRL 2121；遗传标记：ITS = KJ865740，*BenA* = KJ865723，*CaM* = KJ885268，*Rpb2* = KM023285。

在 CA 上 25℃培养 7 天，菌落直径 1~2 mm，中央凸起，外围薄，表面平坦，边缘于培养基内，不整齐；质地绒状；分生孢子无；菌丝体呈白色夹杂硫黄色；无渗出液和可溶性色素；背面呈黄色。

在 CYA 上 25℃培养 7 天，菌落直径 2~3 mm，较薄，表面平坦，边缘于培养基表面，整齐；质地绒状；分生孢子无；菌丝体呈白色；渗出液无；可溶性色素无；背面中央呈浅黄色。

在 MEA 上 25℃培养 7 天，菌落直径 20~23 mm，较薄，表面平坦，边缘于培养基内，流苏状；质地绒状；分生孢子大量，呈黄橄榄色（Yellowish Olive，R. Pl. XXX）至克龙贝格绿色（Kronberg's Green，R. Pl. XXXI）；菌丝体呈白色夹杂淡黄色；渗出液无；可溶性色素无；背面呈浅橙黄色，近于移民期皮黄色（Colonial Buff，R. Pl. XXXX）。

在 YES 上 25℃培养 7 天，菌落直径 2~3 mm，较薄，表面平坦，边缘于培养基表面，整齐；质地绒状；分生孢子无；菌丝体呈白色；渗出液无；可溶性色素无；背面中央呈黄白色。

在 CYA 上 37℃培养 7 天，菌落直径 3~4 mm。

在 CYA 上 5℃培养 7 天，未生长。

分生孢子梗发生于表面菌丝，孢梗茎 150~270 μm × 3~3.5 μm，壁光滑；帚状枝双轮生和不规则生，梗基每轮 4~8 个，13~16 μm × 2.5~4 μm，排列较紧密；瓶梗披针形至圆柱形，每轮 4~6 个，10~12 μm × 2.5~3.5 μm，排列紧密；分生孢子球形至近球形，2~3 μm，壁光滑至稍粗糙。

主要分类学性状：在硝态氮的培养基上生长微弱，如 CA、CYA，在有机氮的培养基上生长适度，如 MEA；帚状枝双轮生和不规则生；分生孢子球形至近球形，较小，2~3 μm，壁光滑至稍粗糙。

分布和基物：四川阿坝若尔盖草原泥炭（CGMCC 3.18620：ITS = MF135613，*BenA* = MF284705，*CaM* = MF284703，*Rpb2* = MF284704）。

文献记载：广西、湖北、贵州、新疆（孔华忠和王龙，2007；李贝娜等，2022）。该种比较独特，依据形态学即可准确鉴定。

讨论：该种除了在 MEA 上生长适度，在其他培养基上均生长非常局限，类似于白核篮状菌 *T. albisclerotius*；在种系学上，与克莱门斯篮状菌 *T. clemensii* 关系较近（Crous *et al.*，2019b）。

卡迪斯篮状菌　图版 LXXVII

Talaromyces gaditanus (C. Ramírez & A.T. Martínez) Houbraken & Soccio, J. Fungi 7: 993, 2021. Wang, J. Liaocheng Univ. (Nat. Sci.) 36 (6): 83, 2023.

≡ *Penicillium gaditanum* C. Ramírez & A.T. Martínez, Mycopathologia 74 (3): 165, 1981.

词源："*gaditanus*"表示其模式菌株分离自西班牙加的斯"Cádiz (the ancient Roman Gades)"。

模式菌株：CBS 169.81 = IMI 253792；遗传标记：ITS = MH861318，*BenA* = OK338775，*CaM* = OK338802，*Rpb2* = OK338827。

在 CA 上 25℃培养 7 天，菌落直径 4~5 mm，薄，表面平坦，边缘于培养基表面，不整齐；质地短绒状；分生孢子适量，呈深黄绿色，近于玉石绿色（Jade Green，R. Pl. XXXI）；菌丝体呈白色夹杂绿黄色（Green Yellow，R. Pl. V）；渗出液无；可溶性色素无；背面呈桃红色（Peach Red，R. Pl. I）。

在 CYA 上 25℃培养 7 天，菌落直径 11~12 mm，较薄，表面不平坦，边缘于培养基内，整齐；质地绒状；分生孢子稀疏，呈玉石绿色（Jade Green，R. Pl. XXXI）；菌丝体呈白色夹杂淡红色；渗出液无；可溶性色素适量，呈猩红色（Scarlet，R. Pl. I）；背面呈牛血红色（Ox-blood Red，R. Pl. I）。

在 MEA 上 25℃培养 7 天，菌落直径 22~23 mm，较厚，表面具较多辐射状皱纹，边缘于培养基表面，流苏状；质地短絮状；分生孢子无或稀疏，分布于中央，呈玉石绿色（Jade Green，R. Pl. XXXI）；菌丝体呈绿黄色（Green Yellow，R. Pl. V）；无渗出液和可溶性色素；背面呈生土褐色（Raw Sienna，R. Pl. III）。

在 YES 上 25℃培养 7 天，菌落直径 13~14 mm，薄，中央凸起，表面稍具辐射状皱纹，边缘于培养基表面，整齐；质地绒状；分生孢子稀疏，呈黄橄榄色（Yellowish Olive，R. Pl. XXX）；菌丝体呈白色夹杂淡粉色，近于褐葡萄酒色（Brownish Vinaceous, R. Pl. XXXIX），在中央呈椴树皮黄色（Tilleul Buff, R. Pl. XL）；渗出液无；可溶性色素较多，呈桃红色（Peach Red, R. Pl. I）；背面呈牛血红色（Ox-blood Red，R. Pl. I）。

在 CYA 上 37℃培养 7 天，未生长。

在 CYA 上 5℃培养 7 天，未生长。

分生孢子梗发生于表面菌丝，孢梗茎 100~200 μm × 2.5~3.5 μm，壁光滑；帚状枝双轮生；梗基每轮 4~8 个，排列紧密，10~13 μm × 2.5~3.5 μm；瓶梗披针形，每轮 4~8 个，排列紧密，9~13 μm × 2~3 μm；分生孢子柠檬形，2.5~4 μm × 2~3 μm，壁光滑。

主要分类学性状：在 CA 上生长局限，在其他 3 种培养基上生长缓慢；在 CYA、YES 上产生较多红色可溶性色素；分生孢子稀疏；菌丝体在 MEA 上呈绿黄色，而在其他培养基上呈白色夹杂淡粉色，且背面呈红色；帚状枝双轮生，排列紧密；分生孢子呈柠檬形，壁光滑。

分布和基物：西藏日喀则定结县土壤（DJ6-12 = AS 3.16376；ITS = OQ608444，*BenA* = ON569411，*CaM* = OQ626764，*Rpb2* = ON569397）。

讨论：该种属于微黄篮状菌群，在形态学和种系学上均与重庆篮状菌 *T. chongqingensis*、微黄篮状菌 *T. minioluteus*、萨姆森篮状菌 *T. samsonii* 关系较近（Pyrri *et al.*, 2021）。

黑河篮状菌　图版 LXXVIII

Talaromyces heiheensis X.C. Wang & W.Y. Zhuang, Mycol. Progr. 16 (1): 75, 2017.

词源："*heiheensis*"表示其模式菌株分离自黑龙江黑河"Heihe"。

模式菌株：CGMCC 3.18012；遗传标记：ITS = KX447526，*BenA* = KX447525，*CaM* = KX447532，*Rpb2* = KX447529。

在 CA 上 25℃培养 7 天，菌落直径 6~9 mm，薄，稀疏，表面平坦；质地绒状；分生孢子稀少，豆绿色（Pea Green, R. Pl. XLVII）；菌丝体白色；渗出液无；可溶性色素无；背面呈白色。

在 CYA 上 25℃培养 7 天，菌落直径 3~5 mm，较厚，边缘于培养基表面，不整齐；质地短絮状；分生孢子无；菌丝体呈白色，在中央呈淡黄色，近于稻草黄色（Straw Yellow, R. Pl. XVI）；渗出液无；可溶性色素无；背面呈橙黄色，边缘变浅。

在 MEA 上 25℃培养 7 天，菌落直径 14~15 mm，薄，表面平坦，边缘于培养基表面，整齐；质地绒状；分生孢子较多，呈橄榄色（Olive, R. Pl. XXX）；菌丝体浅黄色；渗出液少量，呈浅黄色；可溶性色素无；背面呈生土褐色（Raw Sienna, R. Pl. III）。

在 YES 上 25℃培养 7 天，菌落直径 12~16 mm，较厚，凸面，边缘凹陷，波曲状；质地绒状；分生孢子适量，呈橄榄灰色（Olive Gray, R. Pl. LI）；菌丝体在边缘呈白色，在中央略带浅粉红色，近于浊玉髓粉色（Jasper Pink, R. Pl. XIII）；渗出液较多，呈淡黄色；可溶性色素无；背面呈深红色，近于石榴石棕色（Garnet Brown, R. Pl. I）。

在 CYA 上 37℃培养 7 天，未生长。

在 CYA 上 5℃培养 7 天，未生长。

分生孢子梗发生于表面菌丝，孢梗茎 150~300 μm × 2.5~3.5 μm，顶端膨大 5~6 μm，壁光滑；帚状枝双轮生和不规则生；梗基每轮 4~8 个，排列不紧密，8~11 μm × 2~3 μm；瓶梗安瓿形，排列紧密，每轮 4~6 个，8~12 μm × 2~3 μm；分生孢子椭球形至梭形，3~3.5 μm × 2~3 μm，壁光滑。

主要分类学性状：生长局限，在 CA 上菌落稀疏，在 MEA 上菌丝体呈浅黄色；孢梗茎顶端膨大，帚状枝双轮生和不规则生，排列不紧密；分生孢子椭球形至梭形，壁光滑。

分布和基物：黑龙江黑河腐木（CGMCC 3.18012），双河土壤（SH6-1）；贵州遵义土壤（ZY9-2）。

讨论：该种在种系学上与白双轮篮状菌 *T. albobiverticillius*、红蜜篮状菌 *T. erythromellis*、红色素篮状菌 *T. rubrifaciens* 关系较近（Rodríguez-Andrade *et al.*，2020）。

明尼苏达篮状菌　图版 LXXIX

Talaromyces minnesotensis Guevara-Suarez, Cano & Dania García, Mycoses 60 (10): 657, 2017. Chen *et al.*, Mycosystema 40: 1208, 2021.

词源："*minnesotensis*"表示该模式菌株分离于美国明尼苏达州"Minnesota"。

模式菌株：CBS 142381 = UTHSC DI16-144；遗传标记：ITS = LT558966，*BenA* = LT559083，*CaM* = LT795604，*Rpb2* = LT795605。

在 CA 上 25℃培养 7 天，菌落直径 2~3 mm，较薄，表面平坦，边缘于培养基表面，不整齐；质地绒状；分生孢子稀少，呈橄榄灰色（Olive Gray，R. Pl. LI）；菌丝体在边缘呈白色；渗出液无；可溶性色素无；背面呈黄白色。

在 CYA 上 25℃培养 7 天，菌落直径 15~18 mm，薄，表面平坦，边缘于培养基表面，整齐；质地典型绒状；分生孢子大量，呈暗灰绿色，近于安多佛绿色（Andover Green，R. Pl. XLVII）；菌丝体呈绿黄色（Green Yellow，R. Pl. V）；渗出液无；可溶性色素无；背面呈黄嘌呤橙色（Xanthine Orange，R. Pl. III）。

在 MEA 上 25℃培养 7 天，菌落直径 18~20 mm，薄，表面平坦，边缘于培养基表面，整齐；质地典型绒状；分生孢子大量，震动会脱落，呈暗灰绿色，近于安多佛绿色（Andover Green，R. Pl. XLVII）；菌丝体呈硫黄色（Sulphur Yellow，R. Pl. V）；渗出液无；可溶性色素无；背面呈黄白色。

在 YES 上 25℃培养 7 天，菌落直径 23~25 mm，稍厚，中央突起，表面具辐射状沟纹和无规则裂纹，边缘于培养基表面，波曲状；质地绒状；分生孢子大量，震动会脱落，呈橄榄灰色（Olive Gray，R. Pl. LI）；菌丝体呈硫黄色（Sulphur Yellow，R. Pl. V）；渗出液无；可溶性色素无；背面呈黄嘌呤橙色（Xanthine Orange，R. Pl. III）。

在 CYA 上 37℃培养 7 天，未生长。

在 CYA 上 5℃培养 7 天，未生长。

分生孢子梗发生于基内菌丝，孢梗茎 90~150（~200）μm × 2~3 μm，壁光滑；帚状枝双轮生，偶尔单轮生和不规则生；梗基每轮 2~6 个，排列不紧密，10~14 μm × 2~3.5 μm；瓶梗安瓿形至披针形，排列不紧密，每轮 3~6 个，10~14 μm × 2~3 μm；分生孢子椭球形至柠檬形，3~3.5 μm × 2~3 μm，壁光滑。

主要分类学性状：生长缓慢，形成典型绒状菌落，在 YES 上的菌落中央突起并开裂；分生孢子大量，易脱落，呈深灰绿色；菌丝体呈硫黄色；帚状枝双轮生，偶尔单轮生和不规则生，排列不紧密，瓶梗安瓿形至披针形；分生孢子椭球形至柠檬形，壁光滑。

分布和基物：北京京西林场土壤（XS6-4）；福建泉州土壤（QZ1-1）；海南昌江黎族自治县土壤（CJ2-2 = AS 3.16277：*BenA* = ON569412），尖峰岭土壤（JFL1-1）；河南龙门石窟土壤（LM11-1）；江苏南京土壤（NJ6-11，NJ7-11）；江西庐山土壤（JX7-14-1）；宁夏贺兰山土壤（0219 = AS 3.15845）；陕西洛川土壤（LC3-2）；西藏亚东树叶（XZY465，XZY501），日喀则土壤（RKZ7-11）；新疆乌鲁木齐土壤（AS 3.5724：ITS = MW024063，*BenA* = MW027674，*CaM* = MW027668，*Rpb2* = MW027671）；云南西双版纳土壤（BN4-31）。

讨论：该种生长缓慢，产生大量深灰绿色分生孢子，易脱落，能寄生于其他真菌菌落并很快将其吞没；在种系学上与日耳曼篮状菌 *T. germanicus* 关系最近（Pyrri *et al.*, 2021）。

深红篮状菌　图版 LXXX

Talaromyces rubidus L. Wang , Mycopathologia 188: 798, 2023.

词源："*rubidus*"表示其在 CYA 和 YES 上形成深红色可溶性色素和背面颜色"dark-red soluble pigment and reverse"。

模式菌株：AS 3.26142；遗传标记：ITS = OQ746342，*BenA* = OQ746323，*CaM* = OQ746325，*Rpb2* = OQ746327。

在 CA 上 25℃培养 7 天，菌落直径 3~4 mm，薄，表面平坦，边缘呈流苏状；质地绒状；分生孢子少量，近于榆叶绿色（Elm Green，R. Pl. XVII）；菌丝体呈白色；渗出液无，可溶性色素无；背面呈白色。

在 CYA 上 25℃培养 7 天，菌落直径 5~6 mm，稍突起，表面稍具皱纹，边缘呈流苏状；质地绒状；分生孢子无或稀疏，近于浅灰橄榄色（Light Grayish Olive，R. Pl. XLVI）；菌丝体呈灰黄色；渗出液无；可溶性色素适量，呈血红色，近于巴西红色（Brazil Red，R. Pl. I）；背面呈巴西红色（Brazil Red，R. Pl. I）。

在 MEA 上 25℃培养 7 天，菌落直径 17~18 mm，薄，表面平坦，中央突起，边缘整齐；质地绒状；分生孢子大量，呈深绿土色（Dark Terre Verte，R. Pl. XXXIII）；菌丝体呈硫黄色（Sulphur Yellow，R. Pl. V）；渗出液无；可溶性色素无；背面呈巴西红色（Brazil Red，R. Pl. I）。

在 YES 上 25℃培养 7 天，菌落直径 6~7 mm，突起，表面稍具皱纹，边缘整齐；质地绒状；分生孢子适量至大量，浅灰橄榄色（Light Grayish Olive，R. Pl. XLVI）；菌丝体呈白色；渗出液无；可溶性色素大量，呈巴西红色（Brazil Red，R. Pl. I）；背面呈巴西红色（Brazil Red，R. Pl. I）。

在 CYA 上 37℃培养 7 天，未生长。

在 CYA 上 5℃培养 7 天，未生长。

分生孢子梗发生于表面菌丝，孢梗茎 180~240（~300）μm × 3~3.5 μm，壁光滑，偶尔顶端膨大 5~6 μm；帚状枝双轮生；梗基每轮 6~10 个，排列较紧密，9~11 μm × 2.5~

3 μm；瓶梗披针形至安瓿形，排列紧密，每轮 4~6 个，9~11 μm × 2.5~3 μm；分生孢子呈卵形、球形至椭球形，2.5~3 μm，壁具小刺，有些孢子表面光滑。

　　主要分类学性状：生长局限，在 CYA 和 YES 上产生大量暗红色可溶性色素，背面深红色；帚状枝双轮生，排列紧密，瓶梗披针形；分生孢子呈卵形、球形至椭球形，壁具小刺，有些孢子表面光滑。

　　分布和基物：云南西双版纳土壤（BN8-2 = AS 3.26142）。

　　讨论：该种在 CYA 和 YES 上产生大量深红色可溶性色素且菌落背面也呈暗红色，在形态学和种系学上与红蜜篮状菌 *T. erythromellis* 关系较近，但后者在 MEA 上产生菌丝绳且孢子表面光滑（Pitt，1979；Zang *et al.*，2023）。

红色素篮状菌　图版 LXXXI

Talaromyces rubrifaciens W.W. Gao, Mycologia 108 (4): 775, 2016.

　　词源："*rubrifaciens*"表示其产生的可溶性色素呈红色"red soluble pigment"。

　　模式菌株：CGMCC 3.17658 = CBS 140498；遗传标记：ITS = KR855658，*BenA* = KR855648，*CaM* = KR855653，*Rpb2* = KR855663。

　　在 CA 上 25℃培养 7 天，菌落直径 3~5 mm，薄，表面平坦，边缘于培养基内，不整齐；质地绒状；分生孢子稀疏，近于豆绿色（Pea Green，R. Pl. XLVII）；菌丝体呈白色；渗出液无；可溶性色素无；背面呈白色。

　　在 CYA 上 25℃培养 7 天，菌落直径 11~12 mm，较厚，中央凸起，表面具辐射状皱纹，边缘于培养表面，圆裂片状；质地绒状；分生孢子适量，呈灰绿色，近于豆绿色（Pea Green，R. Pl. XLVII）；菌丝体呈黄白色；渗出液少量，呈红色；可溶性色素较多，呈红色；背面呈暗红色。

　　在 MEA 上 25℃培养 7 天，菌落直径 25~27 mm，较薄，表面平坦，边缘于培养基表面，整齐；质地典型绒状；分生孢子大量，呈灰绿色，近于豆绿色（Pea Green，R. Pl. XLVII）；菌丝体呈黄白色；渗出液较多，呈浅褐色，近于旱金莲皮黄色（Capucine Buff，R. Pl. III）；可溶性色素少量，红色；背面呈暗红色，近于庞培红色（Pompeian Red，R. Pl. XIII）。

　　在 YES 上 25℃培养 7 天，菌落直径 12~13 mm，较厚，中央突起，表面具辐射状或无规则皱纹，边缘于培养基表面，波曲状；质地绒状；分生孢子大量，呈灰绿色，近于豆绿色（Pea Green，R. Pl. XLVII）；菌丝体呈黄白色；渗出液无；可溶性色素少量，深红色；背面呈暗红色。

　　在 CYA 上 37℃培养 7 天，未生长。

　　在 CYA 上 5℃培养 7 天，未生长。

　　分生孢子梗发生于表面菌丝和气生菌丝，孢梗茎（100~）120~200 μm × 2.5~3.5 μm，壁光滑；帚状枝双轮生；梗基每轮 6~8 个，排列不紧密，9~10 μm × 2.5~3.5 μm；瓶梗披针形至安瓿形，排列不紧密，每轮 4~6 个，9~10 μm × 2.5~3 μm；分生孢子椭球形，3~4 μm × 2.5~3 μm，壁光滑。

　　主要分类学性状：生长缓慢，在 CYA、MEA 和 YES 上产生红色可溶性色素，背面深红色；帚状枝双轮生，排列不紧密，瓶梗披针形至安瓿形；分生孢子椭球形，壁光滑。

分布和基物：北京空气（CGMCC 3.18203：*BenA* = KX961222）；陕西石榴花蕊（ShL1 = AS 3.16269：*BenA* = ON569413）；西藏树叶（XZY44001）。

文献记载：北京（MI12-1 = CGMCC 3.17658，SI12-4）、江苏（Luo *et al.*，2016；Chen *et al.*，2016）。

讨论：该种在 CA、CYA 上产生大量深红色嗜氮酮类生物碱，类似于红曲红可溶性色素，而且不产真菌毒素（Frisvad *et al.*，2013；Liu & Wang，2021）。根据作者经验，该种通常可以在石榴成熟后的残存花蕊上分离到，与类阿达青霉 *P. adametzioides* 伴生。在种系学上与白双轮篮状菌 *T. albobiverticillius* 关系最近，与红蜜篮状菌 *T. erythromellis*、黑河篮状菌 *T. heiheensis* 关系较近（Rodríguez-Andrade *et al.*，2020）。

糙刺孢篮状菌　图版 LXXXII

Talaromyces trachyspermus (Shear) Stolk & Samson, Stud. Mycol. 2: 32, 1972. Tzean *et al.*, *Penicillium* and Related Teleomorphs from Taiwan. p. 137, 1994. Kong & Wang, Flora Fungorum Sinicorum Vol. 35 *Penicillium* et Teleomorph Congnati. p. 231, 2007.

词源："*trachyspermus*"表示其子囊孢子壁刺状粗糙"trachys"。

模式菌株：CBS 373.48 = NRRL 1028；遗传标记：ITS = JN899354，*BenA* = KF114803，*CaM* = KJ885281，*Rpb2* = JF417432。

在 CA 上 25℃培养 7 天，菌落直径 9~11 mm，较薄，中央稍凸起，边缘平坦，于培养基内，毛边状；质地绒状；分生孢子无；菌丝体呈绿黄色（Green Yellow, R. Pl. V）；渗出液无；可溶性色素无；背面呈帝国黄色（Empire Yellow, R. Pl. IV）。

在 CYA 上 25℃培养 7 天，菌落直径 23~25 mm，较薄，表面中央稍带皱纹，外围平坦，边缘于培养基，毛边状；质地绒状兼颗粒状；裸囊壳少量，呈白色；分生孢子无；菌丝体呈硫黄色（Sulphur Yellow, R. Pl. V）；渗出液无；可溶性色素无；背面呈柠檬黄色（Lemon Yellow, R. Pl. IV）。

在 MEA 上 25℃培养 7 天，菌落直径 28~30 mm，薄，表面平坦，边缘于培养基内，毛边状；质地绒状兼颗粒状；裸囊壳少量，呈白色；分生孢子无或稀疏，呈蓝灰色；菌丝体呈白色略带淡黄色；渗出液无；可溶性色素无；背面呈暖皮黄色。

在 YES 上 25℃培养 7 天，菌落直径 25~32 mm，中央较厚，外围薄，表面平坦，边缘于培养基内，流苏状；质地绒状兼颗粒状；裸囊壳少量，呈白色；分生孢子无；菌丝体呈白色；渗出液无；可溶性色素无；背面呈葡萄酒肉桂色（Vinaceous Cinnamon, R. Pl. XXIX），

在 CYA 上 37℃培养 7 天，菌落直径 25~30 mm。

在 CYA 上 5℃培养 7 天，未生长。

子囊果裸囊壳 14 天后成熟，呈白色至浅黄白色，球形至近球形，500~600 μm；子囊球形至椭球形，12~13 μm 和 15 μm × 11~13 μm；子囊孢子长椭球形，4~5 μm × 3 μm，壁刺状粗糙。分生孢子梗发生于表面菌丝，孢梗茎 10~50 μm × 1.5~2.5 μm，壁光滑；帚状枝双轮生兼单轮生；梗基每轮 2~3 个，排列紧密，10~12 μm × 2~3 μm；瓶梗披针形，

每轮 3~5 个，排列紧密，10~16 μm × 1.5~3 μm；分生孢子椭球形至柠檬形，3~4 μm × 1.5~2.5 μm，壁光滑。

主要分类学性状：在 CA 上生长缓慢，裸囊壳和菌丝体呈白色；分生孢子稀疏，呈蓝灰色；子囊孢子长椭球形，壁刺状粗糙；帚状枝双轮生兼单轮生，排列紧密；分生孢子椭球形至柠檬形，壁光滑。

分布和基物：河北石家庄新华区大郭村土壤（SJZ2-1 = AS 3.16286；*BenA* = ON569414）；浙江宁波镇海滩涂土壤（ZH1-9）。

文献记载：广东、河南、台湾、浙江（Tzean *et al.*，1994；孔华忠和王龙，2007；徐婧等，2013）。这些鉴定仅依据形态学或 rDNA 序列，尚需进一步研究确认。

讨论：该种在形态学和种系学上与艾斯尤特篮状菌 *T. assiutensis* 关系最近。

乌克兰篮状菌　图版 LXXXIII

Talaromyces ucrainicus (Panas.) Udagawa, Trans. Mycol. Soc. Japan 7: 94, 1966. Xue, Diversity of Seed-borne Fungi and Diseases in *Lolium multiflorum*. p. 115, 2020 (PhD Dissertation of Lanzhou University, in Chinese).

词源："*ucrainicus*"表示该种模式菌株分离自乌克兰"Ukraine"。

模式菌株：CBS 162.67 = FRR 3462；遗传标记：ITS = JN899394，*BenA* = KF114771，*CaM* = KJ885282，*Rpb2* = KM023289。

在 CA 上 25℃培养 7 天，菌落直径 4~6 mm，稍厚，表面平坦，边缘于培养基内，不整齐；质地绒状；分生孢子无；菌丝体呈硫黄色；渗出液无；可溶性色素无；背面呈奶油色（Cream Color，R. Pl. XL）。

在 CYA 上 25℃培养 7 天，菌落直径 28~31 mm，较薄，表面平坦，边缘于培养基表面，流苏状；质地绒状兼颗粒状；大量未成熟裸囊壳，呈柠檬黄色（Lemon Yellow，R. Pl. IV）；分生孢子无；菌丝体在边缘呈白色，其余呈柠檬黄色；渗出液无；可溶性色素无；背面呈帝国黄色（Empire Yellow，R. Pl. IV）。

在 MEA 上 25℃培养 7 天，菌落直径 26~27 mm，薄，平坦，边缘于培养基表面，流苏状；质地绒状；分生孢子无；未成熟裸囊壳适量，呈柠檬黄色（Lemon Yellow，R. Pl. IV）；菌丝体呈白色；无渗出液和可溶性色素；背面呈橙赤褐色（Orange Rufous，R. Pl. II）。

在 YES 上 25℃培养 7 天，菌落直径 25~26 mm，较薄，中央突起，表面平坦，边缘于培养基内，整齐；质地绒状；分生孢子无；具适量柠檬黄色（Lemon Yellow，R. Pl. IV）未成熟裸囊壳；菌丝体在边缘呈白色，其余呈柠檬黄色；渗出液无；可溶性色素无；背面呈杏黄色（Apricot Yellow，R. Pl. V），外围变浅。

在 CYA 上 37℃培养 7 天，菌落直径 4~6 mm。

在 CYA 上 5℃培养 7 天，未生长。

裸囊壳球形至近球形，400~500 μm，14 天后成熟；原基由不规则膨大细胞构成；子囊球形至近球形，7~10 μm；子囊孢子长椭球形，3~5 μm × 2~3 μm，壁具不规则脊。无分生孢子。

主要分类学性状：生长适度，产生柠檬黄色裸囊壳和菌丝体；子囊孢子长椭球形，壁具无规则脊。

分布和基物：江苏盐城滩涂土壤（JS11-5 = AS 3.16173；ITS = OK087307，*BenA* = OK104791，*Rpb2* = OK104794）；辽宁营口土壤（7-14-4）；山东青岛土壤（4406）。

文献记载：四川（CGMCC 3.19721 = HMCC-21：ITS = MK051146，*BenA* = MK051160，*Rpb2* = MK051159）（薛龙海，2020）。

讨论：在种系学上该种与艾斯尤特篮状菌 *T. assiutensis*、孢柱篮状菌 *T. systylus*、糙刺孢篮状菌 *T. trachyspermus* 关系较近（Rodríguez-Andrade *et al.*，2020）。

紫篮状菌组 section *Purpurei* Stolk & Samson [as 'Purpurea']
Stud. Mycol. 2: 56, 1972.

模式种：*Talaromyces purpureus* (E. Müll. & Pacha-Aue) Stolk & Samson, Stud. Mycol. 2: 57, 1972.

该组物种在查氏酵母精琼脂和麦芽精琼脂上通常生长迅速，延长培养至 14 天后可产生菌丝束（synnema，又称孢梗束 coremium），但也有例外，如褶孢篮状菌 *T. ptychoconidius*、紫篮状菌 *T. purpureus* 和拉米雷斯篮状菌 *T. rademirici*。该组物种的帚状枝通常双轮生和三轮生，但也有些种产生一部分单轮生帚状枝，如皮特篮状菌 *T. pittii*、紫篮状菌和拉米雷斯篮状菌。该组物种曾经被 Pitt 放在青霉属双轮亚属产束组的树状系和杜克劳系 *Penicillium* subgenus *Biverticillium*, section *Coremigenum*, series *Dendritica* and series *Duclauxii* 中。

紫篮状菌组目前全球只报道了 15 个种，本卷研究和描述我国发现的 3 个种，以粗体显示（表 10）。

表 10 截至本卷定稿，紫篮状菌组已报道的物种及其模式菌株、分离地和遗传标记

物种	模式菌株	模式菌株分离地	遗传标记			
			ITS	*BenA*	*CaM*	*Rpb2*
T. brunneosporus	FMR 16566 = CBS 144320	西班牙	LT962487	LT962483	LT962488	LT962485
T. cecidicola	CBS 101419 = DAOM 233329	美国	AY787844	FJ753295	KJ885287	KM023309
T. chlorolomus	DAOM 241016 = CV 2802	南非	FJ160273	GU385736	KJ885265	KM023304
T. coalescens	CBS 103.83	西班牙	JN899366	JX091390	KJ885267	KM023277
T. dendriticus	CBS 660.80 = IMI 216897	澳大利亚	JN899339	JX091391	KF741965	KM023286
T. gwangjuensis	CNUFC WT19-1	韩国	MK766233	MZ318448	N/A	MK912174
T. iowaensis	NRRL 66822 = ITEM 17527	美国	MH281565	MH282578	MH282579	MH282577

物种	模式菌株	模式菌株分离地	遗传标记			
			ITS	*BenA*	*CaM*	*Rpb2*
T. pittii	CBS 139.84 = IMI 327871	西班牙	JN899325	KJ865728	KJ885275	KM023297
T. pseudostromaticus	CBS 470.70 = FRR 2039	美国	JN899371	HQ156950	KJ885277	KM023298
T. ptychoconidius	CV319 = DTO 180-E7	南非	FJ160266	GU385733	JX140701	KM023278
T. pulveris	CBS 146831= CPC 38523	法国	MW175345	MW173136	MW173099	MW173115
T. purpureus	CBS475.71 = FRR 1731	法国	JN899328	GU385739	KJ885292	JN121522
T. rademirici	CBS 140.84 = IMI 282406	西班牙	JN899386	KJ865734	N/A	KM023302
T. ramulosus	CV113 = DTO 184-B8	南非	EU795706	FJ753290	JX140711	KM023281
T. saxoxalicus	MUM 20.30	葡萄牙	MT039882	MT052003	N/A	MT052004

虫瘿篮状菌　图版 LXXXIV

Talaromyces cecidicola (Seifert, Hoekstra & Frisvad) Samson, N. Yilmaz, Frisvad & Seifert, Stud. Mycol. 70: 175, 2011. Wang *et al*., J. Liaocheng Univ. (Nat. Sci.) 34 (4): 83, 2021.

≡ *Penicillium cecidicola* Seifert, Hoekstra & Frisvad, Stud. Mycol. 50: 520, 2004.

词源："*cecidicola*"表示其模式菌株分离自虫瘿"cecid"。

模式菌株：CBS 101419 = DAOM 233329；遗传标记：ITS = AY787844，*BenA* = FJ753295，*CaM* = KJ885287，*Rpb2* = KM023309。

在 CA 上 25℃培养 7 天，菌落直径 22~23 mm，薄，表面平坦，边缘于培养基内，流苏状；质地短絮状；分生孢子少量，呈深蓝色，近于俄罗斯绿色（Russian Green，R. Pl. XLII）至镍绿色（Nickel Green，R. Pl. XXXIII）；菌丝体呈白色；无色微滴渗出液少量；可溶性色素无；背面中央浅褐色，其余呈白色。

在 CYA 上 25℃培养 7 天，菌落直径 27~29 mm，较薄，表面平坦，中央稍带短絮，边缘于培养基内，流苏状；质地绒状兼短束状；分生孢子大量，呈暗绿色，近于俄罗斯绿色（Russian Green，R. Pl. XLII）至镍绿色（Nickel Green，R. Pl. XXXIII），类似于草酸青霉 *P. oxalicum* Currie & Thom；菌丝体呈白色；无色小滴渗出液少量；可溶性色素无；背面中央呈暗红色，近于紫酱色（Maroon，R. Pl. I），边缘变浅至暖皮黄色（Warm Buff，R. Pl. XV）。

在 MEA 上 25℃培养 7 天，菌落直径 31~33 mm，较薄，表面平坦，中部稍厚，边缘于培养基内，毛边状；质地绒状兼短束状；分生孢子大量，在中部呈浅蓝绿色，近于尼亚加拉绿色（Niagara Green，R. Pl. XXXIII）至深瓷绿色（Dark Porcelain Green，R. Pl. XXXIII），类似于草酸青霉；菌丝体呈白色；淡黄小滴渗出液少量；可溶性色素无；

背面中部呈褐红色，近于维多利亚深红色（Victoria Lake，R. Pl. I），外围变浅至浅褐黄色。

在 YES 上 25℃培养 7 天，菌落直径 28~30 mm，外围较薄，中央厚，表面平坦，边缘于培养基内，毛边状；质地绒状兼束状；分生孢子大量，呈深绿色，近于俄罗斯绿色（Russian Green，R. Pl. XLII）至深俄罗斯绿色（Dark Russian Green，R. Pl. XLII）；菌丝体呈白色；渗出液无；可溶性色素无；背面呈紫酱色（Maroon，R. Pl. I），外围变浅至火星黄色（Mars Yellow，R. Pl. III）。

在 CYA 上 37℃培养 7 天，菌落直径约 2 mm。

在 CYA 上 5℃培养 7 天，未生长。

分生孢子梗发生于表面菌丝和菌丝束，菌丝束长 300~1000 μm，孢梗茎 60~200 μm × 3~3.5 μm，壁光滑；帚状枝双轮生至三轮生和四轮生，排列不紧密；梗基每轮 4~8 个，排列紧密，10~15 μm × 2.5~3 μm；瓶梗披针形，每轮 4~6 个，10~15 μm × 2.5~3 μm；分生孢子椭球形至柠檬形，3~4 μm × 2~3 μm，壁光滑。

主要分类学性状：生长较快，产生菌丝束，分生孢子呈暗绿色，菌丝体呈白色；显微镜载片背景带绿色；帚状枝双轮生至三轮生和四轮生，较大，排列不紧密；分生孢子椭球形至柠檬形，3~4 μm × 2~3 μm，壁光滑。

分布和基物：河南新乡卫辉土壤（WH6-2 = AS 3.16006；ITS = MT182957，*BenA* = MT192188）。

讨论：该种在菌落形态、分生孢子颜色和形态上与草酸青霉 *P. oxalicum* 非常相似，在分离时容易误判，分离时最好做显微观察判断；其分生孢子梗和帚状枝比草酸青霉大且复杂，排列不紧密（王龙等，2021）。

绿缘篮状菌　图版 LXXXV

Talaromyces chlorolomus Visagie & K. Jacobs, Persoonia 28: 18, 2012. Chen *et al*., Mycosystema 40: 1205, 2021.

词源："*chlorolomus*"表示其模式菌株产生的绿色分生孢子分布在菌落边缘而使菌落具绿色边缘 green fringe"。

模式菌株：DAOM 241016 = CV 2802；遗传标记：ITS = FJ160273，*BenA* = GU385736，*CaM* = KJ885265，*Rpb2* = KM023304。

在 CA 上 25℃培养 7 天，菌落直径 43~45 mm，薄，表面平坦，边缘于培养基表面，毛边状；质地绒状，中央绳状；分生孢子适量，近于豆绿色（Pea Green，R. Pl. XLVII）；菌丝体在边缘呈白色，中部可见大量白色菌丝絮；渗出液无；可溶性色素无；背面呈白色夹杂淡黄色。

在 CYA 上 25℃培养 7 天，菌落直径 42~45 mm，较薄，凸面，中央凹陷，边缘于培养基表面，毛边状；质地绒状兼絮绳状；分生孢子大量，近于豆绿色（Pea Green，R. Pl. XLVII）；菌丝体在边缘呈白色，在其他部位呈肉粉色（Flesh Pink，R. Pl. XIII）；渗出液无；可溶性色素无；背面呈白色夹杂淡褐色。

在 MEA 上 25℃培养 7 天，菌落直径 53~55 mm，薄，表面平坦，边缘于培养基表面，毛边状；质地绒状，覆盖稀疏白色絮绳状菌丝体；分生孢子大量，呈灰绿色，近于豆绿色（Pea Green，R. Pl. XLVII）；菌丝体在边缘呈白色；无渗出液和可溶性色素；背面呈奶油色（Cream Color，R. Pl. XVI）。

在 YES 上 25℃培养 7 天，菌落直径 43~45 mm，较薄，中央凸起，覆盖白毛状菌丝体，边缘于培养基表面，毛边状；质地绒状，覆盖稀疏绳状菌丝体；分生孢子大量，近于安多佛绿色（Andover Green，R. Pl. XLVII）至石板橄榄色（Slate Olive，R. Pl. XLVII）；菌丝体在边缘呈白色；渗出液无；可溶性色素无；背面呈皮黄黄色（Buff Yellow，R. Pl. I）。

在 CYA 上 37℃培养 7 天，未生长。

在 CYA 上 5℃培养 7 天，未生长。

分生孢子梗发生于气生菌丝，孢梗茎 10~100 μm × 3~5 μm，壁光滑；帚状枝双轮生，偶尔三轮生；梗基每轮 4~6 个，排列紧密，8~13 μm × 3~4 μm；瓶梗披针形，每轮 4~8 个，排列紧密，7~12 μm × 2~3 μm；分生孢子梭形，4~6 μm × 2~2.5 μm，壁光滑。

主要分类学性状：生长较快，形成绒状兼絮绳状菌落；分生孢子呈灰绿色，类似于青霉，形成 700~1200 μm 长的菌丝绳，孢梗茎较短；帚状枝双轮生，偶尔三轮生，排列不紧密；分生孢子梭形，壁光滑。

分布和基物：北京土壤（CGMCC 3.20173：ITS = MW024062，*BenA* = MW027673，*CaM* = MW027667，*Rpb2* = MW027670）；山东青岛第一海水浴场（YC6 = AS 3.16104：*BenA* = OQ746322）。

讨论：该种在形态学和种系学上与丛枝篮状菌 *T. ramulosus* 关系较近（陈晗等，2021；王龙等，2021）。

伪子座篮状菌　图版 LXXXVI

Talaromyces pseudostromaticus (Hodges, G.M. Warner & Rogerson) Samson, N. Yilmaz, Frisvad & Seifert, Stud. Mycol. 70: 176, 2011. Wang *et al.*, J. Liaocheng Univ. (Nat. Sci.) 34 (4): 84, 2021.

≡ *Penicillium pseudostromaticum* Hodges, G.M. Warner & Rogerson, Mycologia 62: 1106, 1970.

词源："*pseudostromaticus*"表示其能产生类似子座（stroma-like）的结构，内无孢子，故称伪子座。

模式菌株：CBS 470.70 = FRR 2039；遗传标记：ITS = JN899371，*BenA* = HQ156950，*CaM* = KJ885277，*Rpb2* = KM023298。

在 CA 上 25℃培养 7 天，菌落直径 10~12 mm，稀疏，薄，表面平坦，边缘于培养基内，毛边状；质地绒状；分生孢子适量，呈深绿色，近于帝国绿色（Empire Green，R. Pl. XXXII）；菌丝体呈白色；无渗出液和可溶性色素；背面呈白色。

在 CYA 上 25℃培养 7 天，菌落直径 21~23 mm，较薄，表面平坦，边缘于培养基内，毛边状；质地绒状；分生孢子大量，呈暗灰绿色，近于安多佛绿色（Andover Green，R. Pl. XLVII）；菌丝体呈白色；渗出液无；可溶性色素无；背面呈暗红色，近于牛血红色（Ox-Blood Red，R. Pl. XXXII）。

在 MEA 上 25℃培养 7 天，菌落直径 36~38 mm，较薄，表面平坦，边缘于培养基内，流苏状；质地绒状，14 天后产生长约 5 mm 的类似于子座的菌丝束，具有向光性；分生孢子大量，呈暗灰绿色，近于安多佛绿色（Andover Green，R. Pl. XLVII）至豆绿色（Pea Green，R. Pl. XLVII）；菌丝体呈白色；渗出液无；可溶性色素无；背面呈红木红色（Mahogany Red，R. Pl. II）。

在 YES 上 25℃培养 7 天，菌落直径 28~30 mm，较薄，表面平坦，中央旋卷状，边缘于培养基内，流苏状；质地绒状；分生孢子大量，呈艾蒿绿色（Artemisia Green，R. Pl. XLVII）或百合绿色（Lily Green，R. Pl. XLVII）；菌丝体呈白色；渗出液无；可溶性色素无；背面呈牛血红色（Ox-Blood Red，R. Pl. XXXII）。

在 CYA 上 37℃培养 7 天，未生长。

在 CYA 上 5℃培养 7 天，未生长。

分生孢子梗发生于表面菌丝，孢梗茎 50~150 μm × 3~4 μm，壁光滑；帚状枝双轮生，偶尔三轮生和不规则生，排列紧密；梗基每轮 4~6 个，8~15 μm × 2.5~4 μm；瓶梗披针形，每轮 4~6 个，10~15 μm × 2.5~3 μm；分生孢子椭球形至柠檬形，3~4 μm × 2~3 μm，壁光滑。

主要分类学性状：生长适度，分生孢子呈灰绿色，在 MEA 上 14 天后产生具有向光性的类似于子座的菌丝束，其上不产孢子；帚状枝双轮生，偶尔三轮生和不规则生，排列紧密，瓶梗披针形；分生孢子椭球形至柠檬形，3~4 μm × 2~3 μm，壁光滑。

分布和基物：海南保亭土壤（BT2-14）；内蒙古额济纳旗土壤（EJ2-12 = AS 3.16005：ITS = MT182956，*BenA* = MT192187）。

讨论：该种形态分类学性状明显，在种系学上与皮特篮状菌 *T. pittii* 关系较近（王龙等，2020）。

螺旋篮状菌组 section *Helici* N. Yilmaz, Frisvad & Samson Stud. Mycol. 78: 189, 2014.

模式种：*Talaromyces helicus* (Raper & Fennell) C.R. Benj., Mycologia 47: 684, 1955.

螺旋篮状菌组物种通常生长缓慢，若产生有性阶段则形成橙色或皮黄色裸囊壳，裸囊壳较小，直径通常不超过 300 μm，子囊孢子壁通常光滑至稍粗糙；分生孢子无或稀疏，帚状枝较小，通常单轮生和双轮生，梗基和瓶梗数目不超过 6 个，分生孢子壁光滑。该组全球只报道了 15 种，本卷研究和描述我国发现的 3 个种，以粗体显示（表 11）。

表 11　截至本卷定稿，螺旋篮状菌组已报道的物种及其模式菌株、分离地和遗传标记

物种	模式菌株	模式菌株分离地	遗传标记			
			ITS	*BenA*	*CaM*	*Rpb2*
T. aerugineus	CBS 350.66 = IMI 105412	英国	AY753346	KJ865736	KJ885285	JN121502
T. barcinensis	CBS 649.95 = PF1081	西班牙	MH862547	KJ865737	N/A	N/A

物种	模式菌株	模式菌株分离地	遗传标记			
			ITS	*BenA*	*CaM*	*Rpb2*
T. bohemicus	CBS 545.86 = CCF 2330	捷克	JN899400	KJ865719	KJ885286	JN121532
T boninensis	CBS 650.95 = IBT 17516	日本	JN899356	KJ865721	KJ885263	KM023276
T. borbonicus	CBS 141340 = DTO 351-D3	意大利	JN899356	MG855687	MG855688	MG855689
T. cinnabarinus	CBS 267.72 = NHL 2673	日本	JN899376	AY753377	KJ885256	JN121477
T. diversiformis	CBS 141931 = CGMCC 3.18204	中国	KX961215	KX961216	KX961259	KX961274
T. georgiensis	CBS 142380 = DI16-145	美国	LT558967	LT559084	N/A	LT795606
T. helicus	CBS 335.48 = NRRL 2106	瑞典	JN899359	KJ865725	KJ885289	KM023273
T. koreanus (as 'koreana')	CNUFC YJW2-13	韩国	MZ315100	MZ318450	MZ332529	MZ332533
T. reverso-olivaceus	CBS 140672 = CGMCC 3.18195	中国	KU866646	KU866834	KU866730	KU866990
T. ryukyuensis	NHL 2917 = DTO 176-I6	日本	AB176628	N/A	N/A	N/A
T._tabacinus	NRRL 66727 = EMSL 2176	美国	MG182613	MG182627	MG182606	MG182620
T. teleomorphus	CNUFC YJW2-5	韩国	MZ315102	MZ318452	MZ332531	MZ332535
T. varians	CBS 386.48 = NRRL 2096	英国	JN899368	KJ865731	KJ885284	KM023274

巴塞篮状菌　图版 LXXXVII

Talaromyces barcinensis Yaguchi & Udagawa, Trans. Mycol. Soc. Japan 34 (1): 15, 1993. Sun *et al*., Microbiol. China 49: 4083, 2022b.

　≡ *Penicillium barcinense* Yaguchi & Udagawa, Trans. Mycol. Soc. Japan 34: 15, 1993.

　　词源："barcinensis" 表示该种模式菌株分离自西班牙巴塞罗那 "Barcelona"。

　　模式菌株：CBS 649.95 = PF1081；遗传标记：ITS = MH862547，*BenA* = KJ865737。

　　在 CA 上 25℃培养 7 天，菌落直径 19~22 mm，稍厚，表面平坦，边缘于培养基内，整齐；质地绒状；分生孢子无；菌丝体在边缘呈白色，其余呈钡黄色（Baryta Yellow，R. Pl. IV）夹杂海壳粉色（Seashell Pink，R. Pl. XIV）；渗出液较少量，光谱红色（Spectrum Red，R. Pl. II）至鲑肉橙色（Salmon Orange，R. Pl. II）；可溶性色素无；背面呈浅赭鲑肉色（Light Ochraceous Salmon，R. Pl. XV）。

在 CYA 上 25℃培养 7 天，菌落直径 33~34 mm，薄，表面平坦，边缘于培养基内，毛边状；质地绒状；分生孢子无；在中部可见少量未成熟裸囊壳，呈皮黄黄色（Buff Yellow，R. Pl. IV）；菌丝体在边缘呈白色，其余呈皮黄黄色（Buff Yellow，R. Pl. IV）至玉米黄色（Maize Yellow，R. Pl. IV）；渗出液无；可溶性色素无；背面中部呈橙赤褐色（Orange Rufous，R. Pl. II），外围浅至旱金莲黄色（Capucine Yellow，R. Pl. III）。

在 MEA 上 25℃培养 7 天，菌落直径 37~40 mm，较薄，表面平坦，边缘于培养基内，毛边状；质地绒状兼短絮状；分生孢子无或稀少；菌丝体在边缘呈白色，其余呈萘黄色（Naphthalene Yellow，R. Pl. XIV）；渗出液无；可溶性色素无；背面呈浅黄色。

在 YES 上 25℃培养 7 天，菌落直径 33~35 mm，薄，表面具少量同心环状沟纹，边缘于培养基内，流苏状；质地绒状；分生孢子稀疏，呈淡烟灰色（Pale Smoke Gray，R. Pl. XLVI）；菌丝体在边缘呈白色，在中部呈淡粉皮黄色（Pale Pinkish Buff，R. Pl. XXIX），在近边缘呈玉米黄色（Maize Yellow，R. Pl. IV）；渗出液无；可溶性色素无；背面呈古董棕色（Antique Brown，R. Pl. III），外围呈淡橙黄色（Pale Orange Yellow，R. Pl. III）。

在 CYA 上 37℃培养 7 天，未生长。

在 CYA 上 5℃培养 7 天，未生长。

裸囊壳球形，较小，120~240 μm，呈皮黄色，14 天后成熟；原基由不规则膨大的细胞构成；子囊球形至椭球形，5~8 μm，内含 8 个子囊孢子；子囊孢子椭球形，2.5~3.5 μm × 2~2.5 μm，壁稀疏刺状粗糙。无分生孢子。

主要分类学性状：生长适度，形成绒状菌落，不产分生孢子，菌丝体呈白色夹杂萘黄色；子囊壳较小，呈皮黄色；原基由不规则膨大的细胞构成；子囊孢子椭球形，较小，壁稀疏刺状且粗糙。

分布和基物：福建漳州滩涂土壤（ZZ2-1-1 = AS 3.16172；ITS = OK087305，*BenA* = OK104789）。

讨论：Yilmaz 等（2014）将该种作为螺旋篮状菌 *T. helicus* 的异名，但它们子囊发育的原基有着本质的不同，即该种的原基由不规则膨大的细胞构成，而螺旋篮状菌的原基由棒状产囊体和螺旋缠绕其上的雄器构成，因此该种应该是独立的物种（孙剑秋等，2022b）。

螺旋篮状菌　　图版 LXXXVIII

Talaromyces helicus (Raper & Fennell) C.R. Benj., Mycologia 47: 684, 1955. Xu *et al.*, J. Fungal Res. 14 (1): 26, 2016.

≡ *Penicillium helicum* Raper & Fennell, Mycologia 40: 515, 1948.

词源："*helicus*"表示该种有性阶段的原基由产囊体和螺旋状"helical"缠绕其上的雄器构成。

模式菌株：CBS 335.48 = NRRL 2106；遗传标记：ITS = JN899359，*BenA* = KJ865725，*CaM* = KJ885289，*Rpb2* = KM023273。

在 CA 上 25℃培养 7 天，菌落直径 10~11 mm，薄，表面平坦，边缘于培养基内，整齐；质地绒状；分生孢子无或稀疏；菌丝体呈白色夹杂赤褐色（Rufous，R. Pl. XIV）；

渗出液无；可溶性色素无；背面中央呈黄白色。

在 CYA 上 25℃培养 7 天，菌落直径 27~29 mm，稍薄，表面具少量辐射状皱纹，边缘于培养基内，整齐；质地绒状；分生孢子无；菌丝体呈白色夹杂淡黄色，在中央稍带天皇橙色（Mikado Orange，R. Pl. III）；渗出液无；可溶性色素无；背面呈淡黄橙色（Pale Yellow Orange，R. Pl. III）。

在 MEA 上 25℃培养 7 天，菌落直径 50~53 mm，薄，表面平坦，边缘于培养基内，毛边状；质地绒状；分生孢子无或稀疏，浅蓝灰色；未成熟裸囊壳较多，在中部呈杏黄色（Apricot Yellow，R. Pl. IV），在外围呈帝国黄色（Empire Yellow，R. Pl. IV）；菌丝体在边缘呈白色，其余呈杏黄色（Apricot Yellow，R. Pl. IV）；渗出液无；可溶性色素无；背面呈皮黄色（Buff Yellow，R. Pl. IV）。

在 YES 上 25℃培养 7 天，菌落直径 43~44 mm，薄，表面具适量无规则沟纹，边缘于培养基内，整齐；质地绒状；分生孢子无或稀疏，浅蓝灰色；菌丝体在边缘呈白色，其余呈奶油色（Cream Color，R. Pl. XVI）至琥珀黄色（Amber Yellow，R. Pl. XVI）；渗出液无；可溶性色素无；背面呈生土褐色（Raw Sienna，R. Pl. III）。

在 CYA 上 37℃培养 7 天，菌落直径 10~13 mm。

在 CYA 上 5℃培养 7 天，未生长。

原基由棒状产囊体和螺旋缠绕其上的雄器构成，裸囊壳呈杏黄色，球形至近球形，较小，100~250 μm，子囊呈近球形至椭球形，8~9 μm × 4.5~6 μm，子囊孢子椭球形，壁光滑，3~4 μm × 2~3 μm；分生孢子梗发生于气生菌丝，孢梗茎 50~100 μm × 2~2.5 μm；帚状枝双轮生，排列紧密，梗基每轮 2~4 个，10~15 μm × 2~2.5 μm，瓶梗披针形，每轮 4~6 个，8~11 μm × 2~2.5 μm；分生孢子卵形至椭球形，3~3.5 μm，壁光滑。

主要分类学性状：在 MEA 上生长较快，形成绒状菌落，分生孢子无或稀疏，裸囊壳大量，杏黄色，菌丝体也呈杏黄色，在其他培养基上菌丝体呈白色夹杂浅黄色，无裸囊壳；原基由棒状产囊体和螺旋缠绕其上的雄器构成，子囊近球形至椭球形，子囊孢子椭球形，壁光滑。

分布和基物：福建厦门滩涂土壤（XM1-6-1），漳州九龙江口滩涂土壤（JL1-8）；江苏滩涂土壤（JS10-3 = AS 3.16274：*BenA* = ON569415）。

文献记载：广东（徐婧等，2013）。该鉴定仅依据 rDNA 序列，尚需进一步研究确认。

讨论：该种形态比较独特，在 MEA 上生长较快并产生杏黄色裸囊壳，原基由产囊体和螺旋缠绕在其上的雄器构成；在种系学上与巴塞篮状菌 *T. barcinensis* 关系最近（孙剑秋等，2022b）。

背橄榄色篮状菌　　图版 LXXXIX

Talaromyces reverso-olivaceus A.J. Chen, Frisvad & Samson, Stud. Mycol. 84: 141, 2016.

词源："*reverso-olivaceus*"表示其 CYA 菌落背面中部为橄榄色"olive centred reverse"。

模式菌株：CBS 140672 = CGMCC 3.18195；遗传标记：ITS = KU866646，*BenA* = KU866834，*CaM* = KU866730，*Rpb2* = KU866990。

在 CA 上 25℃培养 7 天，菌落直径约 2 mm，薄，表面平坦，边缘于培养基内，整齐；质地绒状；分生孢子稀疏，呈浅灰橄榄色（Light Grayish Olive，R. Pl. XLVI）；菌丝体呈白色；无渗出液和可溶性色素；背面呈白色。

在 CYA 上 25℃培养 7 天，菌落直径 7~9 mm，中部较厚，边缘较薄，具无规则沟纹，边缘于培养基表面，流苏状；质地绒状；分生孢子少量，呈浅灰绿色；菌丝体呈浅白色；渗出液无；可溶性色素无；背面中部呈橄榄绿色，外围渐浅至黄白色。

在 MEA 上 25℃培养 7 天，菌落直径 18~20 mm，薄，表面平坦，边缘于培养基表面，整齐；质地绒状兼絮绳状；分生孢子大量，呈灰橄榄色（Grayish Olive，R. Pl. XLVI）至浅灰橄榄色（Light Grayish Olive，R. Pl. XLVI）；菌丝体呈白色；渗出液无；可溶性色素无；背面呈浅褐黄色。

在 YES 上 25℃培养 7 天，菌落直径 20~22 mm，较薄，中部呈杯状，表面具大量辐射状皱纹，边缘于培养基表面，整齐；质地绒状；分生孢子适量，呈灰橄榄色（Grayish Olive，R. Pl. XLVI）至浅灰橄榄色（Light Grayish Olive，R. Pl. XLVI）；菌丝体呈白色；渗出液无；可溶性色素无；背面呈浅褐黄色。

在 CYA 上 37℃培养 7 天，菌落直径 14~15 mm。

在 CYA 上 5℃培养 7 天，未生长。

分生孢子梗发生于表面菌丝，带棕色，孢梗茎 60~90 μm × 3~3.5 μm，壁光滑；帚状枝双轮生，也有单轮生和不规则生；梗基每轮 4~6 个，排列较紧密，12~14 μm × 2.5~4 μm；瓶梗安瓿形，每轮 4~6 个，排列不紧密，10~12 μm × 2.5~3.5 μm；分生孢子椭球形至柠檬形，3~4 μm × 2~3 μm，壁光滑。

主要分类学性状：在 CA、CYA 上生长局限，在 MEA、YES 上生长缓慢，质地绒状，在 MEA 上具短絮绳状菌丝，在 CYA 背面呈橄榄绿色；分生孢子梗发生于表面菌丝，带棕色；帚状枝双轮生，也有单轮生和不规则生，瓶梗安瓿形；分生孢子椭球形至柠檬形，3~4 μm × 2~3 μm，壁光滑。

分布和基物：北京空气（CGMCC 3.18195）。

讨论：该种在形态学上比较独特，在 MEA 上形成菌丝绳，分生孢子梗带棕色；在种系学上该种与小笠原篮状菌 *T. boninensis*、螺旋篮状菌 *T. helicus* 关系较近（Chen *et al.*, 2016）。

杆孢篮状菌组 section *Bacillispori* N. Yilmaz, Frisvad & Samson
Stud. Mycol. 78: 191, 2014.

模式种：*Talaromyces bacillisporus* (Swift) C.R. Benj. [as 'bacillosporus'], Mycologia 47: 684, 1955.

该组物种生长局限，若产生有性阶段，其裸囊壳通常呈浅黄色或黄白色，菌丝体呈浅黄色至黄白色，分生孢子稀疏或发育迟缓；除杆孢篮状菌 *T. bacillisporus* 产生杆状分生孢子外，已发现的物种的分生孢子呈球形至椭球形，壁光滑；该组有些种的子囊孢子呈球形，有些则呈椭球形，壁具小刺或小脊。

该组全球只报道了 8 种，本卷研究和描述我国发现的 2 个种，以粗体显示（表 12）。

表 12　截至本卷定稿，杆孢篮状菌组已报道的物种及其模式菌株、分离地和遗传标记

物种	模式菌株	模式菌株分离地	遗传标记			
			ITS	*BenA*	*CaM*	*Rpb2*
T. bacillisporus	CBS 296.48 = NRRL 1025	美国	KM066182	AY753368	KJ885262	JF417425
T. clematidis	CBS 149228 = DTO 473-E3	捷克	ON863768	ON873763	ON938196	ON938200
T. columbiensis	CBS 113151 = IBT 23206	哥伦比亚	KX011503	KX011488	KX011499	MN969187
T. emodensis	CBS 100536 = IBT 14990	尼泊尔	JN899337	KJ865724	KJ885269	JN121552
T. hachijoensis	PF 1174 = IFM 53624	日本	AB176620	N/A	N/A	N/A
T. mimosinus	CBS 659.80 = FRR 1875	澳大利亚	JN899338	KJ865726	KJ885272	MN969149
T. proteolyticus	CBS 303.67 = NRRL 3378	乌克兰	JN899387	KJ865729	KJ885276	KM023301
T. unicus	CBS 100535 = CCRC 32703	中国	JN899336	KJ865735	KJ885283	MN969150

解蛋白篮状菌　图版 XC

Talaromyces proteolyticus (Kamyschko) Samson, N. Yilmaz & Frisvad, Stud. Mycol. 70: 176, 2011.

≡ *Penicillium proteolyticum* Kamyschko, Notul. Syst. Sect. Cryptog. Inst. Bot. Acad. Sci. U.S.S.R. 14: 228, 1961.

词源："*proteolyticus*"表示该种模式菌株具有蛋白分解"protein lysis"的能力。

模式菌株：CBS 303.67 = NRRL 3378；遗传标记：ITS = JN899387，*BenA* = KJ865729，*CaM* = KJ885276，*Rpb2* = KM023301。

在 CA 上 25℃培养 7 天，菌落直径 13~16 mm，薄，中央稍凸，表面平坦，边缘于培养基内，流苏状；质地绒状兼短絮状；分生孢子无；菌丝体在边缘呈白色，其余呈钡黄色（Baryta Yellow，R. Pl. Ⅳ）；渗出液无；可溶性色素无；背面呈苏丹棕色（Sudan Brown，R. Pl. Ⅲ）。

在 CYA 上 25℃培养 7 天，菌落直径 17~20 mm，稍厚，中央凸，表面平坦，边缘于培养基内，整齐；质地绒状；分生孢子无或少量，分布于中央，呈豆绿色（Pea Green，R. Pl. XLVII）；菌丝体呈白色夹杂硫黄色（Sulphur Yellow，R. Pl. Ⅴ）；渗出液无；可溶性色素无；背面呈火星橙色（Mars Orange，R. Pl. Ⅱ）。

在 MEA 上 25℃培养 7 天，菌落直径 20~21 mm，稍厚，中央凸，表面平坦，边缘于培养基表面，流苏状；质地绒状兼短絮状；分生孢子稀疏，呈鼠尾草绿色（Sage Green，

R. Pl. XVII）；菌丝体呈淡黄色，在边缘呈白色；无渗出液和可溶性色素；背面呈苏丹棕色（Sudan Brown, R. Pl. III）。

在 YES 上 25℃培养 7 天，菌落直径 18~21 mm，厚，中部短絮状，外围绒状，表面平坦，边缘于培养基内，整齐；质地绒状兼絮状；分生孢子无；菌丝体在边缘呈白色，中央絮状，呈硫黄色（Sulphur Yellow, R. Pl. V）；渗出液无；可溶性色素无；背面中部呈烧土褐色（Burnt Sienna, R. Pl. II），外围呈橙赤褐色（Orange Rufous, R. Pl. II）。

在 CYA 上 37℃培养 7 天，未生长。

在 CYA 上 5℃培养 7 天，未生长。

分生孢子梗发生于表面菌丝，孢梗茎 200~300 μm × 2.5~3 μm，壁光滑；帚状枝双轮生，偶尔不规则生；梗基每轮 4~8 个，排列不紧密，8~15 μm × 2.5~3 μm；瓶梗安瓿形，每轮 4~8 个，排列不紧密，8~10 μm × 2~2.5 μm；分生孢子卵形、近球形至椭球形，2~3 μm × 2~2.5 μm，壁光滑。

主要分类学性状：生长缓慢，菌落呈绒状兼短絮状；分生孢子稀疏，呈灰黄绿色；菌丝体呈白色夹杂黄色；帚状枝双轮生，偶尔不规则生，排列不紧密，瓶梗安瓿形；分生孢子卵形、近球形至椭球形，壁光滑。

分布和基物：贵州遵义土壤（GMT142 = AS 3.16317 = CGMCC 3.16181：ITS = ON427020，*BenA* = ON703583，*CaM* = ON703631，*Rpb2* = ON703680）；云南大理土壤（DL3-4）。

讨论：该种在形态学上较独特，生长缓慢，分生孢子稀少，菌丝体呈白色夹杂淡黄色；在种系学上与单脊篮状菌 *T. unicus*、哥伦比亚篮状菌 *T. columbiensis* 关系较近（Sun *et al.*，2020）。

单脊篮状菌　图版 XCI

Talaromyces unicus Tzean, J.L. Chen & Shiu, Mycologia 84: 739, 1992.

词源："*unicus*"表示其子囊孢子的赤道部位具有一个脊"single ridge"。

模式菌株：CBS 100535 = CCRC 32703；遗传标记：ITS = JN899336，*BenA* = KJ865735，*CaM* = KJ885283，*Rpb2* = MN969150。

在 CA 上 25℃培养 7 天，菌落直径 8~10 mm，稍厚，凸面，边缘于培养基表面，波曲状；质地绒状兼短絮状；分生孢子无；菌丝体呈白色至硫黄色（Sulphur Yellow, R. Pl. V）；渗出液少量，呈淡黄色；可溶性色素较多，呈赤褐色（Rufous, R. Pl. XIV）；背面呈浅橙黄色。

在 CYA 上 25℃培养 7 天，菌落直径 11~13 mm，稍厚，外围较薄，表面具少量辐射状皱纹，边缘于培养基表面，波曲状；质地绒状兼短絮状；分生孢子无；菌丝体呈白色夹杂硫黄色（Sulphur Yellow, R. Pl. V）；渗出液无；可溶性色素较多，呈淡褐红色，近于葡萄酒茶色（Vinaceous-Tawny, R. Pl. XXVIII）；背面呈赤褐色，近于葡萄酒红褐色（Vinaceous-Russet, R. Pl. XXVIII）。

在 MEA 上 25℃培养 7 天，菌落直径 19~22 mm，较厚，边缘于培养基表面，流苏状；质地绒状兼短絮状；分生孢子无；可见适量橙黄色裸囊壳；菌丝体在边缘呈白色，其余呈硫黄色（Sulphur Yellow, R. Pl. V）；渗出液较多，呈硫黄色（Sulphur Yellow,

R. Pl. V）；可溶性色素无；背面呈帝国黄色（Empire Yellow，R. Pl. V）。

在 YES 上 25℃培养 7 天，菌落直径 18~20 mm，较厚，边缘于培养基表面，圆裂片状；质地致密短絮状；分生孢子无；菌丝体在边缘呈白色，其余呈硫黄色（Sulphur Yellow，R. Pl. V）；裸囊壳少量，呈橙黄色；渗出液无；可溶性色素无；背面呈橙褐色，近于旱金莲皮黄色（Capucine Buff，R. Pl. III）。

在 CYA 上 37℃培养 7 天，未生长。

在 CYA 上 5℃培养 7 天，未生长。

作者未观察到无性和成熟的有性繁殖结构。以下描述根据 Tzean 等（1992）的文献：裸囊壳橙黄色，球形至近球形，2 个月后成熟，300~500 μm；子囊球形至近球形，8~12 μm × 8~11 μm；子囊孢子椭球形，壁粗糙，中央有一个赤道脊，3.5~6 μm × 3~4 μm。

主要分类学性状：生长很慢，菌丝体白色夹杂淡橙黄色；在 MEA 产生适量橙黄色裸囊壳，成熟很晚；子囊孢子椭球形，中央有一个赤道脊，壁粗糙（Tzean et al.，1992）。

分布和基物：台湾土壤（CCRC 32703 = AS 3.26029 = CBS 100535）。

讨论：该种模式菌株已经退化，有性和无性孢子均不产生，而且国内外尚未发现其他菌株；在种系学上与哥伦比亚篮状菌 T. columbiensis、解蛋白篮状菌 T. proteolyticus 关系较近（Sun et al.，2020）。

细梗篮状菌组 section *Tenues* B.D. Sun, A.J. Chen, Houbraken & Samson
MycoKeys 68: 82, 2020.

模式种：*Talaromyces tenuis* B.D. Sun, A.J. Chen, Houbraken & Samson, MycoKeys 68: 82, 2020.

该组的模式种在 CA、CYA、YES 等培养基上生长非常局限，仅形成白色菌丝体，在 MEA 上生长缓慢，形成绿黄色菌丝体，分生孢子稀疏；孢梗茎细；帚状枝单轮生，偶见双轮生，排列不紧密；分生孢子呈球形至椭球形，壁光滑。

该组全球目前只报道了 1 种 1 株菌，即发现于我国贵州的模式种及其模式菌株。

细梗篮状菌　图版 XCII

Talaromyces tenuis B.D. Sun, A.J. Chen, Houbraken & Samson, MycoKeys 68: 86, 2020.

词源："*tenuis*"表示其模式菌株产生细分生孢子梗"thin conidiophores"。

模式菌株：CGMCC 3.26038 = CBS 141840；遗传标记：ITS = MN864275，*BenA* = MN863344，*CaM* = MN863321，*Rpb2* = MN863333。

在 CA 上 25℃培养 7 天，菌落直径 1~2 mm，全部为白色菌丝体，背面呈淡黄色。

在 CYA 上 25℃培养 7 天，菌落直径 2~3 mm，全部为白色菌丝体，背面呈淡黄色。

在 MEA 上 25℃培养 7 天，菌落直径 22~23 mm，较厚，表面具少量辐射状皱纹，边缘于培养基表面，整齐；质地短絮状；分生孢子稀疏，呈玉石绿色（Jade Green，R. Pl. XXXI）；菌丝体呈绿黄色（Green Yellow，R. Pl. V）；无渗出液和可溶性色素；背面呈生土褐色（Raw Sienna，R. Pl. III）。

在 YES 上 25℃培养 7 天，菌落直径约 5 mm，全部为白色菌丝体，背面呈暖皮黄色（Warm Buff，R. Pl. XV）。

在 CYA 上 37℃培养 7 天，未生长。

在 CYA 上 5℃培养 7 天，未生长。

分生孢子梗发生于气生菌丝，孢梗茎 50~100 μm × 2~3 μm，细，壁光滑；帚状枝单轮生，偶见双轮生；梗基每轮 2~3 个，排列不紧密，8~10 μm × 2~2.5 μm；瓶梗披针形，每轮 2~3 个，排列不紧密，8~10 μm × 2~2.5 μm；分生孢子球形至椭球形，2~3 μm × 2~2.5 μm，壁光滑。

主要分类学性状：在 CA、CYA、YES 上生长局限，在 MEA 上生长缓慢，分生孢子稀疏，菌丝体在 MEA 上呈绿黄色；帚状枝单轮生，偶见双轮生；分生孢子呈球形至近球形，壁光滑。

分布和基物：贵州土壤（CGMCC 3.26038 = CBS 141840）。

讨论：该组目前只发现 1 个种 1 株菌，在菌落形态上该种类似于异生篮状菌 *T. diversus*，在种系学上该种与螺旋篮状菌组的种较近（Sun *et al.*，2020）。

青霉属补遗

我国青霉属 *Penicillium* 的物种已经由《中国真菌志 第三十五卷 青霉属及其相关有性型属》进行了阶段性的研究和总结。以下简单介绍该属的分类学简史，补充分子种系学的最新研究结果，并选取近期发表的或重新承认的与篮状菌形态上相似（均产生两轮生帚状枝）的叉状亚属（subgenus *Furcatum* Pitt）的 16 个种进行描述。

青霉属 *Penicillium* 由 Link 于 1809 年建立，模式种为扩展青霉 *P. expansum* Link。但在此前有许多学者已经开始研究青霉了，只是他们把青霉当作其他霉菌进行研究。例如，Micheli 于 1729 年在他的《新植物属》（*Nova Plantarum Genera*）中描述的白曲霉 *Aspergillus albus* K. Wilh.实际上是某种青霉。Linnaeus 描述过的皮壳毛霉 *Mucor crustaceus* L.也是某种青霉，但后来 Persoon 将其归入丛梗孢属 *Monilia* Pers.。Bulliard 于 1809 年将这种帚状或刷状的霉菌命名为帚状毛霉 *Mucor penicillatus* Bull.（Thom，1930；Raper & Thom，1949）。

此后的约 100 年间，欧美学者做了大量的分类学工作，如 Persoon、Fries、Greville、Corda、Bonorden、Frenius、Preuss、Revolta、Berkeley、Broome、Spegazzini、Cooke、Saccardo 等，他们均采集、搜集了大量材料。但是他们受当时的工作条件和知识的限制，将来自自然环境中的新鲜材料或标本进行观察和描述后标记、干燥，然后送入标本馆，最后将所做的描述发表。他们没有对材料进行纯培养，因此常常导致结论不正确。此后的学者，如 De Bary、Wehme、Sopp（formerly known as Olav John-Olsen）、Thom、Dierckx、Biourge、Zaleski 等开展了对青霉菌株进行纯培养的研究工作。其中 Thom 于 1910 年发表了《青霉物种的培养研究》（*Cultural studies of species of Penicillium*），他强调了在标准培养基上对种进行比较研究的重要性，并描述了 13 个新种，他还研究了温度对不同种的影响。Biourge 接替 Dierckx 的工作于 1923 年撰写了专著 Les Moisissures du Groupe *Penicillium* Link。他在此书中沿用了 Dierckx 的培养方法，并再次强调了纯培养技术的重要性，记录了在 13 种培养基上的实验结果，并描述了 125 个种，但其中包括了许多产生帚状枝的非青霉物种（Thom，1930；Raper & Thom，1949）。

1930 年，Thom 撰写了《青霉》（*The Penicillia*）一书。其中记录了所有以前描述过的青霉，约 300 个种及一些异名，并建立了第一个有序而全面的分类系统。该系统将青霉属分为 4 个部分（division），以下又分为组（section）和亚组（subsection）。此后，Smith、Turfitt、Szilvinyi 和 van Beyma 又陆续发现了许多新种。

Raper 和 Fennell 于 1940 年在美国农业部（USDA）的北方地区研究实验室（NRRL）开始研究青霉。Raper 在此前曾与 Thom 合作了 10 年。Raper 和 Fennell 参考了 Thom 的大量记录、材料及建议，于 1949 年出版了《青霉手册》（*A Manual of Penicillia*）（Raper & Thom，1949）。此书是青霉分类史的重要里程碑。Raper、Thom 和 Fennell 系统研究了当时所有已描述过的种，把大多数种名作为异名处理，只剩下 137 个种，分别属于 4 个组和 41 个系。这本专著一直被沿用了近 30 年，至今仍是重要的参考资料。但其中有三点明显不足：①未遵守命名法规有关优先权的规定；②未对种进行模式标定；③对具有有性阶段的种的命名未给予优先权（Pitt & Samson，1990）。《青霉手册》问世后，许多学者对青霉及其有性阶段进行了大量研究，其中 Pitt（1979）的工作最为突出，还有荷兰菌种保藏中心（CBS）和南非的学者如 Stolk 和 Scott（1967）、Stolk（1968）、Samson 等（1976）、Scott 和 Stolk（1967）、Scott（1968）、Stolk 和 Samson（1983）等，此外还有日本的 Udagawa 和 Awho（1969）、Udagawa 和 Horie（1973）等。

Pitt 于 1968 年开始在美国农业部（USDA）的北方地区研究实验室（NRRL）研究青霉。他于 1973~1974 年提出了在 5℃ 和 37℃ 及在低水活度（$a_w = 0.935$）的培养基，如 25% 甘油硝酸盐琼脂（G25N）上培养和研究青霉的方法，从而增加了对青霉分类的依据。他系统地研究了前人取得的有关成果，于 1979 年撰写了专著《青霉属及其相关有性型：正青霉属和篮状菌属》（*The Genus Penicillium and Its Teleomorphic States*: *Eupenicillium and Talaromyces*）。在该著作中，他遵循当时的《国际植物命名法规》（International Code of Botanical Nomenclature，ICBN）的第 59 条款（Art. 59），将已发现和未发现有性型的青霉共 150 个种区分开来，将发现有性型的种归入篮状菌属和正青霉属，将未发现有性型的种按照帚状枝分枝类型分别归入 4 个亚属，即曲霉状亚属、叉状亚属、青霉亚属和双轮亚属，进而又分为 10 个组（section）、21 个系（series），并对每个种进行了模式标定和详细描述（Pitt，1979）。但他的物种概念较宽，把许多现在证明是独立的物种作为了异名处理。即便如此，他的系统仍被世界各国的同行所接受，直到现在都是重要的参考资料。

Ramirez（1982）出版了《青霉手册和图集》（*Manual and Atlas of the Penicillia*）。他在此专著中描述了约 227 个种并附有线描图、分生孢子的扫描电镜照片和菌落照片。在该著作中，其分类主要依据 Raper 和 Thom（1949）的系统，将物种概念缩小，他发表的许多新种均得到了现在的分子种系学的确认。

Malloch（1985）依据子囊壳结构、子囊孢子形态学、营养需求类型和无性阶段分类学性状将发菌科划分为发菌亚科 Trichocomoideae Malloch 和双瓣亚科 Dichlaenoideae

Malloch，将青霉有性型的篮状菌属和正青霉属分别划归于上面的两个亚科。他首次从形态学、生理学和生态学总结了篮状菌和青霉的本质区别。

Peterson（2000）选取了青霉曲霉状亚属、叉状亚属、青霉亚属的 71 个种，以及正青霉的 24 个种，基于 rDNA 28S D1、D2 和 ITS1-5.8S-ITS2 序列分析，发现这些青霉可分为 6 个群 16 个演化支，这些群和演化支与帚状枝的分枝类型无关。

Wang 和 Zhuang（2007）基于钙调蛋白基因序列将 56 种青霉划分为 9 个群。

Houbraken 和 Samson（2011）根据 4 个基因，即 *Cct8*、*Tsr1*、*Rpb1* 和 *Rpb2*，将发菌科拆分为 3 个科，即曲霉科、嗜热子囊菌科和发菌科。篮状菌属被划分在发菌科内，青霉属、曲霉属、红曲属等被划分在曲霉科，而拟青霉属则被归于嗜热子囊菌科。Houbraken 等（2020）根据 9 个基因（*BenA*、*CaM*、*Cct8*、ITS、*LSU*、*Rpb1*、*Rpb2*、*SSU*、*Tsr1*）将散囊菌目划分为 5 个科，即除了以上 3 科，又增加了大团囊菌科 Elaphomycetaceae Tul. ex Paol. 和近青霉科 Penicillaginaceae Houbraken, Frisvad & Samson。他们基于 *BenA*、*CaM* 和 *Rpb2* 序列将目前所报道的青霉属 483 个种划分为 2 个亚属，即曲霉状亚属 subgenus *Aspergilloides* Diercks 和青霉亚属 subgenus *Penicillium*，其中曲霉状亚属有 19 个组，青霉亚属有 13 个组。

随着分子种系学在青霉分类学的广泛应用，青霉属的物种数量已经翻了 2 倍多，如 Pitt 和 Samson（1993）收录了 223 个种，Pitt 等（2000）收录了 225 种，目前已超过 500 种（如 Houbraken *et al.*，2020；Xu *et al.*，2022）。

本卷收录的 16 个种均产生两轮生帚状枝，在显微形态上类似于篮状菌的双轮生帚状枝。按照 Pitt（1979）的分类系统，应属于叉状亚属 subgenus *Furcatum* Pitt，但按照 Houbraken 等（2020）分子种系学分类系统，则分散于曲霉状亚属和青霉亚属多个组中。为了研究和读者使用方便，这些种仍然按照 Pitt（1979）的叉状亚属分类，并注明各种在 Houbraken 等（2020）的组别。

青霉属叉状亚属 Penicillium subgenus *Furcatum* Pitt

The Genus *Penicillium*. p. 233, 1979

模式种：*Penicillium citrinum* Thom, Bull. U.S. Department of Agriculture, Bureau Animal Industry 118: 61, 1910.

该组物种在 25℃生长差异较大，分生孢子稀少至大量，呈灰绿色至灰色，菌丝体白色至浅黄色；帚状枝主要两轮生，也有不规则生，通常排列不紧密，常具有 2~6 个末端梗基，有时具有近末端或间生的梗基，瓶梗安瓿形，分生孢子球形、近球形至椭球形，壁光滑至稍粗糙。本卷收录 16 个种，分属于 Houbraken 等（2020）系统的 5 个组中，即毛叉组、橘青霉组、细茎组、分枝组和变灰组（表 13）。

表 13　本卷收录的我国青霉属叉状亚属物种及其所属组别和遗传标记（共 16 个种）

物种	模式菌株	组别	遗传标记			
			ITS	*BenA*	*CaM*	*Rpb2*
P. brasilianum	CBS 253.55 = FRR 3466	毛叉组 section *Lanata-Divaricata* Thom	GU981577	GU981629	MN969239	KF296420
P. chrzaszczii	CBS 217.28 = NRRL 903	橘青霉组 section *Citrina* Houbraken & Samson	GU944603	JN606758	MN969244	JN606628
P. citreosulfuratum	IMI 92228 = DTO 290-I4	细茎组 section *Exilicaulis* Pitt	KP016814	KP016753	KP016777	KP064615
P. copticola	CBS 127355 = IBT 30771	橘青霉组 section *Citrina*	JN617685	JN606817	JN606553	JN606599
P. cremeogriseum	CBS 223.66 = NRRL 3389	毛叉组 section *Lanata-Divaricata*	GU981586	GU981624	MN969250	KF296426
P. donggangicum	AS 3.15900 = LN5H1-4	毛叉组 section *Lanata-Divaricata*	MW946996	MZ004914	MZ004918	MW979253
P. fructuariae-cellae	CBS 145110	毛叉组 section *Lanata-Divaricata*	MK039434	KU554679	MK045337	N/A
P. griseopurpureum	CBS 406.65 = FRR 3429	毛叉组 section *Lanata-Divaricata*	KF296408	KF296467	MN969261	KF296431
P. hepuense	AS 3.16039 = TT2-4X3	毛叉组 section *Lanata-Divaricata*	MW946994	MZ004912	MZ004916	MW979254
P. jiaozhouwanicum	AS 3.16038 = 0801H2-2	毛叉组 section *Lanata-Divaricata*	MW946993	MZ004911	MZ004915	MW979252
P. koreense	KACC 47721	毛叉组 section *Lanata-Divaricata*	KJ801939	KM000846	MN969317	MN969159
P. pancosmium	CBS 276.75 = DTO 031-B4	橘青霉组 section *Citrina*	JN617660	JN606790	MN969284	MN969130
P. skrjabinii	CBS 439.75 = NRRL 13055	毛叉组 section *Lanata-Divaricata*	GU981576	GU981626	MN969299	EU427252
P. sumatraense	CBS 281.36 = NRRL 779	橘青霉组 section *Citrina*	GU944578	JN606639	MN969301	EF198541
P. virgatum	CBS 114838 = BBA 65745	分枝组 section *Ramosum* Stolk & Samson	AJ748692	KJ834500	KJ866992	JN406641
P. yarmokense	CBS 131537 = IBT 4315	变灰组 section *Canescentia* Houbraken & Samson	KC411757	MN969407	MN969314	JN406553

巴西青霉　图版 XCIII

Penicillium brasilianum Bat., Anais Soc. Biol. Pernambuco 15: 160, 1957. Zhang *et al.* Front. Chem. 6: 314, 2018.

词源："*brasilianum*" 表示该种模式菌株分离自巴西 "Brazil"。

模式菌株: CBS 253.55 = FRR 3466; 遗传标记: ITS = GU981577, *BenA* = GU981629, *CaM* = MN969239, *Rpb2* = KF296420。

在 CA 上 25℃培养 7 天, 菌落直径 33~35 mm, 薄, 表面平坦, 边缘于培养基表面, 毛边状; 质地绒状; 分生孢子较多, 呈俄罗斯绿色 (Russian Green, R. Pl. XLVII); 菌丝体在边缘呈白色; 渗出液无; 可溶性色素无; 背面呈杏黄色 (Apricot Yellow, R. Pl. IV), 外围呈帝国黄色 (Empire Yellow, R. Pl. IV)。

在 CYA 上 25℃培养 7 天, 菌落直径 35~38 mm, 薄, 表面具少量辐射状皱纹, 边缘于培养基表面, 整齐; 质地绒状; 分生孢子大量, 呈安多佛绿色 (Andover Green, R. Pl. XLVII); 菌丝体呈白色; 无色渗出液少量; 可溶性色素无; 背面呈樱草黄色 (Primuline Yellow, R. Pl. XVI)。

在 MEA 上 25℃培养 7 天, 菌落直径 53~55 mm, 较薄, 表面平坦, 边缘于培养基表面, 整齐; 质地绒状; 分生孢子大量, 呈灰橄榄色 (Grayish Olive, R. Pl. XLVI); 菌丝体在边缘呈白色; 渗出液无; 可溶性色素无; 背面呈浅褐黄色。

在 YES 上 25℃培养 7 天, 菌落直径 53~55 mm, 薄, 表面具大量辐射状沟纹, 边缘于培养基表面, 整齐; 质地绒状; 分生孢子较多, 在中央呈灰橄榄色 (Grayish Olive, R. Pl. LI), 在外围呈豆绿色 (Pea Green, R. Pl. XLVII); 菌丝体在边缘呈白色, 在中部呈枸橼绿色 (Citron Green, R. Pl. XXXI); 渗出液无; 可溶性色素无; 背面呈赭茶色 (Ochraceous Tawny, R. Pl. XV)。

在 CYA 上 37℃培养 7 天, 菌落直径 15~18 mm。

在 CYA 上 5℃培养 7 天, 未生长。

分生孢子梗发生于表面菌丝, 孢梗茎 400~600 μm × 2.5~4 μm, 壁粗糙; 帚状枝两轮生, 偶尔不规则生; 梗基每轮 2~4 个, 壁粗糙或光滑, 常在近末端生出较长的梗基, 瓶梗安瓿形, 每轮 4~6 个, 8~10 μm × 2.5~3 μm; 分生孢子椭球形至梨形, 2.5~3.5 μm × 2~3 μm, 壁稍粗糙。

主要分类学性状: 生长较快, 形成绒状菌落, 分生孢子大量, 呈深灰绿色; 帚状枝两轮生, 孢梗茎壁粗糙, 梗基壁粗糙或光滑, 常在近末端生出较长的梗基; 分生孢子椭球形至梨形, 壁稍粗糙。

分布和基物: 贵州遵义正安土壤 (ZA19-1 = AS 3.26022: *BenA* = ON637889); 西藏山南树叶 (XZ94 = AS 3.15722: *BenA* = MF036174, *CaM* = MF039288)。

文献记载: 云南, 南海涠洲岛 (Zhang *et al.*, 2018; Xu *et al.*, 2020)。这些鉴定仅依据 rDNA 序列, 尚需进一步研究确认。

讨论: 该种在形态学上与简青霉 *P. simplicissimum* (Oudem.) Thom 很相似, 因此被 Pitt (1979) 作为后者的异名; 在种系学上与阿拉戈斯青霉 *P. alagoense* L.O. Ferro, A.D. Cavalcanti, O.M.C. Magalhães, Souza-Motta & J.D.P. Bezerra、副梅花状青霉 *P. paraherquei* S. Abe、*P. onobense* C. Ramírez & A.T. Martínez、斯克亚宾青霉 *P. skrjabinii* Schmotina & Golovleva 关系较近 (Houbraken *et al.*, 2011a, 2020)。

科萨斯奇青霉　图版 XCIV

Penicillium chrzaszczii K.W. Zaleski, Bull. Acad. Polon. Sci., Math. et Nat., Sér. B: 464,

1927.

词源："*chrzaszczii*"表示波兰人姓氏"Chrzaszczy"。

模式菌株：CBS 217.28 = NRRL 903；遗传标记：ITS = GU944603，*BenA* = JN606758，*CaM* = MN969244，*Rpb2* = JN606628。

在 CA 上 25℃培养 7 天，菌落直径 19~21 mm，薄，表面平坦，边缘于培养基表面，整齐；质地绒状；分生孢子较多，呈豆绿色（Pea Green，R. Pl. XVII）；菌丝体呈白色；渗出液少量，无色；可溶性色素无；背面呈奶油色（Cream Color，R. Pl. XVI）。

在 CYA 上 25℃培养 7 天，菌落直径 20~21 mm，较薄，表面具较多辐射状沟纹，边缘于培养基内，整齐；质地绒状；分生孢子适量，呈矿灰色（Mineral Gray，R. Pl. XLVII）；菌丝体呈白色；渗出液少量，无色；可溶性色素无；背面呈移民期皮黄色（Colonial Buff，R. Pl. XXVIII）。

在 MEA 上 25℃培养 7 天，菌落直径 13~14 mm，稍厚，表面具较多辐射状沟纹，边缘于培养基表面，整齐；质地绒状；分生孢子较多，呈豆绿色（Pea Green，R. Pl. XLVII）；菌丝体呈白色；渗出液无；可溶性色素无；背面呈褐黄色。

在 YES 上 25℃培养 7 天，菌落直径 18~20 mm，较厚，表面具密集辐射状沟纹，边缘于培养基表面，波曲状；质地绒状；分生孢子稀少，分布于中央，呈豆绿色（Pea Green，R. Pl. XLVII）至安多佛绿色（Andover Green，R. Pl. XLVII）；菌丝体呈白色夹杂奶油色（Cream Color，R. Pl. XVI）；渗出液无；可溶性色素无；背面呈蜡黄色（Wax Yellow，R. Pl. XVI）。

在 CYA 上 37℃培养 7 天，未生长。

在 CYA 上 5℃培养 7 天，未生长。

分生孢子梗发生于表面菌丝，孢梗茎 400~500 μm × 2~2.5 μm，壁光滑，帚状枝不规则生及两轮生；梗基每轮 2~4 个，8~10 μm × 2~2.5 μm；瓶梗安瓿形，每轮 6~12 个，较短，5~8 μm × 2~2.5 μm；分生孢子球形，2~2.5 μm，壁光滑。

主要分类学性状：生长缓慢，形成绒状菌落，产生适量灰绿色分生孢子；帚状枝不规则生及两轮生，瓶梗安瓿形，较短；分生孢子球形，壁光滑。

分布和基物：黑龙江绥化海伦双河林场土壤（SH5-2 = AS 3.26020：*BenA* = ON637890）。

讨论：该种曾经被 Pitt（1979）作为米舒青霉 *P. miczynskii* K.W. Zaleski 的异名；在种系学上与戈德莱夫斯基青霉 *P. godlewskii* K.W. Zaleski、瓦克斯曼青霉 *P. waksmanii* K.W. Zaleski 关系最近（Houbraken *et al.*，2011b，2020）。

橘硫黄青霉　图版 XCV

Penicillium citreosulfuratum Biourge, La Cellule 33: 285, 1923. Hu *et al.*, Plant Dis. 106: 760, 2022.

词源："*citreosulfuratum*"表示该种产生橘黄色及硫黄色"citreo-sulfureous"的菌丝体和可溶性色素。

模式菌株：IMI 92228 = DTO 290-I4；遗传标记：ITS = KP016814，*BenA* = KP016753，*CaM* = KP016777，*Rpb2* = KP064615。

在 CA 上 25℃培养 7 天，菌落直径 13~15 mm，稍薄，表面平坦，边缘于培养基表面，整齐；质地绒状；分生孢子适量，呈豆绿色（Pea Green，R. Pl. XLVII）；菌丝体呈硫黄色（Sulphur Yellow，R. Pl. V）；渗出液无；可溶性色素适量，呈淡绿黄色（Pale Green Yellow，R. Pl. V）；背面呈帝国黄色（Empire Yellow，R. Pl. IV）。

在 CYA 上 25℃培养 7 天，菌落直径 25~27 mm，薄，表面具较多辐射状沟纹，边缘于培养基表面，多边状；质地绒状；分生孢子无或稀疏，呈浅灰色；菌丝体呈淡绿黄色（Pale Green Yellow，R. Pl. V），在边缘呈硫黄色（Sulphur Yellow，R. Pl. V）；渗出液无；可溶性色素适量，呈淡绿黄色（Pale Green Yellow，R. Pl. V）；背面呈苯胺黄色（Aniline Yellow，R. Pl. IV）。

在 MEA 上 25℃培养 7 天，菌落直径 14~16 mm，稍厚，表面平坦，边缘于培养基表面，整齐；质地绒状；分生孢子大量，呈豆绿色（Pea Green，R. Pl. XLVII）；菌丝体呈黄白色；渗出液无；可溶性色素无；背面呈琥珀黄色（Amber Yellow，R. Pl. XVI）。

在 YES 上 25℃培养 7 天，菌落直径 39~40 mm，稍厚，中央凸，表面具大量辐射状沟纹，边缘于培养基表面，波曲状；质地绒状；分生孢子无或稀疏，呈淡灰绿色；菌丝体呈浅绿黄色（Light Green Yellow，R. Pl. V）；渗出液少量，无色；可溶性色素较多，淡绿黄色；背面呈皮黄色（Buff Yellow，R. Pl. IV）。

在 CYA 上 37℃培养 7 天，未生长。

在 CYA 上 5℃培养 7 天，未生长。

分生孢子梗发生于表面菌丝，孢梗茎 100~300 μm × 2~2.5 μm，壁光滑；帚状枝不规则生、两轮生和单轮生；梗基每轮 2~3 个，10~25 μm × 2~2.5 μm，顶端膨大可达 4 μm，瓶梗安瓿形，每轮 6~10 个，5~9 μm × 2~3 μm；分生孢子球形，1.5~2 μm，壁光滑。

主要分类学性状：在 CA、CYA、MEA 上生长缓慢，形成绒状菌落，分生孢子呈灰绿色，菌丝体和可溶性色素呈淡绿黄色；帚状枝不规则生、两轮生和单轮生；瓶梗安瓿形；分生孢子球形，壁光滑。

分布和基物：贵州遵义正安和溪大坎区土壤（ZA29-1 = AS 3.26023；*BenA* = ON637891）。

文献记载：上海（Hu *et al.*，2022）。

讨论：该种曾经被 Pitt（1979）作为橘暗青霉 *P. citreonigrum* Dierckx 的异名，在种系学上与橘暗青霉、芳迪青霉 *P. fundyense* Visagie, David Clark & Seifert、灰色青霉 *P. cinerascens* Biourge 关系较近（Houbraken *et al.*，2020）。

油酥面青霉 图版 XCVI

Penicillium copticola Houbraken, Frisvad & Samson, Stud. Mycol. 70: 88, 2011. Hua *et al.*, Edib. Fungi China 40 (9): 84, 2021.

词源："*copticola*"表示该种模式菌株分离自油酥面"pastery"。

模式菌株：CBS 127355 = IBT 30771；遗传标记：ITS = JN617685，*BenA* = JN606817，*CaM* = JN606553，*Rpb2* = JN606599。

在 CA 上 25℃培养 7 天，菌落直径 24~25 mm，薄，中央稍凸，表面具少量辐射状皱纹，边缘于培养基表面，整齐；质地绒状；分生孢子较多，呈豆绿色（Pea Green，

R. Pl. XLVII）；菌丝体在边缘呈白色；渗出液少量，无色；可溶性色素无；背面呈浅褐色。

在 CYA 上 25℃培养 7 天，菌落直径 28~30 mm，薄，表面具适量辐射状沟纹，边缘于培养基表面，整齐；质地绒状，中央短絮状；分生孢子大量，呈豆绿色（Pea Green, R. Pl. XLVII）；菌丝体呈白色；无色渗出液较多；可溶性色素无；背面呈皮黄色。

在 MEA 上 25℃培养 7 天，菌落直径 28~30 mm，较薄，表面呈凸面，平坦，边缘于培养基表面，整齐；质地绒状，中央短絮状；分生孢子大量，呈豆绿色（Pea Green, R. Pl. XLVII）至白屈菜绿色（Celandine Green, R. Pl. XLVII）；菌丝体在边缘呈白色；渗出液无；可溶性色素无；背面呈褐黄色。

在 YES 上 25℃培养 7 天，菌落直径 44~45 mm，薄，表面具较多辐射状沟纹，边缘于培养表面，波曲状；质地绒状；分生孢子较多，呈豆绿色（Pea Green, R. Pl. XLVII）；菌丝体在边缘呈白色；渗出液较多，无色；可溶性色素无；背面呈浅黄色。

在 CYA 上 37℃培养 7 天，未生长。

在 CYA 上 5℃培养 7 天，未生长。

分生孢子梗发生于表面菌丝，孢梗茎 400~600 μm × 2.5~3.5 μm，壁光滑；帚状枝对称两轮生，偶尔单轮生；梗基每轮 2~4 个，偶尔顶端膨大，长度多相等，排列不紧密，12~16 μm × 2~3 μm；瓶梗安瓿形，每轮 4~6 个，8~10 μm × 2~3 μm；分生孢子椭球形，2.5~3 μm × 2~2.5 μm，壁光滑。

主要分类学性状：生长适度，形成绒状菌落；分生孢子大量，灰绿色；帚状枝对称两轮生，偶尔单轮生；分生孢子椭球形，壁光滑。

分布和基物：福建厦门滩涂土壤（XM3-6-4 = AS 3.26036：*BenA* = ON637892）。

文献记载：海南、云南（刘翊昊，2016；华蓉等，2021）。这些鉴定仅依据 rDNA 序列，尚需进一步研究确认。

讨论：该种在形态学上类似于橘青霉 *P. citrinum* Thom；在种系学上与土产青霉 *P. terrigenum* Houbraken, Frisvad & Samson、希尔青霉 *P. shearii* Stolk & D.B. Scott、覃青霉 *P. paxilli* Bainier 关系较近（Houbraken *et al.*，2011b）。

奶油灰青霉　图版 XCVII

Penicillium cremeogriseum Chalab., Notul. Syst. Sect. Cryptog. Inst. Bot. Acad. Sci. U.S.S.R. 6: 168, 1950. Sang *et al.*, Ind. J. Microbil. 61: 519, 2021.

词源："cremeogriseum" 表示该种菌落背面颜色近于奶油色，分生孢子呈灰色 "cremeous-griseous"。

模式菌株：CBS 223.66 = NRRL 3389；遗传标记：ITS = GU981586，*BenA* = GU981624，*CaM* = MN969250，*Rpb2* = KF296426。

在 CA 上 25℃培养 7 天，菌落直径 27~29 mm，薄，表面具适量辐射状沟纹，边缘于培养基表面，波曲状；质地绒状；分生孢子适量，呈橄榄灰色（Olive Gray, R. Pl. LI）；菌丝体呈白色；渗出液无；可溶性色素无；背面呈橄榄赭色（Olive Ocher, R. Pl. XXX）。

在 CYA 上 25℃培养 7 天，菌落直径 30~33 mm，稍厚，表面具少量辐射状沟纹，边缘于培养基表面，波曲状；质地绒状；分生孢子较多，呈橄榄灰色（Olive Gray, R. Pl.

LI）；菌丝体呈白色；渗出液无；可溶性色无；背面呈奶油色（Cream Color，R. Pl. XVI）。

在 MEA 上 25℃培养 7 天，菌落直径 48~50 mm，较薄，表面平坦，边缘于培养基表面，龟裂状；质地绒状；分生孢子大量，呈浅橄榄灰色（Light Olive Gray，R. Pl. LI）；菌丝体呈白色；渗出液无；可溶性色素无；背面中部呈棕色，近于阿格斯棕色（Argus Brown，R. Pl. III），外围浅至淡橙黄色（Pale Orange Yellow，R. Pl. III）。

在 YES 上 25℃培养 7 天，菌落直径 50~53 mm，稍厚，表面具较多辐射状沟纹，边缘于培养基表面，整齐；质地绒状；分生孢子适量，呈橄榄灰色（Olive Gray，R. Pl. LI）；菌丝体呈白色夹杂浅嫩绿色（Light Viridine Green，R. Pl. VI）；渗出液无；可溶性色素无；背面中部呈乌贼墨色（Sepia，R. Pl. XXIX），外围浅至伊莎贝拉色（Isabella Color，R. Pl. XXX）。

在 CYA 上 37℃培养 7 天，菌落直径 13~15 mm。

在 CYA 上 5℃培养 7 天，未生长。

分生孢子梗发生于表面菌丝，孢梗茎 250~400 μm × 2~2.5 μm，壁光滑；帚状枝两轮生、不规则生及单轮生；梗基每轮 2~3 个，13~18 μm × 2~2.5 μm，瓶梗安瓿形，每轮 4~6 个，7~9 μm × 2~2.5 μm；分生孢子呈球形、近球形，2.5~3 μm × 2~2.5 μm，壁光滑至稍粗糙。

主要分类学性状：生长较快，形成绒状菌落，分生孢子较多，呈橄榄灰色；帚状枝两轮生、不规则生和单轮生；瓶梗安瓿形；分生孢子球形、近球形，壁光滑至稍粗糙。

分布和基物：山东烟台土壤（GLY5 = AS 3.26012；*BenA* = ON637893）。

文献记载：云南（Sang *et al.*，2021）。该鉴定仅依据 rDNA 序列，尚需进一步研究确认。

讨论：该种曾经被 Pitt（1979）作为微紫青霉 *P. janthinellum* Biourge 的异名，在种系学上与库伦青霉 *P. cluniae* Quintan.、灰玫瑰青霉 *P. glaucoroseum* Demelius、路德威格青霉 *P. ludwigii* Udagawa、日出青霉 *P. ortum* Visagie & K. Jacobs 关系较近（Houbraken *et al.*，2020）

东港青霉　图版 XCVIII

Penicillium donggangicum L. Wang, Peer J 10: e13224, 2022.

词源："*donggangicum*"表示该种模式菌株分离自辽宁丹东东港"donggang"。

模式菌株：AS 3.15900 = LN5H1-4；遗传标记：ITS = MW946996，*BenA* = MZ004914，*CaM* = MZ004918，*Rpb2* = MW979253。

在 CA 上 25℃培养 7 天，菌落直径 18~21 mm，薄，表面具少量辐射状沟纹和同心环状皱纹，边缘于培养基内，整齐；质地绒状；分生孢子无或稀疏，分布于中央，呈浅灰色；菌丝体呈白色夹杂奶油色（Cream Color，R. Pl. XVI）；渗出液无或稀少，无色至淡黄色；可溶性色素无；具浓霉味；背面呈棕色。

在 CYA 上 25℃培养 7 天，菌落直径 32~33 mm，较薄，表面具大量辐射状沟纹，中央凸起，边缘于培养基表面，波曲状；质地绒状，上面覆盖稀疏白絮状菌丝体；分生孢子稀疏，呈橄榄皮黄色（Olive Buff，R. Pl. XL）；菌丝体呈灰黄色；中部具少量浅黄色菌核；渗出液无或少量，淡黄色；可溶性色素无；具浓霉味；背面呈红褐色。

在 MEA 上 25℃培养 7 天，菌落直径 30~33 mm，薄，表面具较多辐射状沟纹，边缘于培养基表面，整齐；质地绒状，上面覆盖稀疏菌丝体；分生孢子无至稀少，呈暗橄榄皮黄色（Dark Olive Buff，R. Pl. XL）；菌丝体呈白色夹杂浅橙黄色；具大量黄色菌核；渗出液无；可溶性色素无；背面呈棕色。

在 YES 上 25℃培养 7 天，菌落直径 43~45 mm，较厚，中央凸起，表面具大量辐射状和同心环状皱纹，边缘于培养基表面，整齐；质地绒状；分生孢子稀少，烟灰色（Smoke Gray，R. Pl. XLVI）；菌丝体在边缘呈白色，在中部呈浅黄色；中部具大量浅黄色菌核；渗出液适量，浅棕黄色；可溶性色素无；具浓霉味；背面呈浅棕色。

在 CYA 上 37℃培养 7 天，菌落直径 12~14 mm。

在 CYA 上 5℃培养 7 天，未生长。

分生孢子梗发生于表面菌丝和气生菌丝，孢梗茎与气生菌丝无法区分，直径 2.5~3 μm，壁光滑；帚状枝不规则生，梗基和瓶梗同时着生于分生孢子梗；梗基每轮 1~3 个，15~30 μm × 2~3 μm；瓶梗安瓿形，每轮 3~7 个，9~12 μm × 2.5~3 μm；分生孢子梨形至近球形，2.5~3.5 μm × 2.5~3 μm，壁光滑。

主要分类学性状：生长较快，分生孢子稀少；产生较多浅黄色菌核和菌丝体；帚状枝不规则生，梗基和瓶梗同时着生于分生孢子梗；分生孢子梨形至近球形，壁光滑。

分布和基物：辽宁丹东东港滩涂土壤（LN5H1-4 = AS 3.15900）。

讨论：该种在形态学上与瑞泼青霉 *P. raperi* G. Sm.非常相似，主要区别是该种产生大量浅黄色菌核而后者不产菌核；在种系学上与韩国青霉 *P. koreense* S.B. Hong, D.H. Kim & Y.H. You、瑞泼青霉 *P. raperi* G. Sm.、云南青霉 *P. yunnanense* L. Cai & X.Z. Jiang 关系较近（Xu *et al.*，2022）。

果干室青霉 图版 XCIX

Penicillium fructuariae-cellae M. Lorenzini, G. Zapparoli & G. Perrone, Phytopathol. Medit. 58: 713, 2019.

词源："*fructuariae-cellae*"表示该种模式菌株分离自水果干燥室"fruit drying room"。

模式菌株：CBS 145110；遗传标记：ITS = MK039434, *BenA* = KU554679, *CaM* = MK045337。

在 CA 上 25℃培养 7 天，菌落直径 32~35 mm，薄，表面平坦，边缘于培养基表面，流苏状；质地绒状；分生孢子大量，呈豆绿色（Pea Green，R. Pl. XVII）；菌丝体呈白色；渗出液较多，呈淡绿黄色（Pale Green Yellow，R. Pl. V）；可溶性色素大量，呈苏丹棕色（Sudan Brown，R. Pl. III）；背面呈火星橙色（Mars Orange，R. Pl. II）。

在 CYA 上 25℃培养 7 天，菌落直径 35~40 mm，较薄，表面平坦，边缘于培养基表面，波曲状；质地绒状；分生孢子较多，呈豆绿色（Pea Green，R. Pl. XLVII）；菌丝体呈白色；渗出液少量，无色；可溶性色素大量，呈天皇棕色（Mikado Brown，R. Pl. XXIX）；背面呈贝壳红色（Testaceous，R. Pl. XXVIII），边缘呈葡萄酒红褐色（Vinaceous-Russet，R. Pl. XXVIII）。

在 MEA 上 25℃培养 7 天，菌落直径 28~31 mm，薄，表面平坦，边缘于培养基表面，整齐；质地绒状；分生孢子较多，呈豆绿色（Pea Green，R. Pl. XLVII）；菌丝体呈白色；渗出液无；可溶性色素适量，呈晕状围绕菌落，呈烧土褐色（Burnt Sienna，R. Pl. II）；背面呈烧土褐色（Burnt Sienna，R. Pl. II）。

在 YES 上 25℃培养 7 天，菌落直径 38~42 mm，较厚，中央凸起，近边缘具较多辐射状沟纹，边缘于培养基表面，整齐；质地绒状，上面覆盖稀疏白絮；分生孢子大量，呈豆绿色（Pea Green，R. Pl. XLVII）至安多佛绿色（Andover Green，R. Pl. XLVII）；菌丝体呈白色；渗出液少量，无色；可溶性色素无；背面呈生土褐色（Raw Sienna，R. Pl. III）。

在 CYA 上 37℃培养 7 天，菌落直径 8~10 mm，菌落形态类似于 CYA 上 25℃培养 7 天。

在 CYA 上 5℃培养 7 天，未生长。

分生孢子梗发生于表面菌丝，孢梗茎 80~300 μm × 2.5~3 μm，壁光滑，帚状枝两轮生和不规则生；梗基每轮 2~4 个，10~30 μm × 2~3 μm，有时顶端膨大；瓶梗安瓿形，每轮 8~12 个，5~7 μm × 2~3 μm；分生孢子球形，2.5~3.5 μm，壁光滑。

主要分类学性状：生长较快，形成典型绒状菌落，产生大量灰绿色分生孢子，在 MEA 上产生烧土褐色可溶性色素，呈晕状分布；帚状枝两轮生及不规则生，梗基顶端有时膨大，瓶梗安瓿形；分生孢子球形，壁光滑。

分布和基物：山西忻州岢岚县玉米糁（Shen4 = AS 3.26021；*BenA* = ON637894）。

讨论：该种的模式菌株产生有性型并产生稀少的分生孢子，本研究菌株未发现有性型且产生大量分生孢子，但它们的显微性状基本相同；在种系学上，该种与比塞特青霉 *P. bissettii* Visagie & Seifert 和瓦斯科尼青霉 *P. vasconiae* C. Ramírez & A.T. Martínez 关系较近（Lorenzini *et al*.，2019）。

灰紫青霉　图版 C

Penicillium griseopurpureum G. Sm., Trans. Brit. Mycol. Soc. 48: 274, 1965. Huang *et al*., Steroids 75: 1040, 2010.

词源："*griseopurpureum*"表示该种在 CA 上菌落呈灰色"grey"，菌落背面呈紫色"purple"。

模式菌株：CBS 406.65 = FRR 3429；遗传标记：ITS = KF296408，*BenA* = KF296467，*CaM* = MN969261，*Rpb2* = KF296431。

在 CA 上 25℃培养 7 天，菌落直径 18~20 mm，薄，表面具适量辐射状沟纹，边缘于培养基表面，整齐；质地绒状；分生孢子无；菌丝体呈萘黄色（Naphthalene Yellow，R. Pl. XVI），外围浅至呈白色；渗出液无；可溶性色素少量，呈浅红色；背面呈棕橄榄色（Brownish Olive，R. Pl. XXX），边缘浅至日本玫瑰色（Japan Rose，R. Pl. XXVIII）。

在 CYA 上 25℃培养 7 天，菌落直径 38~40 mm，较薄，表面具较多辐射状皱纹，边缘于培养基表面，整齐；质地绒状；分生孢子较多，呈淡紫色，近于浅褐葡萄酒色（Light Brownish Vinaceous，R. Pl. XXIX）；菌丝体在边缘呈白色；渗出液少量，呈褐色；可溶性色素少量，呈浅紫红色；背面呈紫色，近于火星紫色（Mars Violet，R. Pl. XXXVIII）。

在 MEA 上 25℃培养 7 天，菌落直径 40~43 mm，薄，表面平坦，边缘于培养基表面，流苏状；质地绒状；分生孢子较多，在中部呈葡萄绿色（Grape Green，R. Pl. XLI），在外围呈水绿色（Water Green，R. Pl. XLI）；菌丝体呈白色；无渗出液和可溶性色素；背面呈浅黄色。

在 YES 上 25℃培养 7 天，菌落直径 45~47 mm，较薄，表面具大量辐射状沟纹，边缘于培养基表面，整齐；质地绒状；分生孢子少量，在中部呈橄榄赭色（Olive Ocher，R. Pl. XXX）；菌丝体呈那不勒斯黄色（Naples Yellow，R. Pl. XVI），在外围呈海泡黄色（Sea-foam Yellow，R. Pl. XXXI）；渗出液无；可溶性色素无；背面呈蜜黄色（Honey Yellow，R. Pl. XXX）。

在 CYA 上 37℃培养 7 天，未生长。

在 CYA 上 5℃培养 7 天，未生长。

分生孢子梗发生于气生菌丝和表面菌丝，孢梗茎发生于气生菌丝者 10~100 μm × 2~2.5 μm，发生于表面菌丝者 80~300 μm × 2~2.5 μm，壁光滑；帚状枝单轮生及两轮生；梗基每轮 2~3 个，10~20 μm × 2~2.5 μm；瓶梗安瓿形，每轮 4~8 个，6~8 μm × 2~2.5 μm；分生孢子梨形至球形，2.5~3 μm，壁光滑至稍粗糙。

主要分类学性状：生长较快，形成绒状菌落，分生孢子呈橄榄灰色；在 CYA 上菌丝体呈淡紫色，很像淡紫紫孢霉 *Purpureocillium lilacinum* (Thom) Luangsa-ard, Houbraken, Hywel-Jones & Samson；帚状枝单轮生及两轮生，梗基排列不紧密；分生孢子梨形至球形，壁光滑至稍粗糙。

分布和基物：内蒙古图牧吉国家级自然保护区土壤（MJ1-3 = AS 3.26019；*BenA* = ON637895）；河南郑州土壤（Huang *et al.*，2010）。

文献记载：河南（Huang *et al.*，2010）。该鉴定未提供鉴定依据，尚需进一步研究确认。

讨论：该种曾经被 Pitt（1979）作为梅林青霉 *P. melinii* Thom 的异名，在显微性状上这两个种很相似，但该种在 CYA 上产生淡紫色菌丝体，很像淡紫紫孢霉，而梅林青霉则无此性状；在种系学上，该种与尖峰岭青霉 *P. jianfenglingense* L. Cai & X.Z. Jiang、赤环青霉 *P. rubriannulatum* L. Cai, Houbraken & X.Z. Jiang 关系较近（Houbraken *et al.*，2020）。

合浦青霉 图版 CI

Penicillium hepuense L. Wang, Peer J 10: e13224, 2022.

词源："*hepuense*"表示该种模式菌株分离自广西北海合浦"Hepu"。

模式菌株：AS 3.16039 = TT2-4X3；遗传标记：ITS = MW946994，*BenA* = MZ004912，*CaM* = MZ004916，*Rpb2* = MW979254。

在 CA 上 25℃培养 7 天，菌落直径 27~29 mm，薄，表面平坦，边缘于培养基内，流苏状；质地绒状；分生孢子大量，呈暗豆绿色（Pea Green，R. Pl. XLVII）；菌丝体在边缘呈白色；渗出液无；可溶性色素无；背面呈灰黄色。

在 CYA 上 25℃培养 7 天，菌落直径 45~48 mm，薄，表面平坦，边缘于培养基表面，整齐；质地绒状；分生孢子大量，呈豆绿色（Pea Green，R. Pl. XLVII）；菌丝体呈白色；无色渗出液少量；可溶性色素无；背面呈灰黄色。

在 MEA 上 25℃培养 7 天，菌落直径 26~29 mm，较薄，表面平坦，边缘于培养背面，整齐；质地绒状，在中部上面覆盖稀疏菌丝体；分生孢子大量，呈豆绿色（Pea Green，R. Pl. XLVII）；菌丝体在边缘呈白色；渗出液无；可溶性色素无；背面呈黄色。

在 YES 上 25℃培养 7 天，菌落直径 55~59 mm，稍厚，表面具较多辐射状和同心环状沟纹，边缘于培养基表面，整齐；质地绒状；分生孢子适量，呈豆绿色（Pea Green，R. Pl. XLVII）；菌丝体在边缘呈白色；渗出液无；可溶性色素无；背面呈灰棕色。

在 CYA 上 37℃培养 7 天，菌落直径 0~7 mm。

在 CYA 上 5℃培养 7 天，未生长。

分生孢子梗发生于基内菌丝和表面菌丝，孢梗茎（60~）150~180（~250）μm × 3.5~4 μm，壁光滑；帚状枝两轮生，偶尔单轮生；梗基每轮 2~4 个，排列较紧密，15~20 μm × 3~4 μm；瓶梗安瓿形，每轮 4~8 个，排列较紧密，12~15 μm × 3~3.5 μm；分生孢子椭球形至柠檬形，（4~）5~6 μm × 3~4 μm，壁光滑至稍粗糙。

主要分类学性状：在 CYA 和 YES 上生长较快，在 MEA 上生长缓慢，形成典型绒状菌落，分生孢子大量，呈豆绿色；帚状枝两轮生，偶尔单轮生；分生孢子椭球形至柠檬形，壁光滑至稍粗糙。

分布和基物：广西北海合浦滩涂土壤（TT2-4X3 = AS 3.16039；AS 3.16040 = TT2-6X3；ITS = MW946995，*BenA* = MZ004913，*CaM* = MZ004917，*Rpb2* = MW979255）。

讨论：在形态学和种系学上，该种与硅藻土青霉 *P. diatomitis* Kubátová, Hujslová, M. Kolařík & Frisvad、胶州湾青霉 *P. jiaozhouwanicum*、草酸青霉 *P. oxalicum*、苏斯青霉 *P. soosanum* Kubátová, Hujslová, M. Kolařík & Frisvad 关系较近（Xu *et al.*，2022）。

胶州湾青霉　图版 CII

Penicillium jiaozhouwanicum L. Wang, Peer J 10: e13224, 2022.

词源："*jiaozhouwanicum*"表示该种模式菌株分离自山东青岛胶州湾"Jiaozhouwan"。

模式菌株：AS 3.16038 = 0801H2-2；遗传标记：ITS = MW946993，*BenA* = MZ004911，*CaM* = MZ004915，*Rpb2* = MW979252。

在 CA 上 25℃培养 7 天，菌落直径 26~29 mm，薄，表面稍具辐射状皱纹，边缘于培养基表面，整齐；质地绒状；分生孢子大量，易脱落，呈豆绿色（Pea Green，R. Pl. XLVII）；菌丝体在边缘呈白色；渗出液无；可溶性色素无；背面呈灰绿色。

在 CYA 上 25℃培养 7 天，菌落直径 37~40 mm，薄，表面具少量辐射状沟纹，边缘于培养基表面，近多边状；质地绒状；分生孢子大量，呈豆绿色（Pea Green，R. Pl. XLVII），易脱落；菌丝体呈白色；渗出液无；可溶性色素无；背面呈灰绿色。

在 MEA 上 25℃培养 7 天，菌落直径 34~37 mm，薄，表面平坦，边缘于培养基内，整齐；质地绒状；分生孢子大量，呈豆绿色（Pea Green，R. Pl. XLVII），易脱落；菌丝体在边缘呈黄白色；渗出液无；可溶性色素无；背面呈棕色。

在 YES 上 25℃培养 7 天，菌落直径 57~60 mm，薄，表面具大量无规则沟纹，边缘于培养基表面，整齐；质地绒状；分生孢子大量，易脱落，呈橄榄灰色（Olive Gray，R. Pl. LI）至浅橄榄灰色（Light Olive Gray，R. Pl. LI）；菌丝体在边缘呈白色；渗出液无；可溶性色素无；背面呈灰黄色。

在 CYA 上 37℃培养 7 天，菌落直径 23~25 mm。

在 CYA 上 5℃ 培养 7 天，未生长。

分生孢子梗发生于基内菌丝，孢梗茎 140~240 μm × 3~3.5 μm，壁光滑；帚状枝两轮生，偶尔具 1 个副枝，上面着生两轮生或单轮生帚状枝，梗基每轮 2~4 个，排列紧密，13~15 μm × 3~3.5 μm；瓶梗安瓿形，梗基每轮 4~8 个，排列紧密，10~13 μm × 2.5~3.5 μm；分生孢子呈梭形，偶尔椭球形，（3.5~）4~5.5 μm × 2~2.5（~3）μm，壁光滑。

主要分类学性状：形成典型绒状菌落，分生孢子大量，易脱落，很像草酸青霉 *P. oxalicum*；帚状枝两轮生，排列紧密；分生孢子呈梭形，偶尔椭球形，壁光滑，显微结构很像篮状菌。

分布和基物：山东青岛胶州湾滩涂土壤（0801H2-2 = AS 3.16038）；福建漳州九龙江口滩涂土壤（AS 3.16027 = ZZ2-9-3；ITS = OM203537，*BenA* = OM220087，*CaM* = OM220088，*Rpb2* = OM220089）。

讨论：该种在显微结构上很像篮状菌；种系学上与硅藻土青霉 *P. diatomitis*、合浦青霉 *P. hepuense*、草酸青霉 *P. oxalicum*、苏斯青霉 *P. soosanum* 关系较近（Xu *et al.*, 2022）。

韩国青霉　图版 CIII

Penicillium koreense S.B. Hong, D.H. Kim & Y.H. You, J. Microbiol. Biotechnol. 24 (12): 1607, 2014.

词源："*koreense*" 表示该种模式菌株分离自韩国"Korea"。

模式菌株：KACC 47721；遗传标记：ITS = KJ801939，*BenA* = KM000846，*CaM* = MN969317，*Rpb2* = MN969159。

在 CA 上 25℃ 培养 7 天，菌落直径 15~18 mm，薄，表面具少量辐射状沟纹，边缘于培养基表面，整齐；质地绒状；分生孢子较多，呈豆绿色（Pea Green, R. Pl. XLVII）；菌丝体在边缘呈白色；渗出液较多，无色；可溶性色素无；背面呈玉米黄色（Maize Yellow，R. Pl. IV）。

在 CYA 上 25℃ 培养 7 天，菌落直径 30~33 mm，薄，表面具少量辐射状沟纹，边缘于培养基表面，整齐；质地绒状；分生孢子大量，呈豆绿色（Pea Green, R. Pl. XLVII）；菌丝体呈白色；无色渗出液少量；可溶性色素无；背面呈琥珀黄色（Amber Yellow，R. Pl. XVI）。

在 MEA 上 25℃ 培养 7 天，菌落直径 41~43 mm，较薄，表面平坦，边缘于培养基内，流苏状；质地绒状；分生孢子大量，呈豆绿色（Pea Green，R. Pl. XLVII）；菌丝体在边缘呈黄白色；渗出液无；可溶性色素无；有芳香味；背面呈橙色。

在 YES 上 25℃ 培养 7 天，菌落直径 50~51 mm，厚，表面具大量无规则沟纹，边缘于培养基表面，整齐，有芳香气味；质地绒状；分生孢子较多，呈橄榄灰色（Olive Gray, R. Pl. LI）至浅橄榄灰色（Light Olive Gray, R. Pl. LI）；菌丝体在边缘呈白色；渗出液少量，淡黄色；可溶性色素无；背面呈浅皮黄色（Light Buff, R. Pl. IV）。

在 CYA 上 37℃ 培养 7 天，菌落直径 13~15 mm。

在 CYA 上 5℃ 培养 7 天，未生长。

分生孢子梗发生于表面菌丝，孢梗茎 200~800 μm × 2~3 μm，壁光滑，有些顶端膨大约 4 μm；帚状枝单轮生，偶尔不规则生；瓶梗安瓿形，每轮 6~10 个，8~11 μm × 2.5~3.5 μm；分生孢子球形至椭球形，2.5~3.5 μm × 2~3 μm，壁光滑至稍粗糙。

主要分类学性状：生长较快，形成绒状菌落；分生孢子大量，呈豆绿色；有芳香味；帚状枝单轮生，偶尔不规则生，孢梗茎顶端膨大；分生孢子球形至椭球形，壁光滑至稍粗糙。

分布和基物：北京怀柔土壤（HR5-11 = AS 3.26015；*BenA* = ON637896）。

讨论：该种在形态学上与微紫青霉 *P. janthinellum* 相似；在种系学上与东港青霉 *P. donggangicum*、瑞泼青霉 *P. raperi*、云南青霉 *P. yunnanense* 关系较近（Xu *et al.*, 2022）。

广布青霉　图版 CIV

Penicillium pancosmium Houbraken, Frisvad & Samson, Stud. Mycol. 70: 108, 2011.

词源："*pancosmium*"表示该种广泛分布"worldwide distribution"。

模式菌株：CBS 276.75 = DTO 031-B4；遗传标记：ITS = JN617660，*BenA* = JN606790，*CaM* = MN969284，*Rpb2* = MN969130。

在 CA 上 25℃培养 7 天，菌落直径 21~25 mm，较薄，表面稍具辐射状和同心环状皱纹，边缘于培养基表面，整齐；质地绒状；分生孢子大量，呈豆绿色（Pea Green，R. Pl. XLVII）；菌丝体在边缘呈白色；渗出液无；可溶性色素无；背面呈肉桂色（Cinnamon，R. Pl. XXIX）。

在 CYA 上 25℃培养 7 天，菌落直径 24~28 mm，较薄，具少量辐射状皱纹，边缘于培养基表面，整齐；质地绒状；分生孢子大量，呈豆绿色（Pea Green，R. Pl. XLVII）；菌丝体在边缘呈白色；渗出液少量，无色；可溶性色素无；背面中央呈橙肉桂色（Orange-Cinnamon，R. Pl. XXIX），其余呈榛子色（Avellaneous，R. Pl. XL）。

在 MEA 上 25℃培养 7 天，菌落直径 18~22 mm，薄，平坦，边缘于培养基表面，整齐；质地绒状；分生孢子大量，呈深灰绿色，近于安多佛绿色（Andover Green，R. Pl. XLVII）；菌丝体在边缘呈白色；无渗出液和可溶性色素；背面呈橙肉桂色（Orange-Cinnamon，R. Pl. XXIX）。

在 YES 上 25℃培养 7 天，菌落直径 27~30 mm，较厚，表面具大量无规则沟纹，边缘于培养基表面，波曲状；质地绒状；分生孢子大量，呈白屈菜色（Celandine，R. Pl. XLVII）；菌丝体在边缘为白色；渗出液无；可溶性色素无；背面呈茶色（Tawny，R. Pl. XV）。

在 CYA 上 37℃培养 7 天，未生长。

在 CYA 上 5℃培养 7 天，未生长。

分生孢子梗发生于表面菌丝，孢梗茎 300~450（~500）μm × 3~4 μm，壁光滑；帚状枝两轮生，偶见副枝，排列不紧密；梗基每轮 4~6 个，9~13（~15）μm × 3~3.5 μm；瓶梗安瓿形，每轮 6~8 个，6~10 μm × 2~3 μm；分生孢子球形至近球形，2~3 μm，壁光滑至稍粗糙。

主要分类学性状：生长适度，形成绒状菌落，大量灰绿色分生孢子，CYA 菌落背面中央呈橙肉桂色，其余呈榛子色；帚状枝两轮生，偶见副枝，排列不紧密，瓶梗安瓿形；分生孢子球形至近球形，壁光滑至稍粗糙。

分布和基物：北京怀柔土壤（HR1-3 = AS 3.26013：*BenA* = ON637897，*CaM* = ON637882）；贵州遵义正安土壤（ZA30-2）。

讨论：该种在形态学上与橘青霉 *P. citrinum* 相似；在种系学上与达科他青霉 *P. decaturense*、泛青霉 *P. ubiquetum* 关系较近（Houbraken *et al*.，2011b，2020）。

斯克亚宾青霉　图版 CV

Penicillium skrjabinii Schmotina & Golovleva, Mikol. Fitopatol. 8: 530, 1974.

词源："*skrjabinii*"表示姓氏"Skrjabin"。

模式菌株：CBS 439.75 = NRRL 13055；遗传标记：ITS = GU981576，*BenA* = GU981626，*CaM* = MN969299，*Rpb2* = EU427252。

在 CA 上 25℃培养 7 天，菌落直径 28~30 mm，较薄，表面具少量辐射状和同心环状皱纹，边缘于培养基内，整齐；质地绒状；分生孢子较多，在中部呈橄榄灰色（Olive Gray，R. Pl. LI），外围呈豆绿色（Pea Green，R. Pl. XLVII）；菌丝体在边缘呈白色；渗出液无；可溶性色素无；背面呈枸橼色（Citrine，R. Pl. IV）。

在 CYA 上 25℃培养 7 天，菌落直径 48~50 mm，较薄，具少量辐射状及同心环状皱纹，边缘于培养基表面，整齐；质地绒状；分生孢子大量，呈常青藤绿色（Ivy Green，R. Pl. XXXI）至紫杉绿色（Yew Green，R. Pl. XXXI）；菌丝体在边缘呈白色；渗出液无；可溶性色素无；背面呈暗枸橼色（Dark Citrine，R. Pl. IV）。

在 MEA 上 25℃培养 7 天，菌落直径 56~58 mm，薄，表面平坦，边缘于培养基表面，整齐；质地绒状；分生孢子大量，呈常青藤绿色（Ivy Green，R. Pl. XXXI）至紫杉绿色（Yew Green，R. Pl. XXXI）；菌丝体在边缘呈白色；无渗出液和可溶性色素；背面呈橄榄赭色（Olive Ocher，R. Pl. XXX）至亚麻橄榄色（Ecru Olive，R. Pl. XXX）。

在 YES 上 25℃培养 7 天，菌落直径 64~65 mm，稍厚，表面具大量辐射状沟纹，中部突起，边缘于培养基表面，整齐；质地绒状；分生孢子在中部大量，呈紫杉绿色（Yew Green，R. Pl. XXXI），外围变少；菌丝体呈白色夹杂硫黄色（Sulphur Yellow，R. Pl. V）；渗出液无；可溶性色素无；背面呈古金黄色（Old Gold，R. Pl. XVI）。

在 CYA 上 37℃培养 7 天，菌落直径约 25 mm。

在 CYA 上 5℃培养 7 天，未生长。

分生孢子梗发生于基表面菌丝，孢梗茎 500~600 μm × 3~4 μm，壁光滑至粗糙；帚状枝两轮生，常见副枝；梗基每轮 2~5 个，13~20 μm × 3~4 μm，壁光滑至粗糙；瓶梗安瓿形，每轮 4~8 个，7~10 μm × 2~3 μm；分生孢子椭球形至梨形，4~5 μm × 3~4 μm，壁粗糙。

主要分类学性状：生长迅速，形成绒状菌落，产生大量深绿色分生孢子；帚状枝两轮生，常见副枝，孢梗茎、梗基壁光滑至粗糙，瓶梗安瓿形；分生孢子椭球形至梨形，壁粗糙。

分布和基物：北京怀柔土壤（HR13-1 = AS 3.26016：*BenA* = ON637898，*CaM* = ON637883）。

讨论：该种在形态学上与简青霉 *P. simplicissimum* 相似，因此被 Pitt（1979）作为后者的异名；在种系学上与阿拉戈斯青霉 *P. alagoense*、巴西青霉 *P. brasilianum*、奥诺

巴青霉 *P. onobense*、副梅花状青霉 *P. paraherquei* 关系较近（Houbraken & Samson，2011；Houbraken *et al.*，2020）。

苏门答腊青霉　图版 CVI

Penicillium sumatraense Svilv. [as 'sumatrense'], Arch. Hydrobiol. 14 (Suppl. 3): 535, 1936. Xu *et al.*, Chin. Chem. Lett. 30: 432, 2019.

　　词源：*"sumatraense"* 表示该种模式菌株分离自印度尼西亚苏门答腊岛 "Sumatra"。

　　模式菌株：CBS 281.36 = NRRL 779；遗传标记：ITS = GU944578，*BenA* = JN606639，*CaM* = MN969301，*Rpb2* = EF198541。

　　在 CA 上 25℃培养 7 天，菌落直径 16~18 mm，稍厚，表面平坦，边缘于培养基表面，不整齐；质地绒状；分生孢子稀疏，于菌落中央，呈浅橄榄灰色（Light Olive Gray，R. Pl. LI）；菌丝体在边缘呈白色；渗出液适量，呈淡黄色；可溶性色素无；背面呈奥格斯棕色（Augus Brown，R. Pl. III）。

　　在 CYA 上 25℃培养 7 天，菌落直径 33~35 mm，薄，表面具少量辐射状皱纹，边缘于培养基表面，整齐；质地绒状；分生孢子大量，呈豆绿色（Pea Green，R. Pl. XLVII）；菌丝体呈白色；淡黄色渗出液较多；可溶性色素无；背面呈肉桂棕色（Cinnamon Brown，R. Pl. XV）。

　　在 MEA 上 25℃培养 7 天，菌落直径 24~25 mm，较薄，表面平坦，边缘于培养基表面，整齐；质地绒状；分生孢子大量，呈豆绿色（Pea Green，R. Pl. XLVII）至安多佛绿色（Andover Green，R. Pl. XLVII）；菌丝体在边缘呈白色；渗出液无；可溶性色素无；背面呈香根草绿色（Vetiver Green，R. Pl. XLVII）。

　　在 YES 上 25℃培养 7 天，菌落直径 36~38 mm，薄，表面具大量辐射状沟纹，边缘于培养表面，整齐；质地绒状；分生孢子较多，在中央呈豆绿色（Pea Green，R. Pl. XLVII）至鼠曲草绿色（Gnaphalium Green，R. Pl. XLVII）；菌丝体在边缘呈白色；渗出液无；淡黄色可溶性色素少量；背面呈蜜黄色（Honey Yellow，R. Pl. XXX）。

　　在 CYA 上 37℃培养 7 天，菌落直径 15~18 mm。

　　在 CYA 上 5℃培养 7 天，未生长。

　　分生孢子梗发生于表面菌丝，孢梗茎 100~200 μm × 2.5~3 μm，壁光滑；帚状枝两轮生；梗基每轮 2~4 个，排列不紧密，15~25 μm × 2.5~3 μm，瓶梗安瓿形，每轮 6~10 个，7~10 μm × 2.5~3 μm；分生孢子球形至近球形，2.5~3 μm，壁光滑。

　　主要分类学性状：生长适中，形成绒状菌落，在 CA 上分生孢子稀疏，在其他培养基上产生大量分生孢子，呈灰绿色；帚状枝两轮生，排列不紧密；分生孢子球形至近球形，壁光滑。

　　分布和基物：福建龙岩土壤（LY4-5 = AS 3.26018；*CaM* = ON637884）。

　　文献记载：渤海（Cao *et al.*，2021）、贵州、广西（Xu *et al.*，2019；李贝娜等，2022）。这些鉴定仅依据 rDNA 序列，尚需进一步研究确认。

　　讨论：该种在形态学上与顶青霉 *P. corylophilum* 相似，因此被 Pitt（1979）作为后者的异名；在种系学上与油酥面青霉 *P. copticola*、独岛青霉 *P. dokdoense*、土产青霉 *P. terrigenum* 关系较近（Houbraken *et al.*，2020）。

纹刺青霉 图版 CVII

Penicillium virgatum Nirenberg & Kwaśna, Mycol. Res. 109 (9): 977, 2005.

词源："*virgatum*"表示其分生孢子壁具条纹状排列的小刺"the striate arrangement of the spines on the conidial wall"。

模式菌株：CBS 114838 = BBA 65745；遗传标记：ITS = AJ748692，*BenA* = KJ834500，*CaM* = KJ866992，*Rpb2* = JN406641。

在 CA 上 25℃培养 7 天，菌落直径 12~14 mm，较薄，表面具少量无规则皱纹，边缘于培养基表面，多边状；质地绒状；分生孢子无；菌丝体呈白色夹杂硫黄色（Sulphur Yellow，R. Pl. V）；渗出液无；可溶性色素无；背面呈赭茶色（Ochraceous Tawny，R. Pl. XV）。

在 CYA 上 25℃培养 7 天，菌落直径 20~22 mm，较薄，表面具大量辐射状皱纹，边缘于培养基表面，裂片状；质地绒状；分生孢子无；菌丝体呈白色夹杂淡黄色；渗出液无；可溶性色素无；背面中部呈肉赭色（Flesh Ocher，R. Pl. XIV），外围呈浅皮黄色（Light Buff，R. Pl. XV）。

在 MEA 上 25℃培养 7 天，菌落直径 23~24 mm，薄，表面平坦，边缘于培养基表面，整齐；质地绒状；分生孢子大量，深灰绿色，近于安多佛绿色（Andover Green，R. Pl. XLVII）；菌丝体在边缘呈白色；无渗出液和可溶性色素；背面呈棕褐色，近于桑福德褐色（Sanford's Brown，R. Pl. II）。

在 YES 上 25℃培养 7 天，菌落直径 33~35 mm，稍薄，中央稍厚，表面具大量无规则沟纹，边缘于培养基表面，波曲状；质地绒状；分生孢子稀少，淡鼠灰色（Pale Mouse Gray，R. Pl. LI）；菌丝体呈白色；渗出液无；可溶性色素无；背面呈火星黄色（Mars Yellow，R. Pl. III）。

在 CYA 上 37℃培养 7 天，未生长。

在 CYA 上 5℃培养 7 天，未生长。

分生孢子梗发生于基表面菌丝，孢梗茎 200~500 μm × 2~3 μm，壁光滑；帚状枝两轮生和不规则生；梗基每轮 6~10 个，10~13（~15）μm × 3.5~4.5 μm；瓶梗安瓿形，每轮 6~10 个，5~8 μm × 2~3 μm；分生孢子球形至近球形，2.5~3 μm，壁带刺，呈螺旋纹状排列。

主要分类学性状：生长适度，形成绒状菌落，在 CA、CYA 上无分生孢子，在 YES 上产稀疏分生孢子，菌丝体白色；帚状枝两轮生和不规则生，瓶梗安瓿形；分生孢子球形至近球形，壁带刺，呈螺旋纹状排列。

分布和基物：浙江丽水土壤（LS1-7 = AS 3.26017：*BenA* = ON637899，*CaM* = ON637885）。

文献记载：重庆石柱黄连（*Coptis chinensis* Franch.）内生（Yin *et al.*，2021）。该鉴定仅依据 rDNA 序列，尚需进一步研究确认。

讨论：该种在形态学上与齿孢青霉 *P. daleae* K.W. Zaleski 和杨奇青霉 *P. janczewskii* K.W. Zaleski 相似；在种系学上该种单独作为一个系，即纹刺青霉系 series *Virgata* Houbraken & Frisvad，与索普青霉系 series *Soppiorum* Houbraken & Frisvad 关系较近（Houbraken *et al.*，2020）。

雅牟克青霉　图版 CVIII

Penicillium yarmokense Baghd., Nov. Sist. Niz. Rast. 5: 99, 1968.

词源："*yarmokense*"表示该种模式菌株分离自约旦的雅牟克"Yarmouk"。

模式菌株：CBS 131537 = IBT 4315；遗传标记：ITS = KC411757，*BenA* = MN969407，*CaM* = MN969314，*Rpb2* = JN406553。

在 CA 上 25℃培养 7 天，菌落直径 18~19 mm，稍厚，表面平坦，边缘于培养基内，毛边状；质地绒状；分生孢子无；菌丝体在边缘呈白色，其余肉桂色（Cinnamon，R. Pl. XIV）；渗出液无；可溶性色素无；背面呈紫黑色，近于干草紫酱色（Hay's Maroon，R. Pl. XIII）。

在 CYA 上 25℃培养 7 天，菌落直径 30~32 mm，稍厚，表面具少量辐射状沟纹，边缘于培养基表面，流苏状；质地绒状；分生孢子无；菌丝体呈皮黄粉色（Buff Pink，R. Pl. XXVIII）；渗出液无；可溶性色素较多，呈褐色，近于贝壳红色（Testaceous，R. Pl. XXVIII）；背面呈紫褐色，近于干红褐色（Claret Brown，R. Pl. XXIX）。

在 MEA 上 25℃培养 7 天，菌落直径 16~18 mm，稍厚，表面平坦，边缘于培养基表面，整齐；质地绒状；分生孢子稀疏，分布于菌落中央，呈橄榄灰色（Olive Gray，R. Pl. LI）；菌丝体呈肉桂色（Cinnamon，R. Pl. XXIX），在中部呈白色；渗出液无；可溶性色素无；背面呈栗色（Chestnut，R. Pl. II）。

在 YES 上 25℃培养 7 天，菌落直径 33~35 mm，较薄，表面具大量辐射状沟纹，边缘于培养基表面，整齐；质地绒状；分生孢子稀少，灰绿色，近于艾蒿绿色（Artemisia Green，R. Pl. XLVII）至安多佛绿色（Andover Green，R. Pl. XLVII）；菌丝体呈白色和皮黄粉色；渗出液无；可溶性色素无；背面呈淡橙黄色（Pale Orange Yellow，R. Pl. III）。

在 CYA 上 37℃培养 7 天，未生长。

在 CYA 上 5℃培养 7 天，未生长。

分生孢子梗发生于表面菌丝，孢梗茎 150~400 μm × 2~3.5 μm，壁光滑，顶端常膨大；帚状枝两轮生和不规则生；梗基每轮 2~4 个，10~12 μm × 2~3 μm，顶端膨大；瓶梗安瓿形，每轮 6~8 个，7.5~9 μm × 2~2.5 μm；分生孢子球形，较小，2.5~3 μm，壁光滑。

主要分类学性状：生长适度，绒状菌落，分生孢子稀少；帚状枝两轮生和不规则生，孢梗茎和梗基顶端常膨大，瓶梗安瓿形；分生孢子球形，较小，壁光滑。

分布和基物：北京怀柔土壤（HR4-1 = AS 3.26014：*BenA* = ON637900，*CaM* = ON637886）；辽宁棋盘山土壤（AS 3.5932：*CaM* = AY678558）。

讨论：该种在形态学和种系学上均与变灰青霉 *P. canescens* Sopp 关系较近，它们与亚利桑那青霉 *P. arizonense* Frisvad, Grijseels & J.C. Nielsen、辐裂片青霉 *P. radiatolobatum* Lörinczi、詹森青霉 *P. jensenii* K.W. Zaleski、穆尔西亚青霉 *P. murcianum* C. Ramírez & A.T. Martínez、杨奇青霉 *P. janczewskii* 等组成变灰系 series *Canescentia*（Houbraken *et al.*，2020）。

参 考 文 献

常见与常用真菌编写组. 1973. 常见与常用真菌. 北京: 科学出版社. 317 p. [Chang Jian Yu Chang Yong Zhen Jun Bian Xie Zu. 1973. Common and Commonly Used Fungi. Beijing: Science Press. 317 p.]

陈晗, 丁刚, 孙炳达, 等. 2021. 篮状菌属分类概述及三个中国新记录种. 菌物学报 40: 1200–1215. [Chen H, Ding G, Sun B-D, *et al*. 2021. Current taxonomy and three new Chinese records of *Talaromyces*. Mycosystema 40: 1200–1215.]

戴芳澜. 1979. 中国真菌总汇. 北京: 科学出版社. pp. 1011–1018. [Dai F-L. 1979. Sylloge Fungorum Sinicorum. Beijing: Science Press. pp. 1011–1018.]

华蓉, 李建英, 刘绍雄, 等. 2021. 平菇病害调查及病原菌分离鉴定. 中国食用菌 40 (9): 80–86. [Hua R, Li J-Y, Liu S-X, *et al*. 2021. Investigation on common diseases of *Pleurotus ostreatus* and identification of pathogens. Edib Fungi China 40 (9): 80–86.]

姜薇, 张哲, 单体状, 等. 2019. 真菌 *Talaromyces stipitatus* WH4-2 中的抗菌活性成分. 微生物学报 59: 48–55. [Jiang W, Zhang Z, Shan T-Z, *et al*. 2019. Antibacterial compounds from fungus *Talaromyces stipitatus* WH4-2. Acta Microbiol Sin 59: 48–55.]

孔华忠, 王龙. 2007. 中国真菌志 第三十五卷 青霉属及其相关有性型属. 北京: 科学出版社. 284 p. [Kong H-Z, Wang L. 2007. Flora Fungorum Sinicorum. Vol. 35. *Penicillium* et Teleomorph Congnati. Beijing: Science Press. 284 p.]

李贝娜, 杨振德, 林叶邦, 等. 2022. 自然罹病死亡云斑白条天牛幼虫体内微生物的分离鉴定. 湖北农业科学 61 (7): 69–76. [Li B-N, Yang Z-D, Lin Y-B, *et al*. 2022. Isolation and identification of microorganism in larvae of naturally dead *Batocera lineolata*. Hubei Agricul Sci 61 (7): 69–76.]

李心洁. 2017. 红色青霉次生代谢产物的研究. 武汉: 华中科技大学硕士学位论文. 44 p. [Li X-J. 2017. Studies on the secondary metabolites of *Penicillium rubrum*. Wuhan: Master dissertation of Huazhong University of Science and Technology. 44 p.]

刘翊昊. 2016. 海南粗榧内生真菌抗菌抗肿瘤活性及其次级代谢产物的研究. 海口: 海南大学硕士学位论文. 71 p. [Liu Y-H. 2016. Antimicrobial and Antitumor Activities and Secondary Metabolites of Endophytic Fungi from *Cephalotaxus hainanensis* Li. Haikou: Master dissertation of Hainan University of Science and Technology. 71 p.]

祁亮亮, 吴小建, 李俐, 等. 2022. 灰肉红菇与其相似类群子实体下土壤真菌多样性探究. 热带作物学报 43: 430–437. [Qi L-L, Wu X-J, Li L, *et al*. 2022. Diversity research of soil fungi under fruiting bodies of *Russula griseocarnosa* and its related species. Chin J Trop Crops 43: 430–437.]

单夏男, 徐可心, 阮永明, 等. 2021. 篮状菌属篮状菌组的四个中国新记录种. 菌物学报 40: 1216–1231. [Shan X-N, Xu K-X, Ruan Y-M, *et al*. 2021. Four species of *Talaromyces* new to China. Mycosystema 40: 1216–1231.]

孙剑秋, 阮永明, 金世宇, 等. 2021. 篮状菌属的重要性及其分类学研究概况. 菌物研究 19: 83–93. [Sun J-Q, Ruan Y-M, Jin S-Y, *et al*. 2021. The importance of *Talaromyces* and its taxonomic studies. J Fungal Res 19: 83–93.]

孙剑秋, 余知和, 王龙, 等. 2022a. 篮状菌属岛篮状菌组的三个中国新记录种. 菌物学报 41 (4): 680–688. [Sun J-Q, Yu Z-H, Wang L, *et al*. 2022. Three species of *Talaromyces* sect. *Islandici* (Ascomycota, Eurotiales) new to China. Mycosystema 41 (4): 680–688.]

孙剑秋, 张楷, 宋福行, 等. 2022b. 篮状菌属二个中国新记录种. 微生物学通报 49: 4080–4089. [Sun J-Q, Zhang K, Song F-X, *et al.* 2022. Two species of *Talaromyces* new to China. Microbiol China 49: 4080–4089.]

田叶韩, 彭海莹, 王德浩, 等. 2020. 产紫篮状菌的生防潜力及其对土壤微生物群落的调控. 应用生态学报 31: 3255–3266. [Tian Y-H, Peng H-Y, Wang D-H, *et al.* 2020. Biocontrol potential of *Talaromyces purpurogenus* and its regulation on soil microbial community. Chin J Appl Ecol 31: 3255–3266.]

童迅, 高雯, 黄庭轩, 等. 2016. 浓缩果汁中耐热霉菌的分析与鉴定. 食品科学 37 (20): 198–202. [Tong X, Gao W, Huang T-X, *et al.* 2016. Determination of heat-resistant moulds in concentrated fruit juice. Food Sci 37 (20): 198–202.]

王焕南, 赵艳, 王向月, 等. 2020. 日照海域牡蛎共生真菌的分离、鉴定及生物活性研究. 济宁医学院学报 43: 188–193. [Wang H-N, Zhao Y, Wang X-Y, *et al.* 2020. Isolation, identification and bioactivity screening of oysters endophytic fungi from Rizhao offshore area. J Jining Med Univ 43: 188–193.]

王加友, 赵彭年, 杨德玉, 等. 2018. 一株纤维素分解菌的筛选、鉴定及其对玉米秸秆的降解效果. 生物技术进展 8: 132–139. [Wang J-Y, Zhao P-N, Yang D-Y, *et al.* 2018. Screening and identification of a cellulose decomposing fungus and its degradation effect on corn straw. Curr Biotech 8: 132–139.]

王佳丽, 朱丹, 孙列雄, 等. 2021. 山西老陈醋大曲霉菌生理代谢特征及优良菌株间的互作. 中国食品学报 21 (4): 79–89. [Wang J-L, Zhu D, Sun L-X, *et al.* 2021. Physiological and metabolic characteristics of molds from Daqu of Shanxi aged vinegar and interactions of excellent. J Chin Inst Food Sci Tech 21 (4): 79–89.]

王龙. 2023. 篮状菌属糙刺孢篮状菌组的两个中国新记录种. 聊城大学学报 (自然科学版) 36 (6): 79–85. [Wang L. 2023. Two species of *Talaromyces* sect. *Trachyspemi* new to China. J Liaocheng Univ (Nat Sci) 36 (6): 79–85.]

王龙, 金世宇. 2022. 篮状菌属篮状菌组的两个中国新记录种. 聊城大学学报 (自然科学版) 35 (3): 56–61. [Wang L, Jin S-Y. 2022. Two species of *Talaromyces* sect. *Talaromyces* new to China. J Liaocheng Univ (Nat Sci) 35 (3): 56–61.]

王龙, 阮永明, 金世宇. 2021. 虫瘿篮状菌和伪子座篮状菌——篮状菌属紫篮状菌组的两个我国新记录种. 聊城大学学报 (自然科学版) 34 (4): 80–87. [Wang L, Ruan Y-M, Jin S-Y. 2021. *Talaromyces cecidicola* and *T. pseudostromaticus*, two pecies of *Talaromyces* section *Purpurei* new to China. J Liaocheng Univ (Nat Sci) 34 (4): 80–87.]

王龙, 孙剑秋, 金世宇. 2020. 篮状菌属岛篮状菌组的两个中国新记录种. 聊城大学学报 (自然科学版) 33 (4): 78–84. [Wang L, Sun J-Q, Jin S-Y. 2020. Two new records of *Talaromyces* section *Islandici* species from China. J Liaocheng Univ (Nat Sci) 33 (4): 78–84.]

王鸣慧, 颜雅筑, 吴寒梅. 2021. 海绵来源真菌 *Talaromyces stipitatus* 代谢产物研究. 山东化工 50 (19): 157–166. [Wang M-H, Yan Y-Y, Wu H-M. 2021. Metabolites from *Talaromyces stipitatus*, a marine sponge-derived fungus. Shandong Chem Ind 50 (19): 157–166.]

肖同美, 毛梦佳, 雷丽娟, 等. 2022. 多枝柽柳内生真菌 *Talaromyces stollii* 的次级代谢产物研究. 中国抗生素杂志 47: 474–480. [Xiao T-M, Mao M-J, Lei L-J, *et al.* 2022. Secondary metabolites of *Talaromyces stollii*, an endophytic fungus fom *Tamarix Ramosissima*. Chin J Antibiot 47: 474–480.]

谢华蓉, 徐在超, 刘军, 等. 2017. 广藿香内生真菌多样性及其对青枯菌的拮抗活性. 微生物学通报 44: 1171–1181. [Xie H-R, Xu Z-C, Liu J, *et al.* 2017. Diversity and the antagonistic activities of endophytic fungi from patchouli against *Ralstonia solanacearum*. Microbiol China 44: 1171–1181.]

徐婧, 彭红艳, 高剑, 等. 2016. 我国红树林湿地真菌的三个新记录种. 菌物研究 14: 25–27, 32. [Xu J, Peng H-Y, Gao J, *et al.* 2016. Three new records of mangrove fungi in China. J Fungal Res 14: 25–27, 32.]

徐婧, 于莉, 刘可杰, 等. 2013. 湛江红树林滩涂可培养真菌种群多样性分析. 微生物学通报 40: 476–482. [Xu J, Yu L, Liu K-J, *et al*. 2013. Diversity of marine culturable fungal population in mangrove wetlands of Zhanjiang. Microbiol China 40: 476–482.]

徐可心, 单夏男, 余知和, 等. 2021. 篮状菌属的三个中国新记录种. 菌物学报 40: 2181–2190. [Xu K-X, Shan X-N, Yu Z-H, *et al*. 2021. Three species of *Talaromyces* (Ascomycota, Eurotiales) new to China. Mycosystema 40: 2181–2190.]

薛达元. 2011. 《中国生物多样性保护战略与行动计划》的核心内容与实施战略. 生物多样性 19: 387–388. [Xue D-Y. 2011. The main content and implementation strategy for China biodiversity conservation strategy and action plan. Biodiversity Science 19: 387–388.]

薛龙海. 2020. 多花黑麦草种带真菌及病害多样性的研究. 兰州: 兰州大学博士学位论文. 158 p. [Xue L-H. 2020. Diversity of seed-borne fungi and diseases in *Lolium multiflorum*. Lanzhou: PhD dissertation of Lanzhou University. 158 p.]

于昊. 2022. 木质素降解菌的筛选及其产酶条件的优化. 扬州: 扬州大学硕士学位论文. 94 p. [Yu H. 2022. Screening of Lignin-degrading Bacteria and Optimization of Enzyme Production Conditions. Yangzhou: Master Dissertation of Yangzhou University. 94 p.]

张圣良, 楚肖肖, 赵友兴, 等. 2019. 海洋生物共附生真菌的分离、鉴定及抗菌活性分析. 生物技术通报 35 (3): 59–64. [Zhang S-L, Chu X-X, Zhao Y-X, *et al*. 2019. Isolation, identification, and antibacterial activity of fungi associated with marine organisms. Biotech Bull 35 (3): 59–64.]

张艳婷, 彭帅, 黄炳耀, 等. 2022. 一株珊瑚共附生真菌 *Talaromyces verruculosus* GXIMD 02504 的次级代谢产物及抑菌活性研究. 中国抗生素杂志 47: 1045–1050. [Zhang Y-T, Peng S, Huang B-Y, *et al*. 2022. Antibacterial secondary metabolites from a coral-derived fungus *Talaromyces verruculosus* GXIMD 02504. Chin J Antibiot 47: 1045–1050.]

Abe S. 1956. Studies on the classification of the Penicillia. J Gen Appl Microbiol 2: 1–193.

Alves VCS, Lira RA, Lima JMS, *et al*. 2022. Unravelling the fungal darkness in a tropical cave: richness and the description of one new genus and six new species. Fungal Syst Evol 10: 139–167.

Barbosa RN, Bezerra JDP, Souza-Motta *et al*. 2018. New *Penicillium* and *Talaromyces* species from honey, pollen and nests of stingless bees. Anton Leeuw Int J G 111: 1883–1912.

Benjamin CR. 1955. Ascocarps of *Aspergillus* and *Penicillium*. Mycologia 47: 669–687.

Breen J, Dacre JC, Raistrick H, *et al*. 1955. Stud biochemistry of microorganisms 95. Rugulosin, a crystalline colouring matter of *Penicillium rugulosum* Thom. Biochem J 60: 618–626.

Cai J, Zhou X-M, Yang X, *et al*. 2019. Three new bioactive natural products from the fungus *Talaromyces assiutensis* JTY2. Bioorg Chem 94: 103362.

Cao F, Pan, L, Gao W, *et al*. 2021. Structure revision and protein tyrosine phosphatase inhibitory activity of drazepinone. Mar Drugs 19: 714.

Chen S, Ding M, Liu W, *et al*. 2018. Anti-inflammatory meroterpenoids from the mangrove endophytic fungus *Talaromyces amestolkiae* YX1. Phytochemistry 146: 8–15.

Chen AJ, Sun BD, Houbraken J, *et al*. 2016. New *Talaromyces* species from indoor environments in China. Stud Myco 84: 119–144.

Cooney DG, Emerson R. 1964. Thermophilic fungi. San Francisco: W.H. Freeman and Co. 249 p.

Crous PW, Carnegie AJ, Wingfield MJ, *et al*. 2019a. Fungal planet description sheets: 868–950. Persoonia 42: 291–473.

Crous PW, Cowan DA, Maggs-Kölling G, *et al*. 2020. Fungal planet description sheets: 1112–1181. Persoonia 45: 251–409.

Crous PW, Luangsa-ard JJ, Wingfield MJ, *et al*. 2018b. Fungal planetdescription sheets: 785–867. Persoonia

41: 238–417.

Crous PW, Wingfield MJ, Burgess TI, *et al*. 2016. Fungal planet description sheets: 469–557. Persoonia 37: 252–253.

Crous PW, Wingfield MJ, Burgess TI, *et al*. 2017. Fungal planet description sheets: 625–715. Persoonia 39: 270-467.

Crous PW, Wingfield MJ, Burgess TI, *et al*. 2018a. Fungal planet description sheets: 716–784. Persoonia 40: 239–392.

Crous PW, Wingfield MJ, Lombard L, *et al*. 2019b. Fungal planet description sheets: 951–1041. Persoonia 43: 223–425.

de Vos JP, van Garderen E, Hensen H, *et al*. 2009. Disseminated *Penicillium radicum* infection in a dog, clinically resembling multicentric malignant lymphoma. Vlaams Diergen Tijds 78: 183–188.

Della Mónica IF, Godoy MS, Godeas AM, *et al*. 2017. Fungal extracellular phosphatases: their role in P cycling under different pH and P sources vailability. J Appl Microbiol 124: 155–165.

Didelot X, Falush D. 2007. Inference of bacterial microevolution using multilocus sequence data. Genetics 175: 1251–1266.

Ding X, Ye W, Tan B, *et al*. 2023. Talachalasins A—C, Undescribed Cytochalasans with a 16β-Methyl or 2-Oxabicyclo [3.3.1] nonan-3-one unit from the Deep-Sea-Derived Fungus *Talaromyces muroii* sp. SCSIO 40439. Chin J Chem 41: 915–923.

Doilom M, Guo JW, Phookamsak R, *et al*. 2020. Screening of phosphate-solubilizing Fungi from air and soil in Yunnan, China: four novel species in *Aspergillus*, *Gongronella*, *Penicillium*, and *Talaromyces*. Front Microbiol 11: 585215.

Frisvad JC. 1981. Physiological criteria and mycotoxin production as aids in identification of common asymmetric penicillia. Appllied Environmental Microbiology 41: 568–579.

Frisvad JC, Samson RA. 2004. Polyphasic taxonomy of *Penicillium* subgenus *Penicillium*: a guide to identification of food and air-borne terverticillate penicillia and their mycotoxins. Stud Mycol 49: 1–173.

Frisvad JC, Yilmaz N, Thrane U, *et al*. 2013. *Talaromyces atroroseus*, a new species efficiently producing industrially relevant red pigments. PLoS ONE 8 (12): e84102.

Fujii T, Hoshino T, Inoue H, *et al*. 2014. Taxonomic revision of the cellulose-degrading fungus *Acremonium cellulolyticus nomen nudum* to *Talaromyces* based on phylogenetic analysis. FEMS Microbiol Lett 351: 32–41.

Gao J, Yang S, Qin J. 2013. Azaphilonoids: chemistry and biology. Chem Rev 113: 4755–4811.

Glass NL, Donaldson GC. 1995. Development of primer sets designed for use with the PCR to amplify conserved genes from filamentous ascomycetes. App Environ Microbiol 61: 1323–1330.

Gong X, Luo H, Wu X, *et al*. 2022. Production of red pigments by a newly isolated *Talaromyces aurantiacus* strain with LED stimulation for screen printing. Indian J Microbiol 62 (2): 280–292.

Goyari S, Devi SH, Bengyella L, *et al*. 2015. Unveiling the optimal parameters for cellulolytic characteristics of *Talaromyces verruculosus* SGMNPf3 and its secretory enzymes. J Appl Microbiol 119: 88–98.

Guevara-Suarez M, García D, Cano-Lira JF *et al*. 2020.Species diversity in *Penicillium* and *Talaromyces* from herbivore dung, and the proposal of two new genera of *Penicillium*-like fungi in Aspergillaceae. Fung Syst Evol 5: 39–75.

Guevara-Suarez M, Sutton DA, Gené J, *et al*. 2017. Four new species of *Talaromyces* from clinical sources. Mycoses 60: 651–662.

Guo J, Ran H, Zeng J, *et al*. 2016. Tafuketide, a phylogeny-guided discovery of a new polyketide from

Talaromyces funiculosus Salicorn 58. Appl Microbiol Biotechnol 100: 5323–5338.

Hall BG. 2013. Building phylogenetic trees from molecular data with MEGA. Mol Biol Evol 30: 1229–1235.

Hall TA. 1999. BioEdit: a user-friendly biological sequence alignment editor and analysis program for Windows 95/98/NT. Nuc Acids Symp Ser 41: 95–98.

Han PJ, Sun JQ, Wang L. 2022. Two new sexual *Talaromyces* species discovered in estuary soil in China. J Fungi 8: 36.

Hawksworth DL, Lücking R. 2017. Fungal diversity revisited: 2.2 to 3.8 million species. Microbiol Spectr 5: FUNK-0052-2016.

Hien TV, Loc PP, Hoa NT, *et al.* 2001. First case of disseminated penicilliosis marneffei infection among patients with acquired immunodeficiency syndrome in Vietnam. Clin Infect Dis 32: 78–80.

Hoffman CS, Winston F. 1987. A ten-minute DNA preparation from yeast efficiently releases autonomous plasmids for trausformation of *Escherichia coli*. Gene 51: 267–212.

Horré R, Gilges S, Breig P, *et al.* 2001. Case report. Fungaemia due to *Penicillium piceum*, a member of the *Penicillium marneffei* complex. Mycoses 44: 502–504.

Houbraken J, Frisvad JC, Samson RA. 2011b. Taxonomy of *Penicillium* section *Citrina*. Stud Mycol 70: 53–138.

Houbraken J, Kocsube S, Visagie CM, *et al.* 2020. Classification of *Aspergillus*, *Penicillium*, *Talaromyces* and related genera (Eurotiales): An overview of families, genera, subgenera, sections, series and species. Stud Mycol 95: 5–169.

Houbraken J, López-Quintero CA, Frisvad JC, *et al.* 2011a. *Penicillium araracuarense* sp. nov., *Penicillium elleniae* sp. nov., *Penicillium penarojense* sp. nov., *Penicillium vanderhammenii* sp. nov. and *Penicillium wotroi* sp. nov., isolated from leaf litter. Int J Syst Evol Microbiol 61: 1462–1475.

Houbraken J, Samson RA. 2011. Phylogeny of *Penicillium* and the segregation of Trichocomaceae into three families. Stud Mycol 70: 1–55.

Houbraken J, Spierenburg JH, Frisvad C. 2012. *Rasamsonia*, a new genus comprising thermotolerant and thermophilic *Talaromyces* and *Geosmithia* species. Anton Leeuw 101: 403–421.

Hsieh HM, Ju YM, Hsieh SY. 2010. *Penicillium albobiverticillium* sp. nov., a new species producing white conidial masses from biverticillate penicillia. Fung Sci Taipei 25: 25–31.

Hu S, Sun W, Wang X, *et al.* 2022. First report of black spot caused by *Penicillium citreosulfuratum* on saffron in Chongming Island, China. Plant Dis 106: 760.

Huang L-H, Li J, Xu G, *et al.* 2010. Biotransformation of dehydroepiandrosterone (DHEA) with *Penicillium griseopurpureum* Smith and *Penicillium glabrum* (Wehmer) Westling. Steroids 75: 1039–1046.

Hubka V, Kolarik M. 2012. ß-tubulin paralogue *tubC* is frequently misidentified as the *benA* gene in *Aspergillus* section *Nigri* taxonomy: primer specificity testing and taxonomic consequences. Persoonia 29: 1–10.

Isbrandt T, Tolborg G, Ødum A, *et al.* 2020. Atrorosins: a new subgroup of *Monascus* pigments from *Talaromyces atroroseus*. Appl Microbiol Biotech 104: 615–622.

Jiang X-Z, Yu Z-D, Ruan Y-M, *et al.* 2018. Three new species of *Talaromyces* sect. *Talaromyces* discovered from soil in China. Sci Rep 8: 4932.

Kirk P, Cannon PF, Minter DW *et al.* 2008. Ainsworth & Bisby's dictionary of the fungi. 10th ed. Wallingford: CABI. 771 p.

Kornerup A, Wanscher JH. 1978. Methuen Handbook of Colour. 3rd edn. London: Eyre Methuen. 252 p.

Lacey AE, Minns SA, Chen R, *et al.* 2024. Talcarpones A and B: bisnaphthazarin-derived metabolites from the Australian fungus *Talaromyces johnpittii* sp. nov. MST-FP2594. J Antibiot (Tokyo) 77: 147–155.

Li F, Wang B, Wang L, *et al*. 2014. Phylogenetic analyses on the diversity of *Aspergillus fumigatus sensu lato* based on five orthologous loci. Mycopathologia 178: 163–176.

Li H-L, Li X-M, Li X, *et al*, 2016. Antioxidant hydroanthraquinones from the marine algal-derived endophytic fungus *Talaromyces islandicus* EN-501. J Nat Prod 80: 162–168.

Li Y-L, Yi J-L, Cai J, *et al*. 2022. Two new bioactive secondary metabolites from the endophytic fungus *Talaromyces assiutensis* JTY2. Nat Prod Res 36: 3695–3700.

Lin F, Yang Z, Qiu Y, *et al*. 2021. *Talaromyces marneffei* infection in lung cancer patients with positive AIGAs: a rare case report. Infect Drug Resist 14: 5005–5013.

Liu C, Wang X-C, Yu Z-H, *et al*. 2023. Seven new species of Eurotiales (Ascomycota) isolated from tidal flat sediments in China. J Fungi 9: 960.

Liu L, Wang Z. 2021. Azaphilone alkaloids: prospective source of natural food pigments. Appl Microbiol Biotechnol 106: 469–484.

Liu Y-J, Whelen S, Hall BD. 1999. Phylogenetic relationships among ascomycetes: evidence from an RNA polymerase II subunit. Molecular Biology and Evolution 16: 1799–1808.

LoBuglio KF, Pitt JI, Taylor JW. 1993. Phylogenetic analysis of two ribosomal DNA regions indicates multiple independent losses of a sexual *Talaromyces* state among asexual *Penicillium* species in Subgenus *Biverticillium*. Mycologia 85: 592–604.

Long X-H, Liu L-P, Shao T-Y, *et al*. 2016. Developing and sustainably utilize the coastal mudflat areas in china. Sci Total Environ 569–570: 1077–1086.

Lorenzini M, Cappello MS, Perrone G, *et al*. 2019. New records of *Penicillium* and *Aspergillus* from withered grapes in Italy, and description of *Penicillium fructuariae-cellae* sp. nov. Phytopath Medit 2: 58.

Luo Y, Lu X, Bi W, *et al*. 2016. *Talaromyces rubrifaciens*, a new species discovered from heating, ventilation and air conditioning systems in China. Mycologia 108:773–779.

Maeda RN, Barcelos CA, Santa Anna LM, *et al*. 2013. Cellulase production by *Penicillium funiculosum* and its application in the hydrolysis of sugar cane bagasse for second generation ethanol production by fed batch operation. J Biotech 163: 38–44.

Maity A, Pal RK, Chandra R, *et al*. 2014. *Penicillium pinophilum*—A novel microorganism for nutrient management in pomegranate (*Punica granatum* L.). Sci Horticul 169: 111–117.

Makimura K, Murayama SY, Yamguchi H. 1994. Detection of a wide range of medically important fungi by the polymerase chain reaction. J Med Microbiol 40: 358–364.

Malloch D. 1981. Moulds their isolation, cultivation and identification. Toronto: University of Toronto Press. 97 p.

Malloch D. 1985. The trichocomaceae: relationships with other Ascomycetes. In: Samson RA, Pitt JI. Advances in *Penicillium* and *Aspergillus* systematics. New York: Plenum Press. pp. 365–382.

Manoch L, Dethoup T, Yilmaz N, *et al*. 2013. Two new *Talaromyces* species from soil in Thailand. Mycoscience 54: 335–342.

McNeill J, Barrie FR, Buck WR, *et al*. 2012. International Code of Nomenclature for algae, fungi, and plants (Melbourne Code). Regnum Vegetabile 154 . Koenigstein: Koeltz Scientific Books. 161 p.

Mi X, Feng G, Hu Y, *et al*. 2021. The global significance of biodiversity science in China: an overview. Natl Sci Rev 8 (7): nwab032.

Mo Y-X, Kan Y-Z, Lu M-J, *et al*. 2024. Characterization and effect of a nematophagous fungus *Talaromyces cystophila* sp. nov. for the biological control of corn Cyst nematode. Phytopathology. Phytopathology

114: 618-629.

Morales-oyervides L, Ruiz-sanchez JP, Oliverira JC, *et al.* 2020. Biotechnological approaches for the production of natural colorants by *Talaromyces/Penicillium*: a review. Biotech Adv 43: 107601.

Morozova VV, Gusakov AV, Andrianov RM, *et al.* 2010. Cellulases of *Penicillium verruculosum.* Biotechnol J 5: 871–880.

Naraghi L, Heydari A, Rezaee S. 2012. Biocontrol agent *Talaromyces flavus*stimulates the growth of cotton and potato. J Plant Growth Regul 31: 471–477.

Naraghi L, Heydari A, Rezaee S, *et al.* 2010a. Biological control of *Verticillium* wilt of greenhouse cucumber by *Talaromyces flavus*. Phytopathol Mediterr 49: 321–329.

Naraghi L, Heydari A, Rezaee S, *et al.* 2010b. Biological control of tomato *Verticillium* disease by *Talaromyces flavus*. J Plant Protect Res 50: 360–365.

Narikawa T, Shinoyama H, Fujii T. 2000. A β-rutinosidase from *Penicillum rugulosum* IFO 7242 that is a peculiar flavonoid glycosidase. Biosci Biotech Biochem 64: 1317–1319.

Nguyen TTT, Frisvad JC, Kirk PM, *et al.* 2021. Discovery and extrolite production of three new species of *Talaromyces* belonging to sections *Helici* and *Purpurei* from reshwater in Korea. J Fungi 7: 722.

Nguyen TTT, Lee HB. 2023. A new species and five new records of *Talaromyces* (Eurotiales, Aspergillaceae) belonging to section *Talaromyces* in Korea. Mycobiology 51: 320–332.

Nuankaew S, Chuaseeharonnachai C, Preedanon S, *et al.* 2022. Two novel species of *Talaromyces* discovered in a Karst Cave in the Satun UNESCO Global Geopark of southern Thailand. J Fungi 8: 825.

Oh JY, Kim EN, Ryoo MI, *et al.* 2008. Morphological and molecular identification of *Penicillium islandicum* isolate KU101 from stored rice. Plant Pathol J 24: 469–473.

Okubo A, Itagaki T, Hirose D. 2024. *Talaromyces mellisjaponici* sp. nov., a xerophilic species isolated from honey in Japan. Int J Syst Evol Microbiol 74: 006212.

Parker JC, McPherson RK, Andrews KM, *et al.* 2000. Effects of skyrin, a receptor-selective glucagon antagonist, in rat and human hepatocytes. Diabetes 49: 2079–2086.

Perrone G, Logrieco A, Zapparoli G. 2019. New records of *Penicillium* and *Aspergillus* from withered grapes in Italy, and description of *Penicillium fructuariae-cellae* sp. nov. Phytopathol Mediterr 58: 323–340.

Peterson SW. 2000. Phylogenetic analysis of *Penicillium* species based on ITS and LSU-rDNA nucleotide sequences. In: Samson RA, Pitt JI. Integration of modern taxonomicfor *Penicillium* and *Aspergillus* classification. Amsterdam: Harwood Academic Publishers. pp. 163–178.

Peterson SW, Jurjević Ž. 2013. *Talaromyces columbinus* sp. nov., and genealogical concordance analysis in *Talaromyces* clade 2a. PLoS ONE 8: e78084.

Peterson SW, Jurjević Ž. 2017. New species of *Talaromyces* isolated from maize, indoor air, and other substrates. Mycologia 109: 537–556.

Peterson SW, Jurjević Ž. 2019. The *Talaromyces pinophilus* species complex. Fungal Biology 123: 745–762.

Pitt JI. 1979. The genus *Penicillium* and its teleomorphic states *Eupenicillium* and *Talaromyces*. London: Academic Press. 634 p.

Pitt JI, Hocking AD. 1999. Fungi and Food Spoilage. 2nd ed. London: Blackie Academic & Professional. 593 p.

Pitt JI, Hocking AD. 2009. Fungi and food spoilage. 3rd ed. NewYork: Springer. 519 p.

Pitt JI, Samson RA. 1990. Systematics of *Penicillium* and *Aspergillus*-past, present and future. In: Samson RA, Pitt JI. Modern concepts in *Pencillium* and *Aspergillus* classification. New York: Plenum Press. pp.

3–13.

Pitt JI, Samson RA. 1993. Species names in current use in the *Trichocomaceae* (Fungi, Eurotiales). Regnum Veg 128: 13–57.

Pitt JI, Samson RA, Frisvad JC. 2000. List of accepted species and their synonyms in the family *Trichocomaceae*. In: Samson RA, Pitt JI. Integration of modern taxonomic methods for *Penicillium* and *Aspergillus* classification. Amsterdam: Harwood Academic Publishers. pp. 9–49.

Pol D, Laxman RS, Rao M. 2012. Purification and biochemical characterization of endoglucanase from *Penicillium pinophilum* MS 20. Indian J Biochem Biophys 49: 189–194.

Pritchard JK, Stephens M, Donnelly P. 2000. Inference of population structure using multilocus genotype data. Genetics 155: 945–959.

Pyrri I, Visagie CM, Soccio P, *et al*. 2021. Re-Evaluation of the Taxonomy of *Talaromyces minioluteus*. J Fungi 7: 993.

Rajeshkumar KC, Yilmaz N, Marathe SD, *et al*. 2019. Morphology and multigene phylogeny of *Talaromyces amyrossmaniae*, a new synnematous species belonging to the section *Trachyspermi* from India. MycoKeys 45: 41–56.

Ramirez C. 1982. Manual and atlas of the *Penicillium*. Austraian: Elsevier Biomedical Rress. 874 p.

Raper KB, Thom C. 1949. A Manual of the Penicillia. Baltimore: Williams and Wilkins. 875 p.

Reyes I, Bernier L, Simard RR, *et al*. 1999. Characteristics of phosphate solubilization by an isolate of a tropical *Penicillium rugulosum* and two UV-induced mutants. FEMS Microbiol Ecol 28: 291–295.

Richer L, Sigalet D, Kneteman N, *et al*. 1997. Fulminant hepatic failure following ingestion of moldy homemade rhubarb wine. Gastroenterology 112: A1366.

Ridgway R. 1912. Color standards and color nomenclature. Washington DC: Published by the author. 53 p.

Rodríguez-Andrade E, Stchigel MA, Guarro J, *et al*. 2020. Fungal diversity of deteriorated sparkling wine and cork stoppers in Catalonia, Spain. Microorganisms 8: 12.

Rodríguez-Andrade E, Stchigel MA, Terrab A, *et al*. 2019. Diversity of xerotolerant and xerophilic fungi in honey. IMA Fungus 10: 10–30.

Romero AM, Romero AI, Barrera V, *et al*. 2016. *Talaromyces systylus*, a new synnematous species from Argentinean semi-arid soil. Nova Hedwigia 102: 241–256.

Ronquist F, Teslenko M, van der Mark P, *et al*. 2012. MRBAYES 3.2: Efficient Bayesian phylogenetic inference and model selection across a large model space. Sys Biol 61: 539–542.

Samson RA, Houbraken J, Thrane U, *et al*. 2010. Food and indoor fungi. Utrecht: CBS-KNAW Fungal Biodiversity Center. 390 p.

Samson RA, Seifert KA, Kuijpers AFA, *et al*. 2004. Phylogenetic analysis of *Penicillium* subgenus *Penicillium* using partial β-tubulin sequences. Stud Mycol 49: 175–200.

Samson RA, Stolk AC, Hadlok R. 1976. Revision of the subsection *Fasciculata* of *Penicillium* and some allied species. Stud Mycol 11: 1-45.

Samson RA, Yilmaz N, Houbraken J, *et al*. 2011. Phylogeny and nomenclature of the genus *Talaromyces* and taxa accommodated in *Penicillium* subgenus *Biverticillium*. Stud Mycol 70: 159–183.

Sang H, An T-J, Kim CS, *et al*. 2013. Two novel *Talaromyces* species isolated from medicinal crops in Korea. J Microbiol 51: 704–708.

Sang X-Y, Wang Z-J, Yang Y-B, *et al*. 2021. Antimicrobial natural products produced by soil-derived fungus *Penicillium cremeogriseum* W1-1. Indian J Microbiol 61: 519–523.

Santos PE, Piontelli E, Shea YR, *et al*. 2006. *Penicillium piceum* infection: diagnosis and successful treatment in chronic granulomatous disease. Medical Mycology 44: 749–753.

Scott DB. 1968. The genus *Eupenicillium* Ludwig. Res Rep Coun Scient Ind Res Pretoria 272: 1–150.

Scott DB, Stolk AC. 1967. Perfect states of some penicillia. Studies on the genus *Eupenicillium* Ludwig II. Anton Leeuw 33: 297–314.

Špetík M, Eichmeier A, Burgová J, *et al*. 2023. Two new species of Trichocomaceae (Eurotiales), accommodated in *Rasamsonia* and *Talaromyces* section *Bacillispori*, from the Czech Republic. Sci Rep 13: 14903.

Stark AA, Townsend JM, Wogan GN, *et al*. 1978. Mutagenicity and antibacterial activity of mycotoxins produced by *Penicillium islandicum* Sopp and *Penicillium rugulosum*. J Environ Pathol Toxicol 2: 313–324.

Stolk AC. 1968. Four new species of *Eupenicillium*. Studies on the genus *Eupenicillium* Ludwig III. Anton Leeuw 34: 37–53.

Stolk AC, Samson RA. 1971. Studies on *Talaromyces* and related genera I. *Hamigera* gen. nov. and *Byssochlamys*. Persoonia 6: 341–357.

Stolk AC, Samson RA. 1972. The genus *Talaromyces*: studies on *Talaromyces* and related genera II. Stud Mycol 2: 1–65.

Stolk AC, Samson RA. 1983. The ascomycete genus *Eupenicillium* and related *Penicillium* anamorphs. Stud Mycol 23: 1–149.

Stolk AC, Scott DB. 1967. Taxonomy and nomenclature of *Penicillium* in relation to their sclerolial ascocarpic states. Studies on the genus *Eupenicillium* Ludwig I. Persoonia 4: 391–405.

Su L, Niu Y-C. 2018. Multilocus phylogenetic analysis of *Talaromyces* species isolated from cucurbitplants in China and description of two new species, *T. cucurbitiradicus* and *T. endophyticus*. Mycologia 110: 375–386.

Sun B-D, Chen A-J, Houbraken J, *et al*. 2020. New section and species in *Talaromyces*. MycoKeys 68: 75–113.

Sun J-Y, Yang Z-D, Fu G-C, *et al*. 2017. A new wortmannine derivative from a *Tripterygium wilfordii* endophytic fungus *Talaromyces wortmannii* LGT-4. Nat Prod Res 31: 2527–2530.

Sun X-R, Xu M-Y, Kong W-L, *et al*. 2022. Fine identification and classification of a novel beneficial *Talaromyces* fungal species from masson pine rhizosphere soil. J Fungi 8: 155.

Swofford DL. 2001. PAUP*: Phylogenetic analysis using parsimony (*and other methods). Version 4. Sunderland: Sinauer Associates. 128 p.

Tamura K, Stecher G, Peterson D, *et al*. 2013. MEGA6: molecular evolutionary genetics analysis version 6.0. Mol Biol Evol 30: 2725–2729.

Tan Y-P, Bishop-Hurley SL, Shivas RG, *et al*. 2022. Fungal planet description sheets: 1436-1477. Persoonia 49: 261–350.

Thom C. 1930.The Penicillia. Baltimore: Williams and Wilkins. 643 p.

Thompson JD, Gibbson TJ, Plewniak F, *et al*. 1997. The CLUSTAL-X windows interface: flexible strategies for multiple sequence alignment aided by quality analysis tools. Nuc Acids Res 25: 4876–4882.

Tolborg G, Dum SR, Isbrandt T, et al. 2020. Unique processes yielding pure azaphilones in *Talaromyces atroroseus*. Appl Microbiol Biotech 104: 603–613.

Tomlinson JK, Cooley AJ, Zhang S, *et al*. 2011. Case report: granulomatous lymphadenitis caused by *Talaromyces helicus* in a labrador retriever. Veter Clin Pathol 40: 553–557.

Trovão J, Soares F, Tiago I, et al. 2021. *Talaromyces saxoxalicus* sp. nov., isolated from the limestone walls of the Old Cathedral of Coimbra, Portugal. Int J Syst Evol Microbiol 71: 005175.

Turland NJ, Wiersema JH, Barrie FR, *et al*. 2018. International Code of Nomenclature for algae, fungi, and plants (Shenzhen Code) adopted by the Nineteenth International Botanical Congress Shenzhen, China, July 2017. Regnum Vegetabile 159. Glashütten: Koeltz Botanical Books. 254 p.

Tzean SS, Chiu SC, Chen JL, *et al*. 1994. *Penicillium* and related teleomorphs from Taiwan. Hsinchu: Food Industry Researsh and Development Institute. 158 p.

Udagawa S, Awho T. 1969. Notes on some Japanese Ascomycetes VIII. Trans Mycol Soc Japan 10: 1–8.

Udagawa S, Horie Y. 1973. Surface ornamentation of Ascospores in *Eupenicillium* species. Anton Leeuw 39: 313–319.

Varriale S, Houbraken J, Granchi Z, *et al*. 2018. *Talaromyces borbonicus*, sp. nov., a novel fungus from biodegraded *Arundo donax* with potential abilities in lignocellulose conversion. Mycologia 110: 316–324.

Visagie CM, Hirooka Y, Tanney JB, *et al*. 2014. *Aspergillus*, *Penicillium* and *Talaromyces* isolated from house dust samples collected around the world. Studies in Mycology 78: 63–139.

Visagie CM, Jacobs K. 2012. Three new additions to the genus *Talaromyces* isolated from Atlantis sandveld fynbos soils. Persoonia 28: 14–24.

Visagie CM, Yilmaz N, Frisvad JC, *et al*. 2015. Five new *Talaromyces* species with ampulliform-like phialides and globose rough walled conidia resembling *T. verruculosus*. Mycoscience 56: 486–502.

Wang B, Guo L, Ye K, *et al*. 2020. Chromosome-scale genome assembly of *Talaromyces rugulosus* W13939, a mycoparasitic fungus and promising biocontrol agent. Mol Plant-Microbe Interact 33: 1446–1450.

Wang B, Wang L. 2013. *Penicillium kongii*, a new terverticillate species isolated from plant leaves in China. Mycologia 105:1547–1554.

Wang L. 2012. Four new records of *Aspergillus* section *Usti* from Shandong Province, China. Mycotaxon 120: 373–384.

Wang L, Zhuang W-Y. 2004. Designing primer sets for amplification of partial calmodulin genes from penicillia. Mycosystema 23: 466–473.

Wang L, Zhuang W-Y. 2007. Phylogenetic analyses of penicillia based on partial calmodulin gene sequences. BioSystems 88: 113–126.

Wang Q-M, Zhang Y-H, Wang B, *et al*. 2016a. *Talaromyces neofusisporus* and *T. qii*, two new species of section *Talaromyces* isolated from plant leaves in Tibet, China. Sci Rep 6: 18622.

Wang X-C, Chen K, Qin W-T, *et al*. 2017. *Talaromyces heiheensis* and *T. mangshanicus*, two new species from China. Mycol Prog 16: 73–81.

Wang X-C, Chen K, Xia Y-W, *et al*. 2016b. A new species of *Talaromyces* (Trichocomaceae) from the Xisha Islands, Hainan, China. Phytotaxa 267: 187–200.

Wang X-C, Zhuang W-Y. 2022. New species of *Talaromyces* (Trichocomaceae, Eurotiales) from southwestern China. J Fungi 8: 647.

Wei S, Xu X, Wang L. 2021. Four new species of *Talaromyces* section *Talaromyces* discovered in China. Mycologia 113: 492–508.

Weisenborn JLF, Kirschner R, Caceres O, *et al*. 2010. *Talaromyces indigoticus* Takada & Udagawa, the first record from Panama and the American Continent. Mycopathologia 170: 203–208.

White TJ, Bruns T, Lee S, *et al*. 1990. Amplification anddirect sequencing of fungal ribosomal RNA genes for phylogenetics. In: Innis MS, Gelfand DH. PCR protocols: a guide to methods and applications. NewYork: Academic Press. pp. 315–322.

Xian L, Wang F, Luo X, *et al*. 2015. Purification and characterization of a highly efficient calcium-independent alpha-amylase from *Talaromyces pinophilus* 1–95. PLoS ONE 10: e0121531.

Xu K-X, Shan X-N, Ruan Y, *et al*. 2022. Three new *Penicillium* species isolated from the tidal flats of China.

Peer J 10: e13224.

Xu L-L, Liu C, Han Z-Z, *et al.* 2020. Microbial biotransformation of iridoid glycosides from *Gentiana Rigescens* by *Penicillium brasilianum*. Chem Biodivers 17: e2000676.

Xu Y, Wang L, Zhu G, *et al.* 2019. New phenylpyridone derivatives from the *Penicillium sumatrense* GZWMJZ-313, a fungal endophyte of *Garcinia multiflora*. Chin Chem Lett 30 (2): 431–434.

Yadav BK, Tarafdar JC. 2011. *Penicillium purpurogenum*, unique P solubilizers in arid agro-ecosystems. Arid Land Res Manag 25: 7–99.

Yaguchi T, Miyadoh S, Udagawa S. 1993. *Talaromyces barcinensis*, a new soil ascomycete. Trans Mycol Soc Japan 34: 15-19.

Yamagiwa Y, Inagaki Y, Ichinose Y, *et al.* 2011. *Talaromyces wortmannii* FS2 emits β-caryphyllene, which promotes plant growth and induces resistance. J Gen Plant Pathol 77: 336–341.

Yamazaki H, Koyama N, Omura S, *et al.* 2010. New rugulosins, Anti-MRSA antibiotics, produced by *Penicillium radicum* FKI-3765-2. Org Lett 12: 1572–1575.

Yilmaz N, Hagen F, Meis JF, *et al.* 2016c. Discovery of a sexual cycle in *Talaromyces amestolkiae*. Mycologia 108: 70–79.

Yilmaz N, Houbraken J, Hoekstra ES, *et al.* 2012. Delimitation and characterisation of *Talaromyces purpurogenus* and related species. Persoonia 29: 39–54.

Yilmaz N, López-Quintero CA, Vasco-Palacios AM, *et al.* 2016b. Four novel *Talaromyces* species isolated from leaf litter from Colombian Amazon rain forests. Mycol Prog 15: 1041–1056.

Yilmaz N, Visagie CM, Frisvad J C, *et al.* 2016a. Taxonomic re-evaluation of species in *Talaromyces* section *Islandici*, using a polyphasic approach. Persoonia 36: 7–56.

Yilmaz N, Visagie CM, Houbraken J, *et al.* 2014. Polyphasic taxonomy of the genus *Talaromyces*. Stud Mycol 78: 175–341.

Yin G-P, Gong M, Xue G-M, *et al.* 2021. Penispidins A–C, aromatic sesquiterpenoids from *Penicillium virgatum* and their inhibitory effects on hepatic lipid accumulation. J Nat Prod 84: 2623–2629.

You Y-H, Aktaruzzaman M, Heo I, *et al.* 2020. *Talaromyces halophytorum* sp. nov. isolated from roots of *Limonium tetragonum* in Korea. Mycobiology 48: 133–138.

Zang W, Li M, Sun J-Q, *et al.* 2023. Two new species of *Talaromyces* sect. *Trachyspermi* discovered in China. Mycopathologia 188: 793–804.

Zhang H, Wei T-P, Mao Y-T, *et al.* 2021a. *Ascodesmis rosicola* sp. nov. and *Talaromyces rosarhiza* sp. nov., two endophytes from *Rosarox burghii* in China. Biodivers Data J 9: e70088.

Zhang J, Yuan B, Liu D, *et al.* 2018. Brasilianoids A–F, new meroterpenoids from the sponge-associated fungus *Penicillium brasilianum*. Front Chem 6: 314.

Zhang K, Zhang X, Lin R, *et al.* 2022. New secondary metabolites from the marine-derived fungus *Talaromyces mangshanicus* BTBU20211089. Mar Drugs 20: 79.

Zhang Z-K, Wang X-C, Zhuang W-Y, *et al.* 2021b. New species of *Talaromyces* (Fungi) isolated from soil in south western China. Biology 10: 745.

Zhao W-T, Shi X, Xian P-J, *et al.* 2019. A new fusicoccane diterpene and a new polyene from the plant endophytic fungus *Talaromyces pinophilus* and their antimicrobial activities. Nat Prod Res 35: 124–130.

Zhou H, Xu L, Liu W, *et al.* 2024. *Talaromyces sedimenticola* sp. nov., isolated from the Mariana Trench. Anton Leeuw Int J G 117: 44.

Zhou N-D, Gu X-L, Tian Y-P. 2013. Isolation and characterization of urethanase from *Penicillium variabile* and its application to reduce ethyl carbamate contamination in Chinese rice wine. Appl Biochem Biotech 170: 718–728.

索 引

真菌汉名索引

真菌学名索引

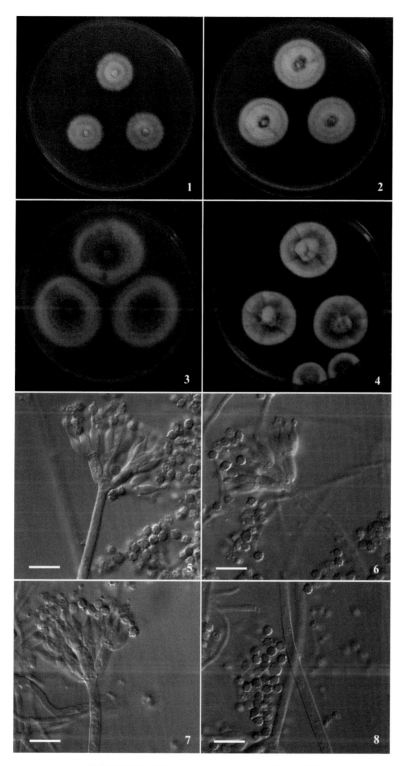

棘刺篮状菌 *Talaromyces aculeatus* AS 3.16285

1~4. 在 CA、CYA、MEA、YES 上 25℃培养 7 天的菌落；5~7. 分生孢子梗；8. 分生孢子。标尺 = 10 μm

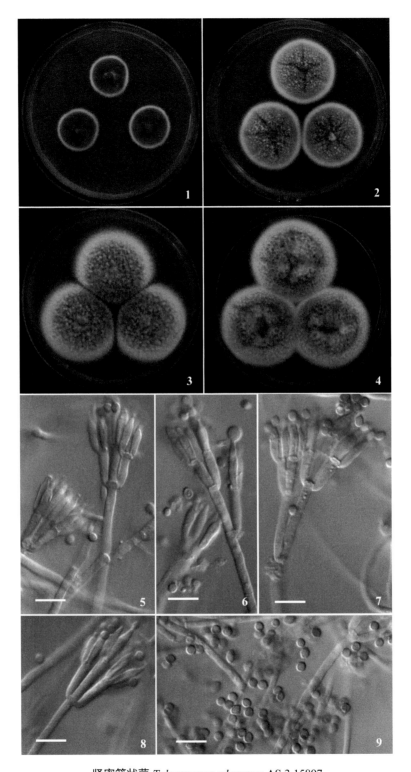

紧密篮状菌 *Talaromyces adpressus* AS 3.15897

1~4. 在 CA、CYA、MEA、YES 上 25℃培养 7 天的菌落；5~8. 分生孢子梗；9. 分生孢子。标尺 = 10 μm

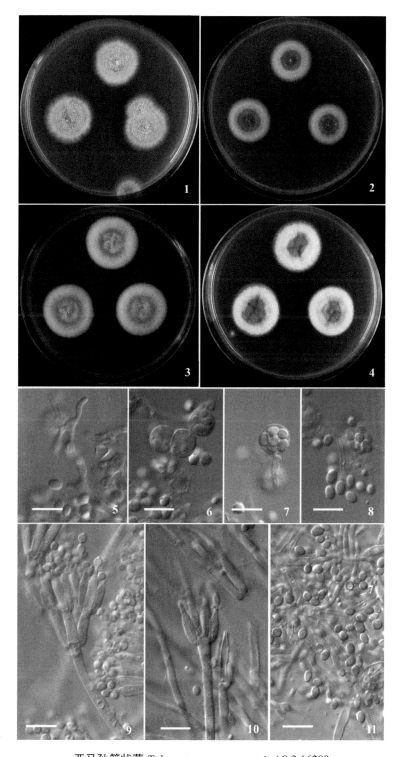

亚马孙篮状菌 *Talaromyces amazonensis* AS 3.16289

1~4. 在 CA、CYA、MEA、YES 上 25℃培养 7 天的菌落；5. 原基；6, 7. 子囊；8. 子囊孢子；9, 10. 分生孢子梗；11. 分
生孢子。标尺 = 10 μm

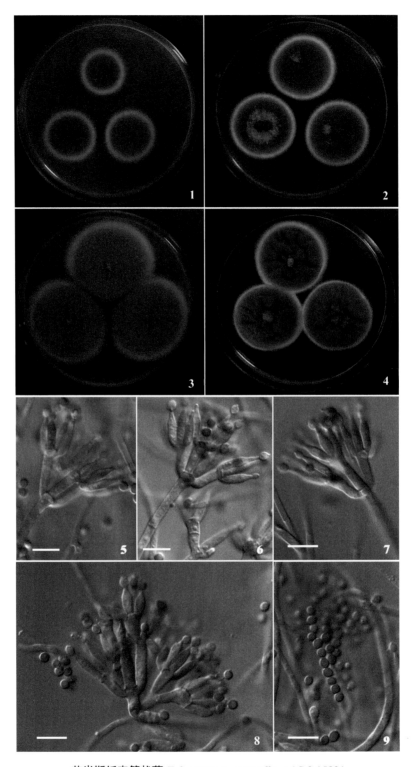

艾米斯托克篮状菌 *Talaromyces amestolkiae* AS 3.15821

1~4. 在 CA、CYA、MEA、YES 上 25℃培养 7 天的菌落；5~8. 分生孢子梗；9. 分生孢子。标尺 = 10 μm

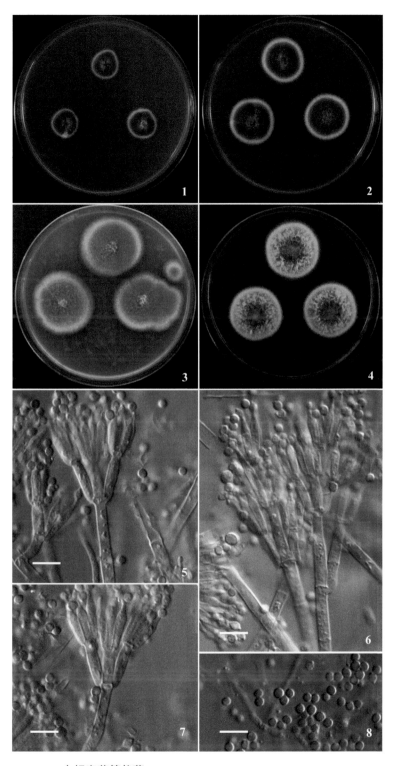

安妮索菲篮状菌 *Talaromyces annesophieae* AS 3.16070

1~4. 在 CA、CYA、MEA、YES 上 25℃培养 7 天的菌落；5~7. 分生孢子梗；8. 分生孢子。标尺 = 10 μm

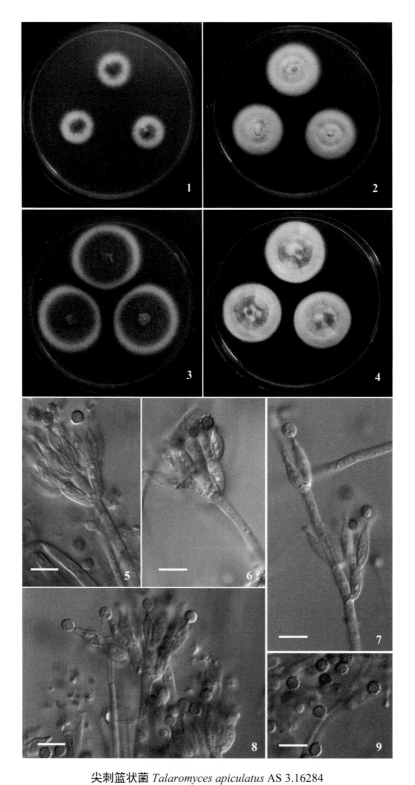

尖刺篮状菌 *Talaromyces apiculatus* AS 3.16284

1~4. 在 CA、CYA、MEA、YES 上 25℃培养 7 天的菌落；5~8. 分生孢子梗；9. 分生孢子。标尺 = 10 μm

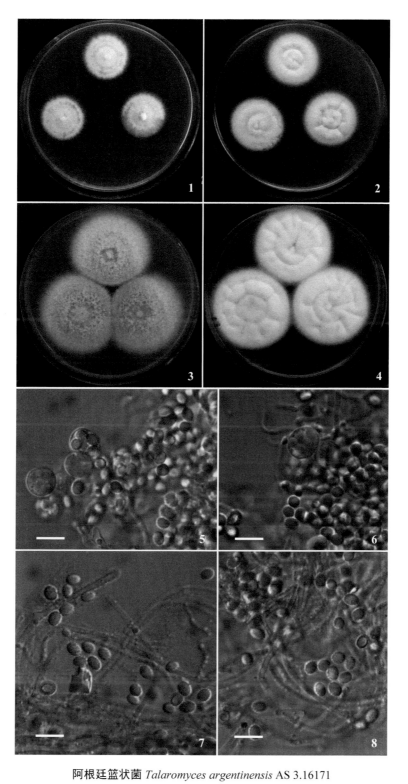

阿根廷篮状菌 *Talaromyces argentinensis* AS 3.16171

1~4. 在 CA、CYA、MEA、YES 上 25℃培养 7 天的菌落；5, 6. 子囊和子囊孢子；7, 8. 子囊孢子。标尺 = 10 μm

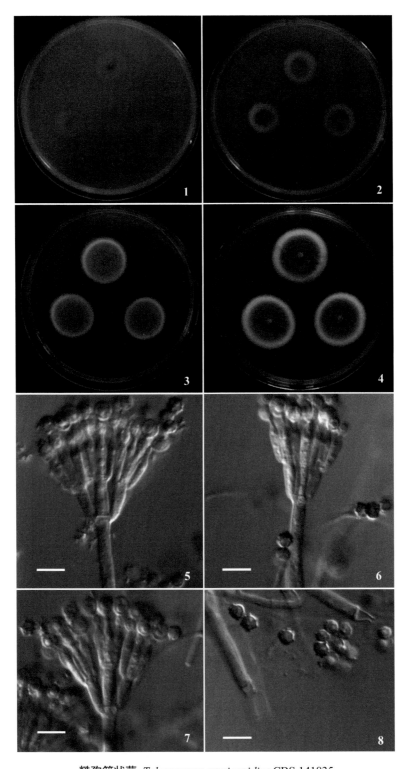

糙孢篮状菌 *Talaromyces aspriconidius* CBS 141835

1~4. 在 CA、CYA、MEA、YES 上 25℃培养 7 天的菌落；5~7. 分生孢子梗；8. 分生孢子。标尺 = 10 μm

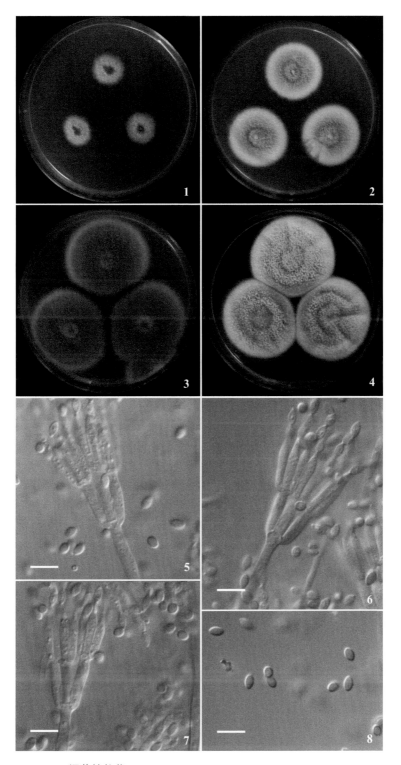

橘黄篮状菌 *Talaromyces aurantiacus* CGMCC 3.18198

1~4. 在 CA、CYA、MEA、YES 上 25℃培养 7 天的菌落；5~7. 分生孢子梗；8. 分生孢子。标尺 = 10 μm

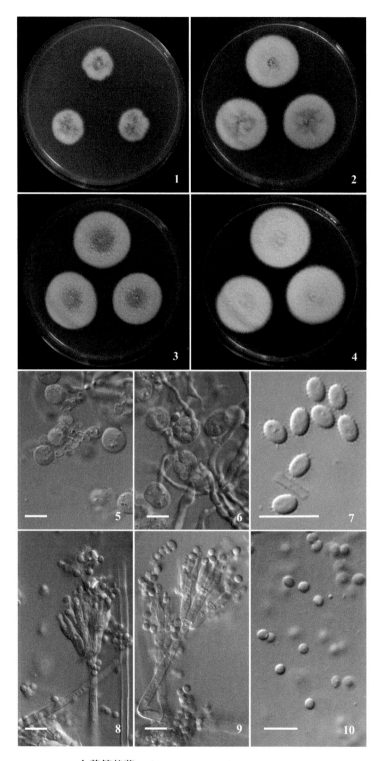

金黄篮状菌 *Talaromyces aureolinus* AS 3.15865

1~4. 在 CA、CYA、MEA、YES 上 25℃培养 7 天的菌落；5, 6.子囊；7. 子囊孢子；8, 9. 分生孢子梗；10. 分生孢子。

标尺 = 10 μm

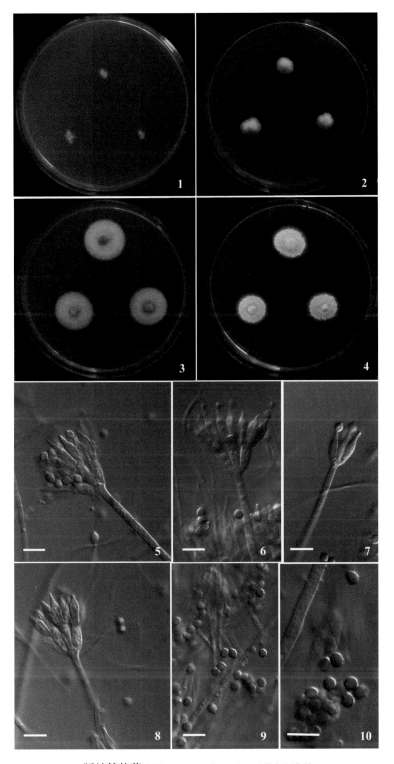

版纳篮状菌 *Talaromyces bannicus* AS 3.15862

1~4. 在 CA、CYA、MEA、YES 上 25℃培养 7 天的菌落；5~8. 分生孢子梗；9, 10. 分生孢子。标尺 = 10 μm

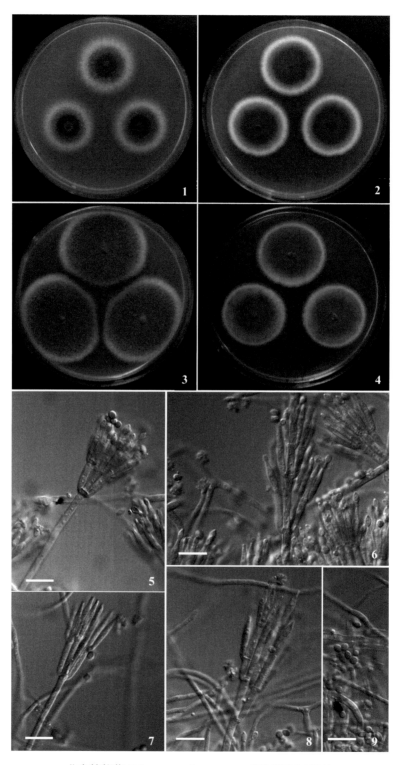

北京篮状菌 *Talaromyces beijingensis* CGMCC 3.18200

1~4. 在 CA、CYA、MEA、YES 上 25℃培养 7 天的菌落；5~8. 分生孢子梗；9. 分生孢子。标尺 = 10 μm

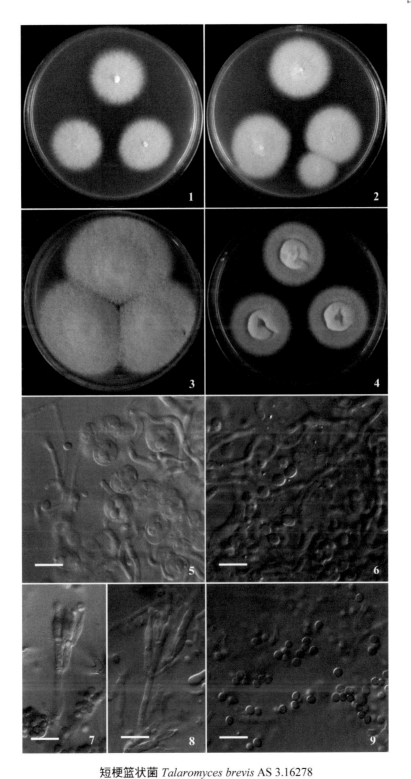

短梗篮状菌 *Talaromyces brevis* AS 3.16278

1~4. 在 CA、CYA、MEA、YES 上 25℃培养 7 天的菌落；5. 子囊；6. 子囊孢子；7, 8. 分生孢子梗；9. 分生孢子。

标尺 = 10 μm

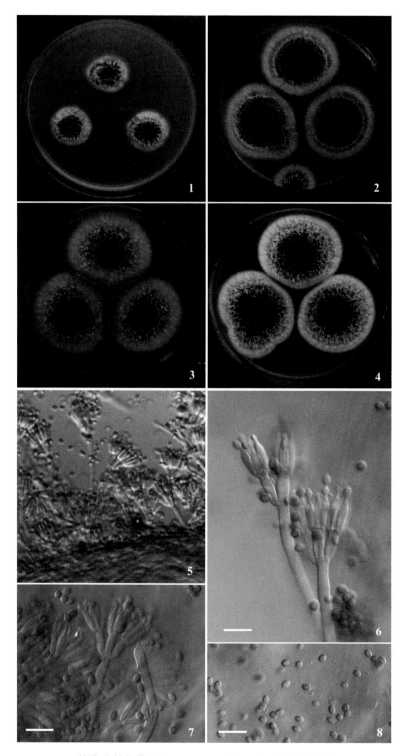

热狗束篮状菌 Talaromyces calidicanius AS 3.26030

1~4. 在 CA、CYA、MEA、YES 上 25℃培养 7 天的菌落；5. 菌丝束上着生分生孢子梗；6, 7. 分生孢子梗；8. 分生孢子。

标尺 = 10 μm

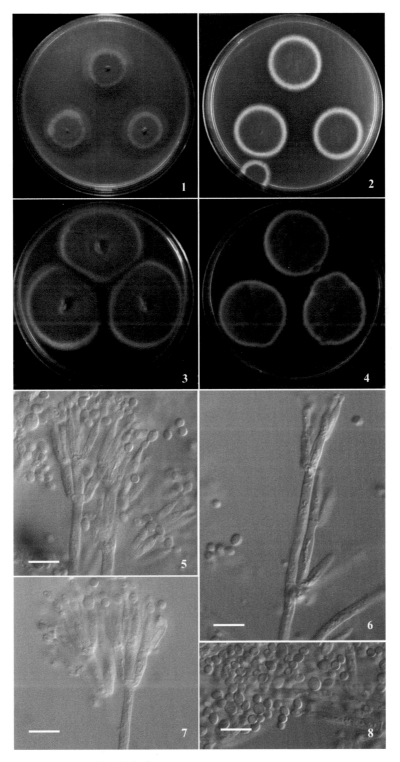

蛇床篮状菌 *Talaromyces cnidii* AS 3.15896

1~4. 在 CA、CYA、MEA、YES 上 25℃ 培养 7 天的菌落；5~7. 分生孢子梗；8. 分生孢子。标尺 = 10 μm

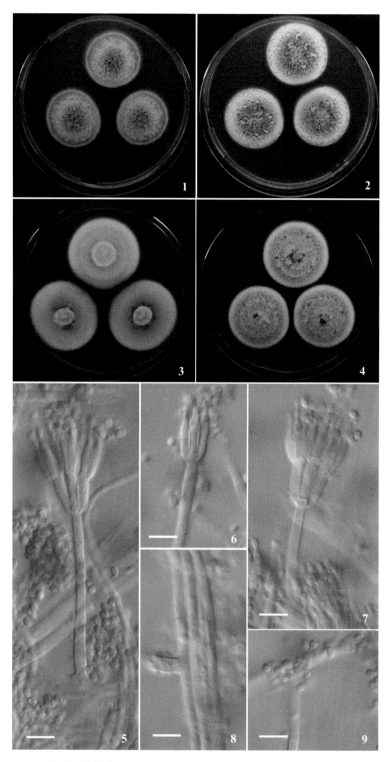

南瓜根篮状菌 *Talaromyces cucurbitiradicus* CGMCC 3.26140

1~4. 在 CA、CYA、MEA、YES 上 25℃培养 7 天的菌落；5~7. 分生孢子梗；8. 菌丝绳；9. 分生孢子。标尺 = 10 μm

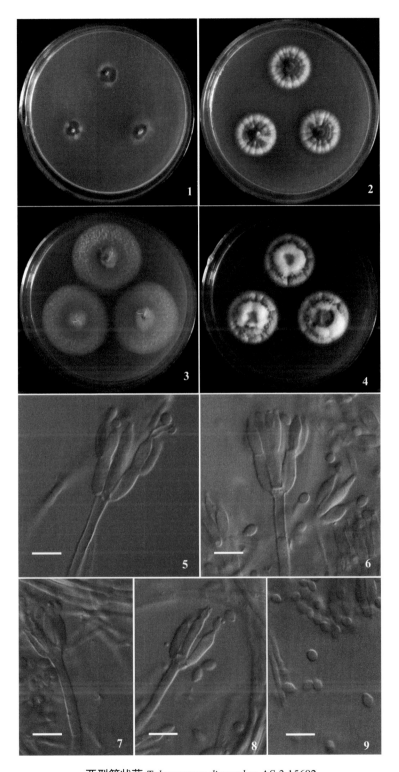

两型篮状菌 *Talaromyces dimorphus* AS 3.15692

1~4. 在 CA、CYA、MEA、YES 上 25℃培养 7 天的菌落；5~8. 分生孢子梗；9. 分生孢子。标尺 = 10 μm

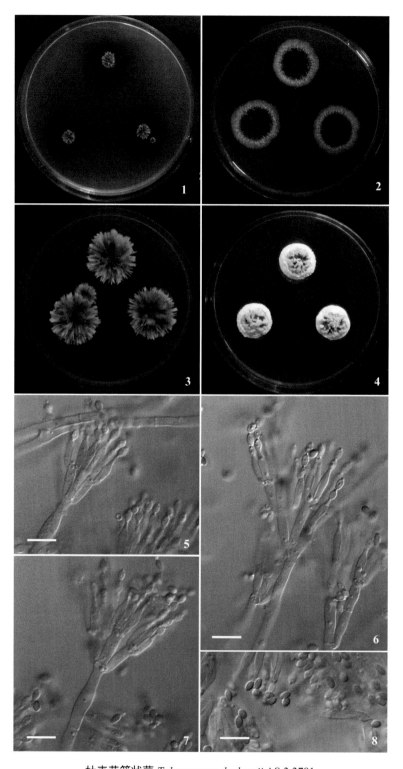

杜克劳篮状菌 *Talaromyces duclauxii* AS 3.3791

1~4. 在 CA、CYA、MEA、YES 上 25℃培养 7 天的菌落；5~7. 分生孢子梗；8. 分生孢子。标尺 = 10 μm

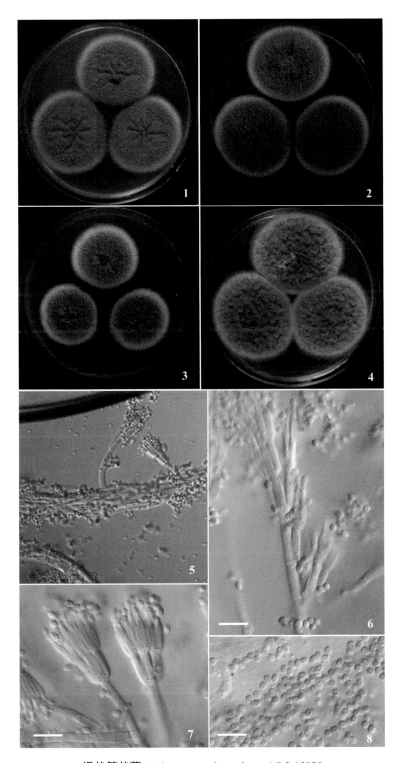

绳状篮状菌 *Talaromyces funiculosus* AS 3.15820

1~4. 在 CA、CYA、MEA、YES 上 25℃培养 7 天的菌落；5. 菌丝绳上着生分生孢子梗；6, 7. 分生孢子梗；8. 分生孢子。

标尺 = 10 μm

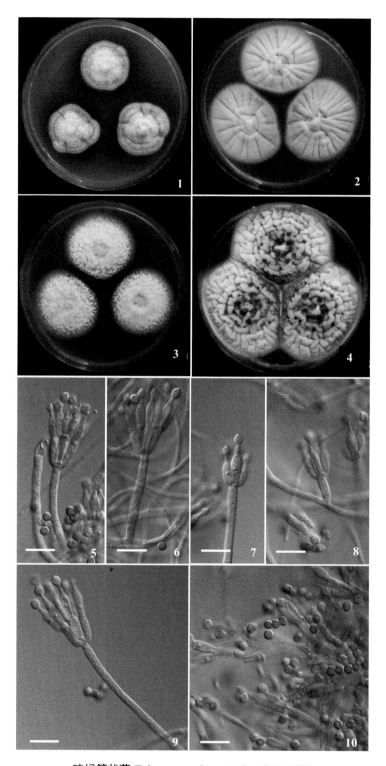

暗绿篮状菌 *Talaromyces fuscoviridis* AS 3.15876

1~4. 在 CA、CYA、MEA、YES 上 25℃培养 7 天的菌落；5~9. 分生孢子梗；10. 分生孢子。标尺 = 10 μm

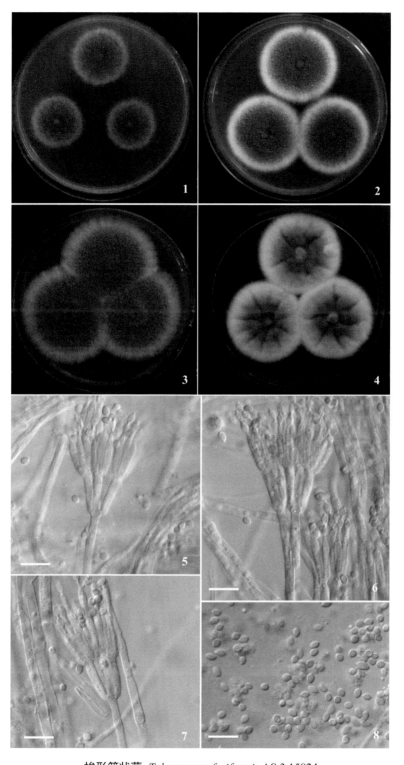

梭形篮状菌 *Talaromyces fusiformis* AS 3.15824

1~4. 在 CA、CYA、MEA、YES 上 25℃培养 7 天的菌落；5~7. 分生孢子梗；8. 分生孢子。标尺 = 10 μm

图版 XXII

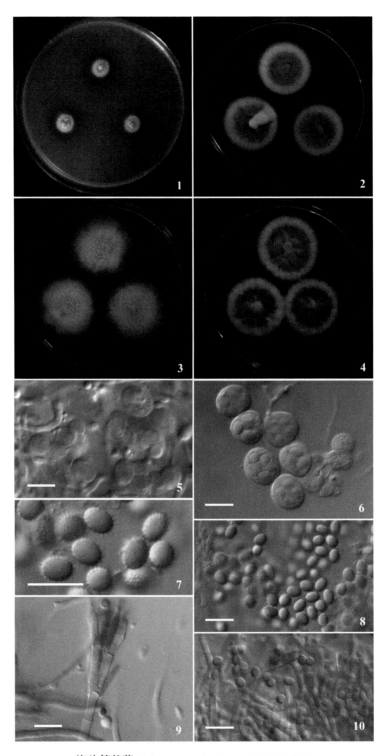

海头篮状菌 *Talaromyces haitouensis* AS 3.16101

1~4. 在 CA、CYA、MEA、YES 上 25℃培养 7 天的菌落；5. 原基；6. 子囊；7,8. 子囊孢子；9. 分生孢子梗；10. 分生孢子。标尺 = 10 μm

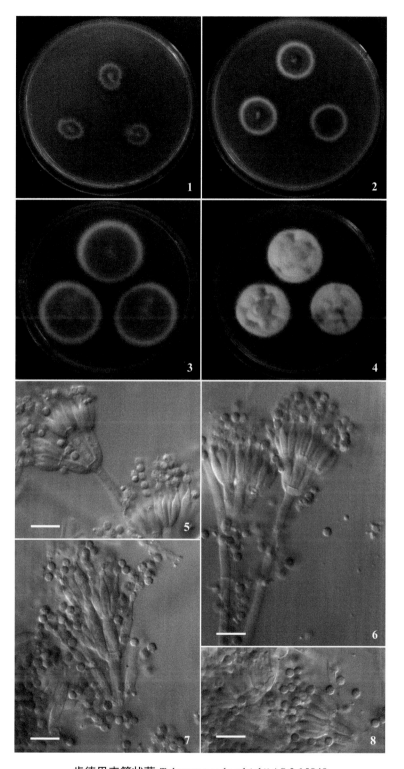

肯德里克篮状菌 *Talaromyces kendrickii* AS 3.15849

1~4. 在 CA、CYA、MEA、YES 上 25℃培养 7 天的菌落；5~7. 分生孢子梗；8. 分生孢子。标尺 = 10 μm

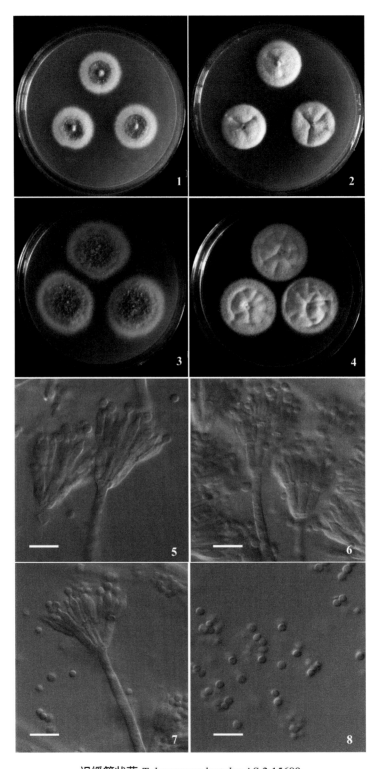

迟缓篮状菌 *Talaromyces lentulus* AS 3.15689

1~4. 在 CA、CYA、MEA、YES 上 25℃培养 7 天的菌落；5~7. 分生孢子梗；8. 分生孢子。标尺 = 10 μm

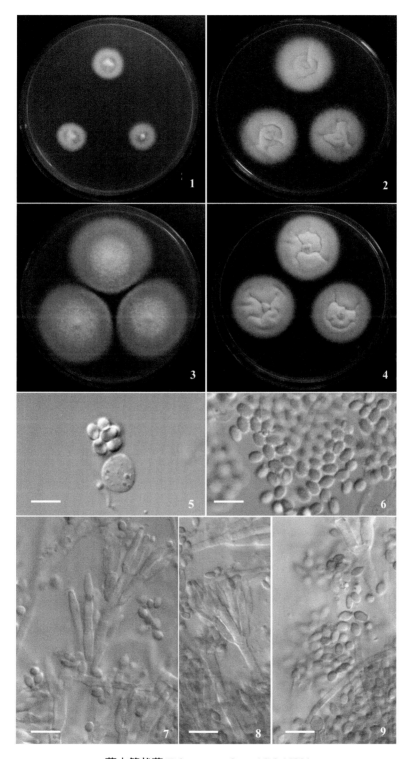

藤本篮状菌 *Talaromyces liani* AS 3.15801

1~4. 在 CA、CYA、MEA、YES 上 25℃培养 7 天的菌落；5. 子囊；6. 子囊孢子；7, 8. 分生孢子梗；9. 分生孢子。

标尺 = 10 μm

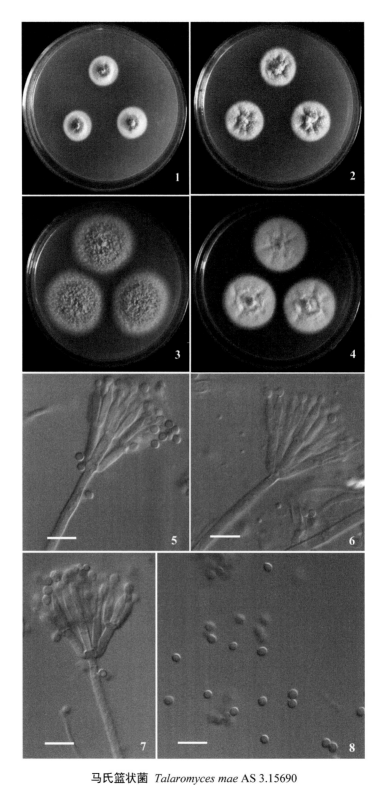

马氏篮状菌 *Talaromyces mae* AS 3.15690

1~4. 在 CA、CYA、MEA、YES 上 25℃培养 7 天的菌落；5~7. 分生孢子梗；8. 分生孢子。标尺 = 10 μm

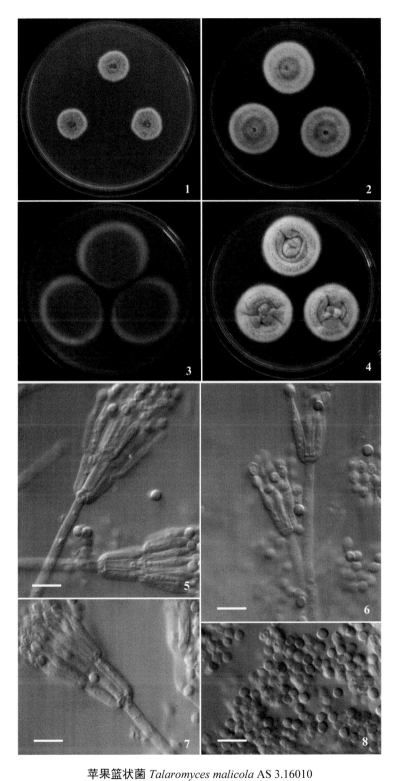

苹果篮状菌 *Talaromyces malicola* AS 3.16010

1~4. 在 CA、CYA、MEA、YES 上 25℃培养 7 天的菌落；5~7. 分生孢子梗；8. 分生孢子。标尺 = 10 μm

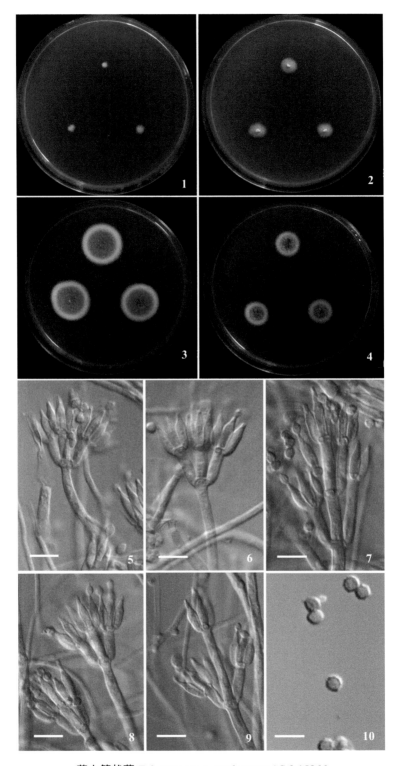

莽山篮状菌 *Talaromyces mangshanicus* AS 3.15866

1~4. 在 CA、CYA、MEA、YES 上 25℃培养 7 天的菌落；5~9. 分生孢子梗；10. 分生孢子。标尺 = 10 μm

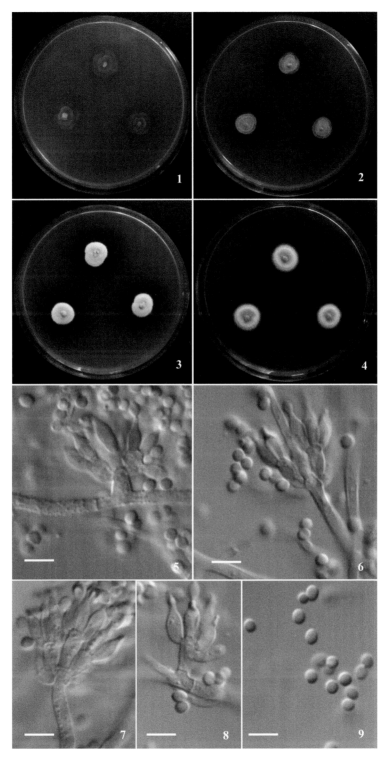

马尔尼菲篮状菌 *Talaromyces marneffei* AS 3.16288

1~4. 在 CA、CYA、MEA、YES 上 25℃培养 7 天的菌落；5~8. 分生孢子梗；9. 分生孢子。标尺 = 10 μm

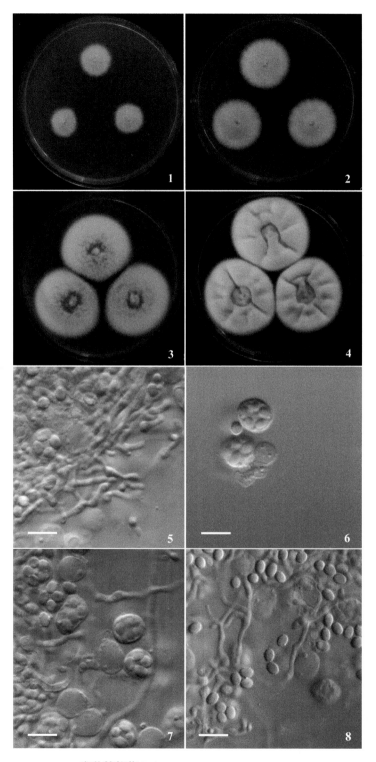

室井篮状菌 *Talaromyces muroii* AS 3.16270

1~4. 在 CA、CYA、MEA、YES 上 25℃培养 7 天的菌落；5. 原基；6, 7. 子囊；8. 子囊孢子。标尺 = 10 μm

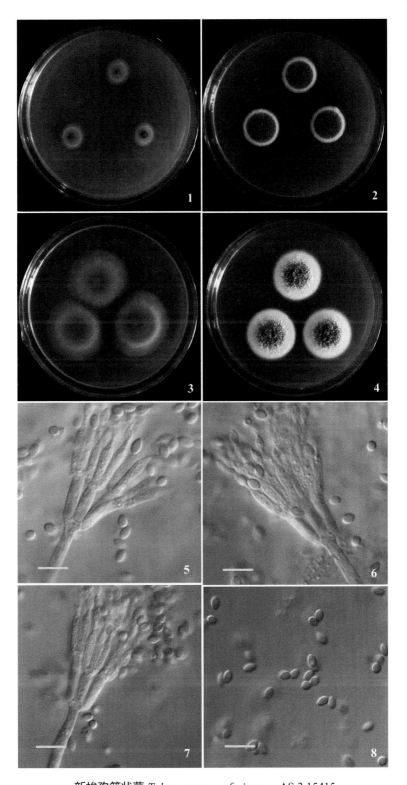

新梭孢篮状菌 *Talaromyces neofusisporus* AS 3.15415

1~4. 在 CA、CYA、MEA、YES 上 25℃培养 7 天的菌落；5~7. 分生孢子梗；8. 分生孢子。标尺 = 10 μm

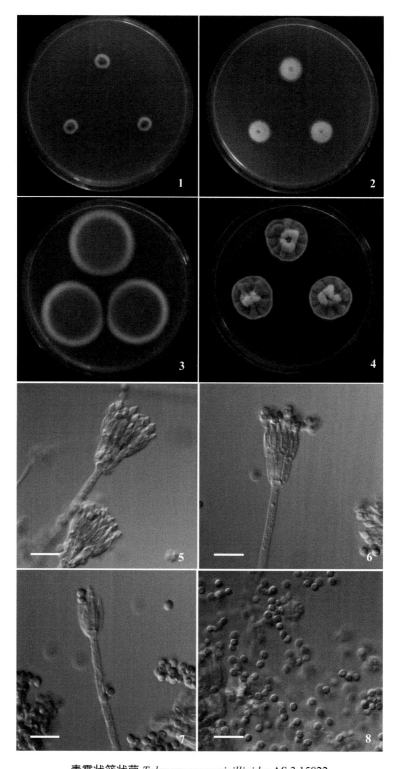

青霉状篮状菌 *Talaromyces penicillioides* AS 3.15822

1~4. 在 CA、CYA、MEA、YES 上 25℃ 培养 7 天的菌落；5~7. 分生孢子梗；8. 分生孢子。标尺 ＝ 10 μm

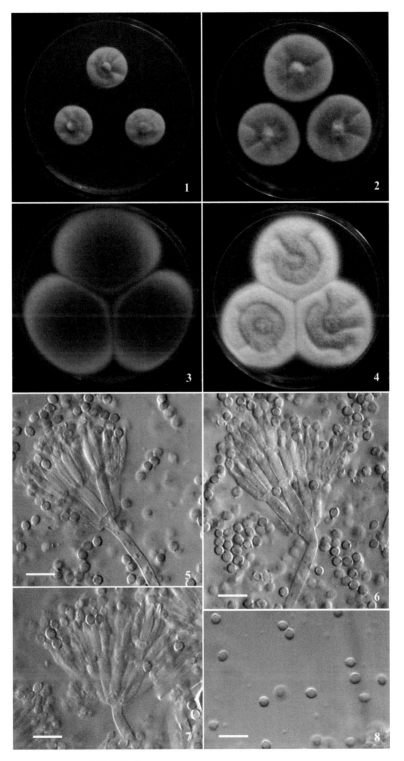

嗜松篮状菌 *Talaromyces pinophilus* AS 3.16282

1~4. 在 CA、CYA、MEA、YES 上 25℃培养 7 天的菌落；5~7. 分生孢子梗；8. 分生孢子。标尺 = 10 μm

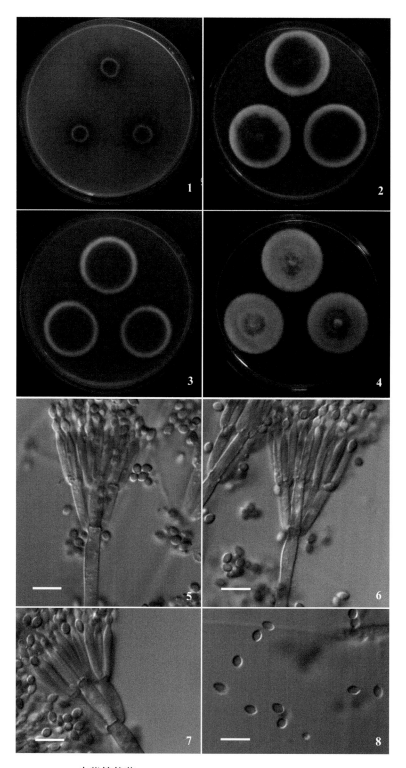

产紫篮状菌 *Talaromyces purpureogenus* AS 3.5692

1~4. 在 CA、CYA、MEA、YES 上 25℃培养 7 天的菌落；5~7. 分生孢子梗；8. 分生孢子。标尺 = 10 μm

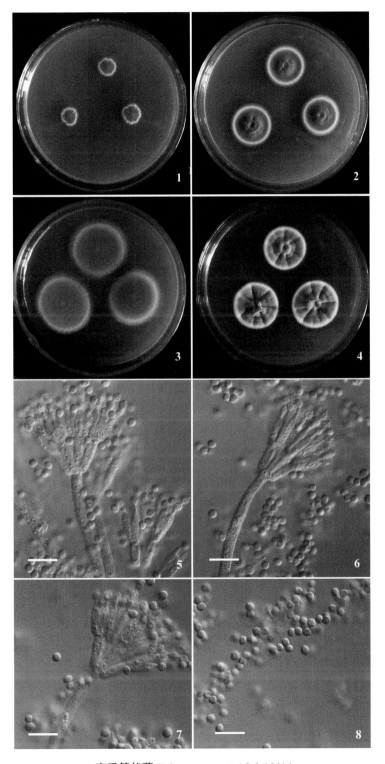

齐氏篮状菌 *Talaromyces qii* AS 3.15414

1~4. 在 CA、CYA、MEA、YES 上 25℃培养 7 天的菌落；5~7. 分生孢子梗；8. 分生孢子。标尺 = 10 μm

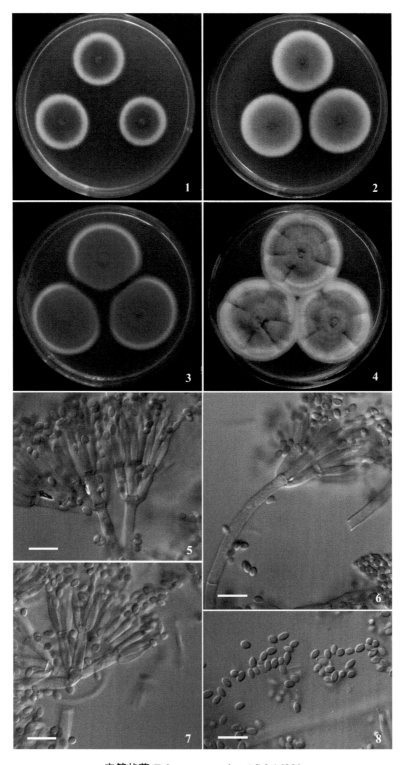

赤篮状菌 *Talaromyces ruber* AS 3.16280

1~4. 在 CA、CYA、MEA、YES 上 25℃培养 7 天的菌落；5~7. 分生孢子梗；8. 分生孢子。标尺 ＝10 μm

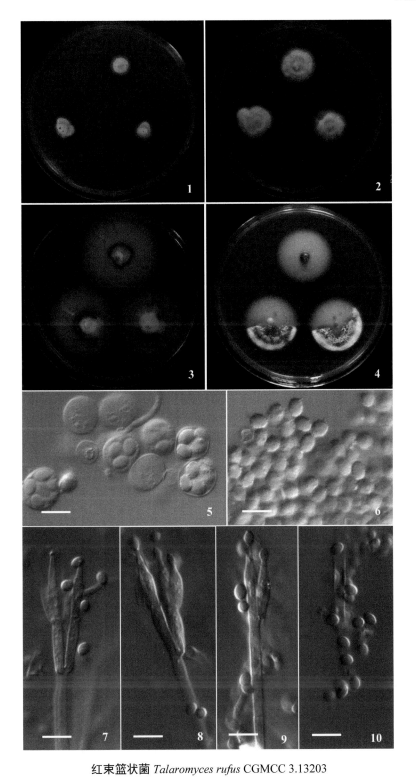

红束篮状菌 *Talaromyces rufus* CGMCC 3.13203

1~4. 在 CA、CYA、MEA、YES 上 25℃培养 7 天的菌落；5. 子囊；6. 子囊孢子；7~9. 分生孢子梗；10. 分生孢子。

标尺 =10 μm

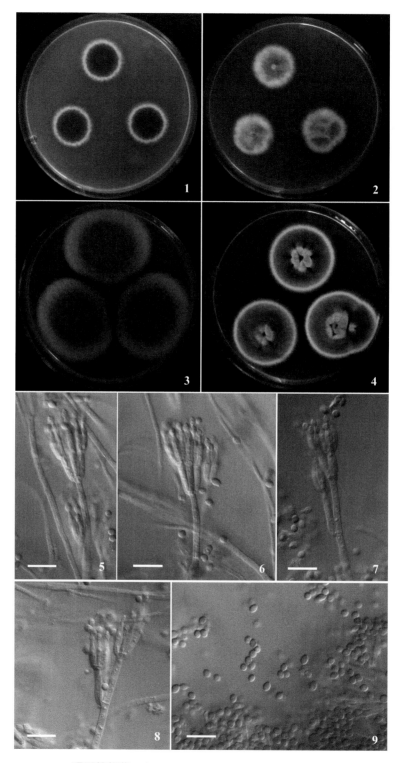

暹罗篮状菌 *Talaromyces siamensis* CGMCC 3.18214

1~4. 在 CA、CYA、MEA、YES 上 25℃培养 7 天的菌落；5~8. 分生孢子梗；9. 分生孢子。标尺 = 10 μm

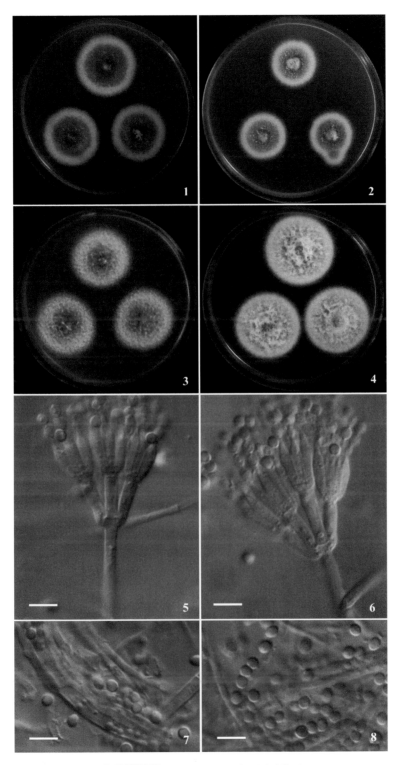

土壤篮状菌 *Talaromyces soli* AS 3.16071

1~4. 在 CA、CYA、MEA、YES 上 25℃培养 7 天的菌落；5, 6. 分生孢子梗；7. 菌丝绳；8. 分生孢子。标尺 = 10 μm

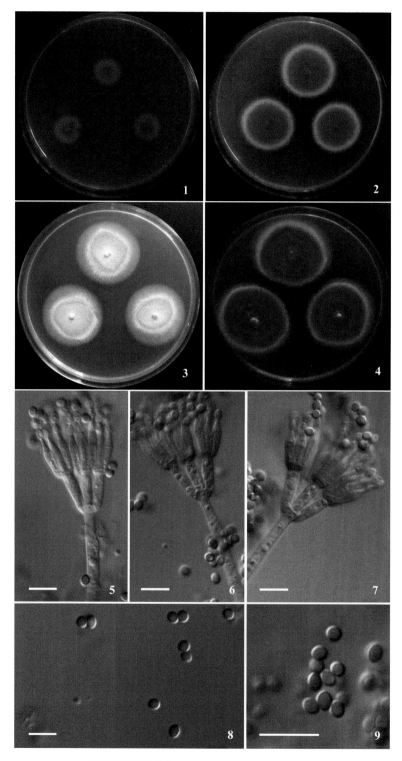

稀疏篮状菌 *Talaromyces sparsus* AS 3.16003

1~4. 在 CA、CYA、MEA、YES 上 25℃培养 7 天的菌落；5~7. 分生孢子梗；8,9. 分生孢子。标尺 ＝10 μm

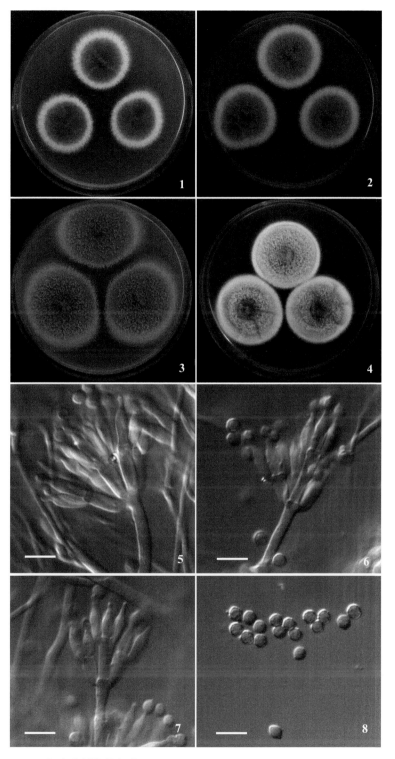

斯泰伦博斯篮状菌 *Talaromyces stellenboschensis* AS 3.16194

1~4. 在 CA、CYA、MEA、YES 上 25℃培养 7 天的菌落；5~7. 分生孢子梗；8. 分生孢子。标尺 = 10 μm

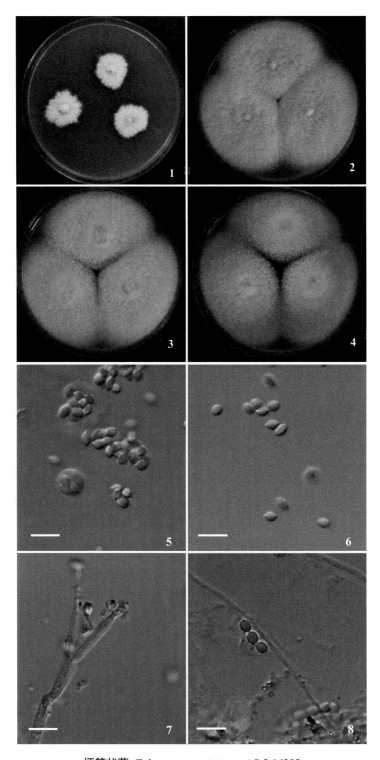

柄篮状菌 *Talaromyces stipitatus* AS 3.16283

1~4. 在 CA、CYA、MEA、YES 上 25℃培养 7 天的菌落；5. 子囊和子囊孢子；6. 子囊孢子；7. 分生孢子梗；8. 分生孢子。

标尺 = 10 μm

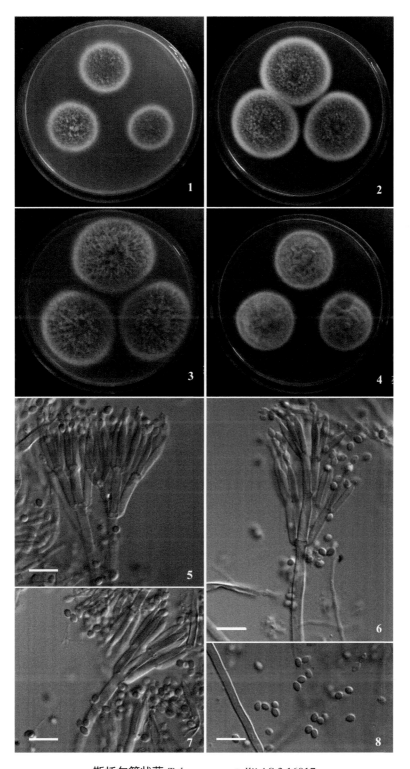

斯托尔篮状菌 Talaromyces stollii AS 3.16017

1~4. 在 CA、CYA、MEA、YES 上 25℃培养 7 天的菌落；5~7. 分生孢子梗；8. 分生孢子。标尺 = 10 μm

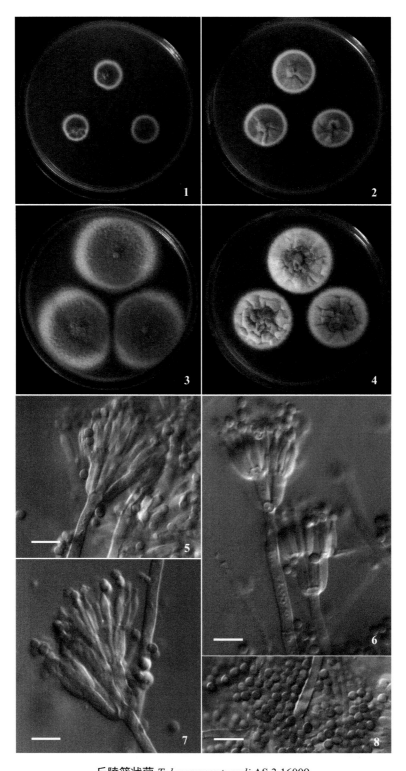

丘陵篮状菌 *Talaromyces tumuli* AS 3.16009

1~4. 在 CA、CYA、MEA、YES 上 25℃培养 7 天的菌落；5~7. 分生孢子梗；8. 分生孢子。标尺 = 10 μm

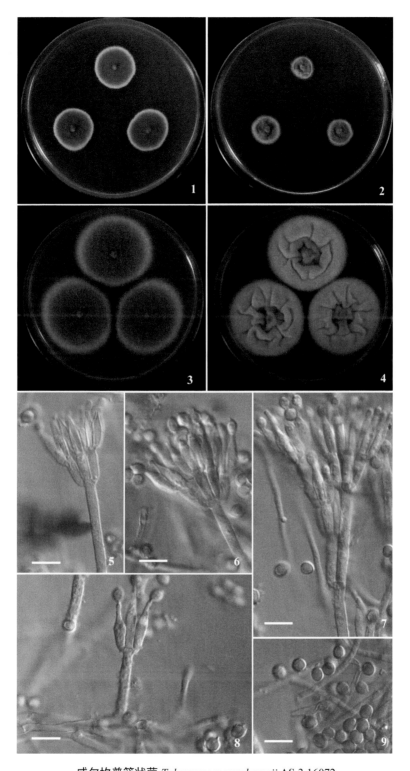

威尔坎普篮状菌 *Talaromyces veerkampii* AS 3.16072

1~4. 在 CA、CYA、MEA、YES 上 25℃培养 7 天的菌落；5~8. 分生孢子梗；9. 分生孢子。标尺 = 10 μm

图版 XLVI

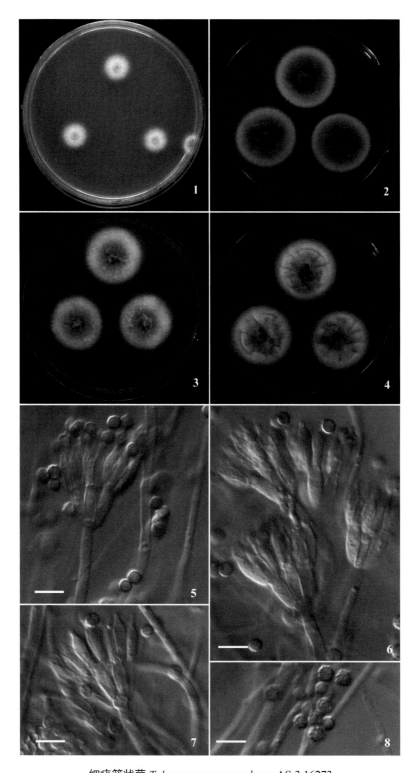

细疣篮状菌 *Talaromyces verruculosus* AS 3.16273

1~4. 在 CA、CYA、MEA、YES 上 25℃培养 7 天的菌落；5~7. 分生孢子梗；8. 分生孢子。标尺 = 10 μm

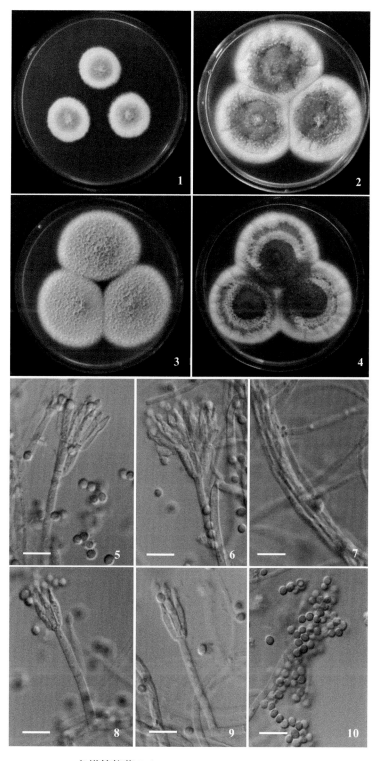

多样篮状菌 *Talaromyces versatilis* AS 3.15853

1~4. 在 CA、CYA、MEA、YES 上 25℃培养 7 天的菌落；5~9. 分生孢子梗；10. 分生孢子。标尺 = 10 μm

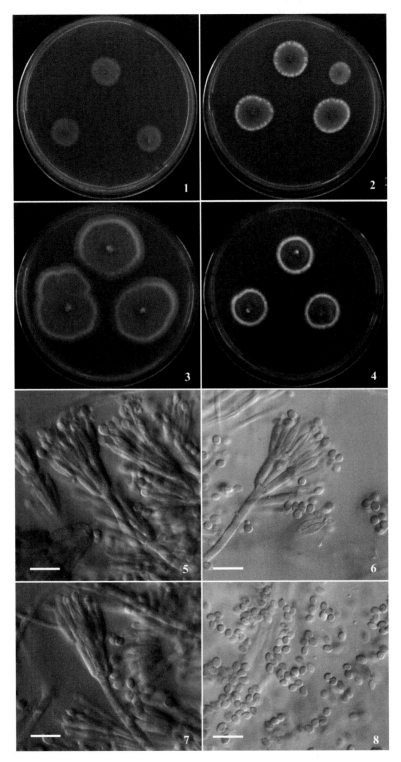

巫山篮状菌 *Talaromyces wushanicus* CGMCC 3.20481

1~4. 在 CA、CYA、MEA、YES 上 25℃培养 7 天的菌落；5~7. 分生孢子梗；8. 分生孢子。标尺 = 10 μm

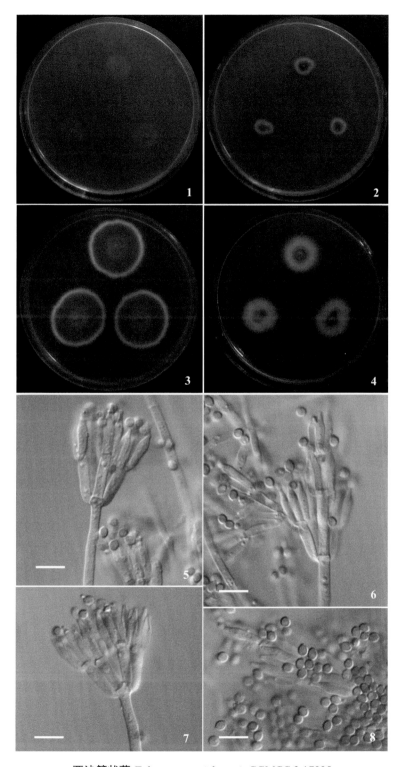

西沙篮状菌 *Talaromyces xishaensis* CGMCC 3.17995

1~4. 在 CA、CYA、MEA、YES 上 25℃培养 7 天的菌落；5~7. 分生孢子梗；8. 分生孢子。标尺 = 10 μm

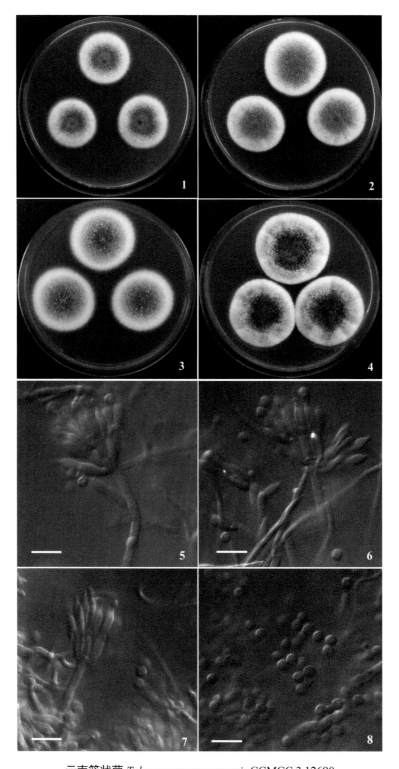

云南篮状菌 *Talaromyces yunnanensis* CGMCC 3.12690

1~4. 在 CA、CYA、MEA、YES 上 25℃培养 7 天的菌落；5~7. 分生孢子梗；8. 分生孢子。标尺 = 10 μm

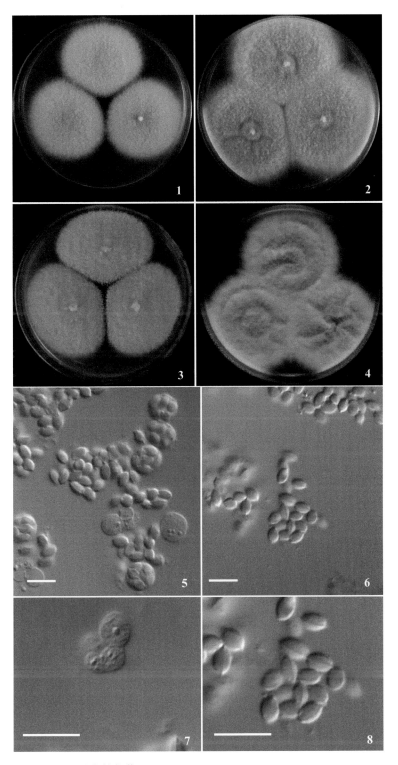

镇海篮状菌 *Talaromyces zhenhaiensis* AS 3.16002

1~4. 在 CA、CYA、MEA、YES 上 25℃培养 7 天的菌落；5, 7. 子囊；6, 8. 子囊孢子。标尺 = 10 μm

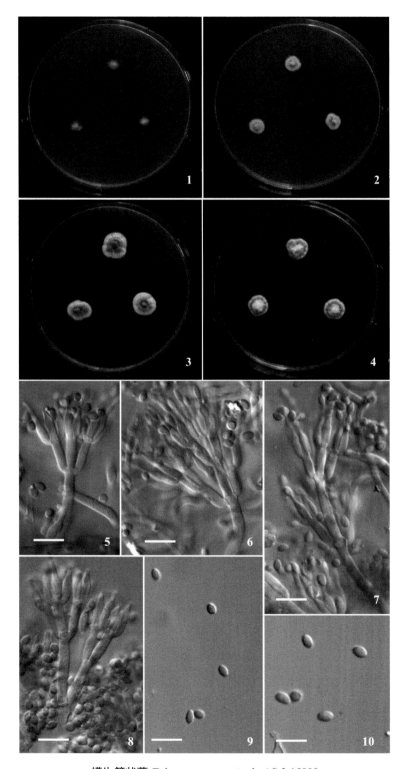

螨生篮状菌 *Talaromyces acaricola* AS 3.15898

1~4. 在 CA、CYA、MEA、YES 上 25℃培养 7 天的菌落；5~8. 分生孢子梗；9, 10. 分生孢子。标尺 = 10 μm

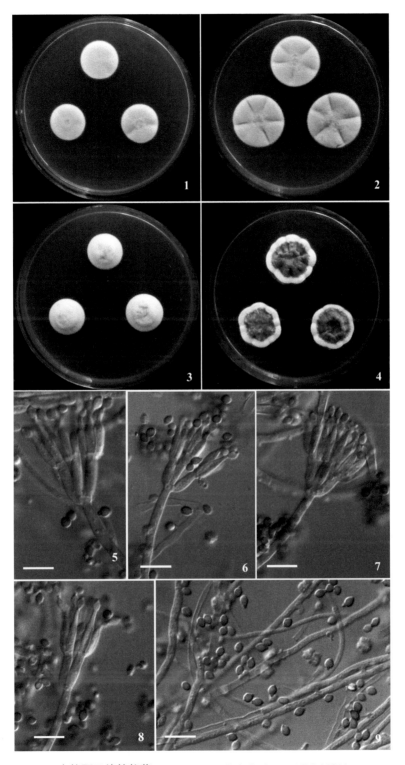

安拉阿巴德篮状菌 *Talaromyces allahabadensis* AS 3.15811

1~4. 在 CA、CYA、MEA、YES 上 25℃培养 7 天的菌落；5~8. 分生孢子梗；9. 分生孢子。标尺 = 10 μm

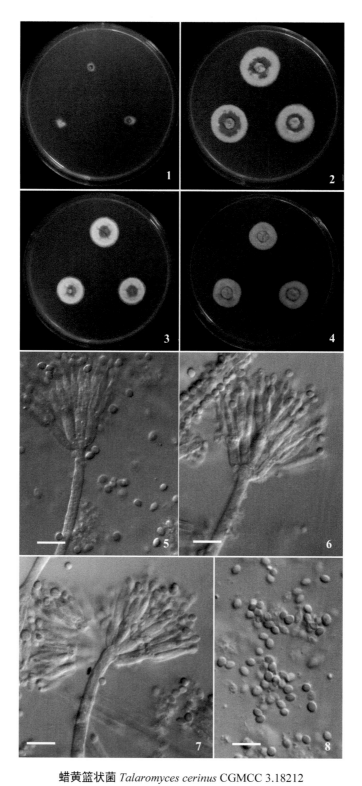

蜡黄篮状菌 *Talaromyces cerinus* CGMCC 3.18212

1~4. 在 CA、CYA、MEA、YES 上 25℃ 培养 7 天的菌落；5~7. 分生孢子梗；8. 分生孢子。标尺 = 10 μm

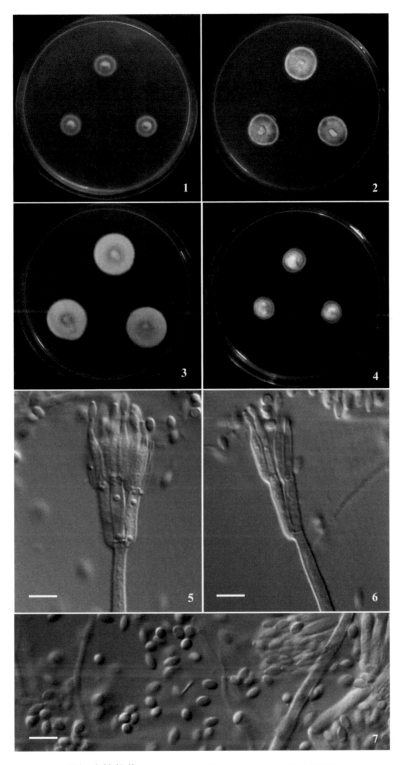

厚垣孢篮状菌 *Talaromyces chlamydosporus* AS 3.15843

1~4. 在 CA、CYA、MEA、YES 上 25℃培养 7 天的菌落；5, 6. 分生孢子梗；7. 分生孢子。标尺 = 10 μm

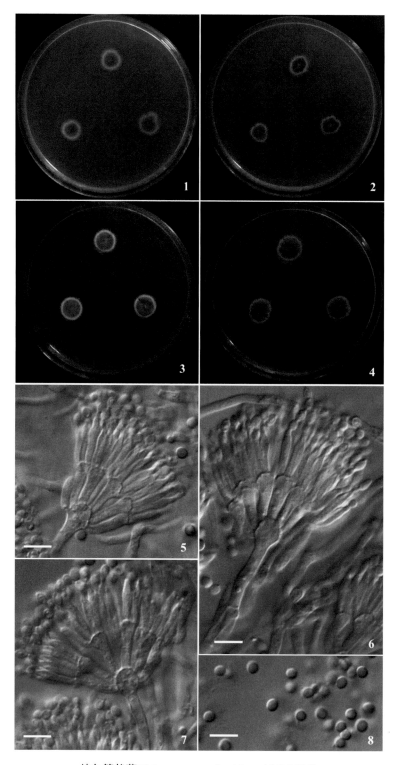

鸽色篮状菌 *Talaromyces columbinus* AS 3.15848

1~4. 在 CA、CYA、MEA、YES 上 25℃培养 7 天的菌落；5~7. 分生孢子梗；8. 分生孢子。标尺 = 10 μm

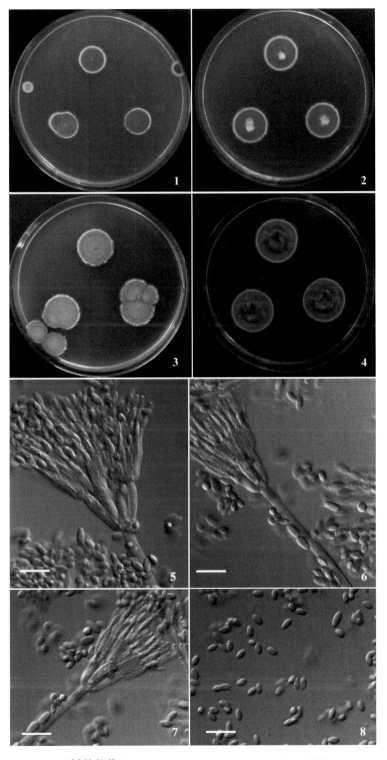

凹皱篮状菌 *Talaromyces concavorugulosus* AS 3.26037

1~4. 在 CA、CYA、MEA、YES 上 25℃培养 7 天的菌落；5~7. 分生孢子梗；8. 分生孢子。标尺 = 10 μm

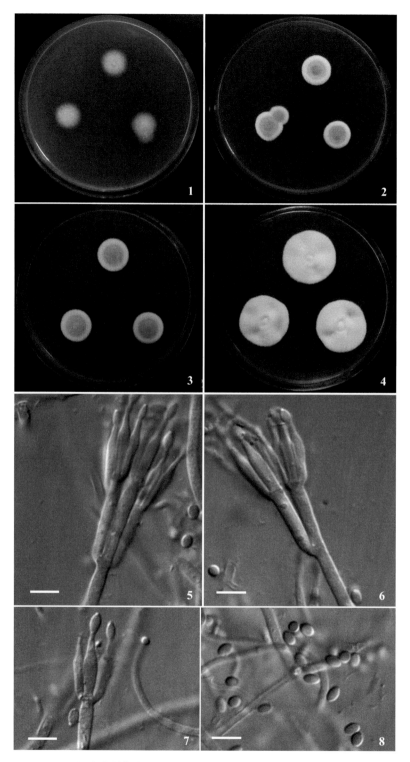

植内生篮状菌 *Talaromyces endophyticus* AS 3.15850

1~4. 在 CA、CYA、MEA、YES 上 25℃培养 7 天的菌落；5~7. 分生孢子梗；8. 分生孢子。标尺 = 10 μm

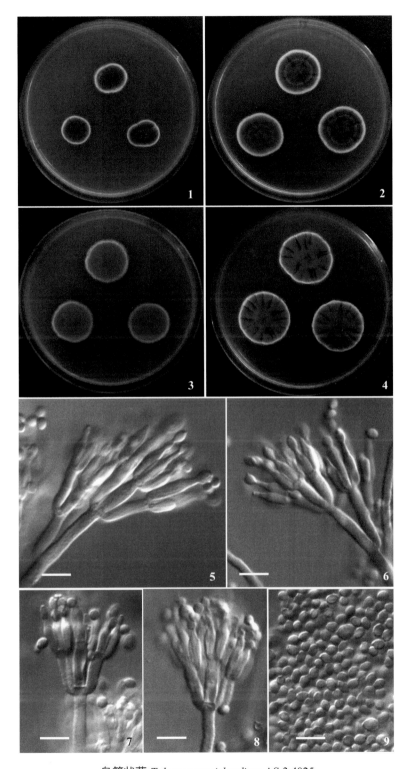

岛篮状菌 *Talaromyces islandicus* AS 3.4025

1~4. 在 CA、CYA、MEA、YES 上 25℃培养 7 天的菌落；5~8. 分生孢子梗；9. 分生孢子。标尺 = 10 μm

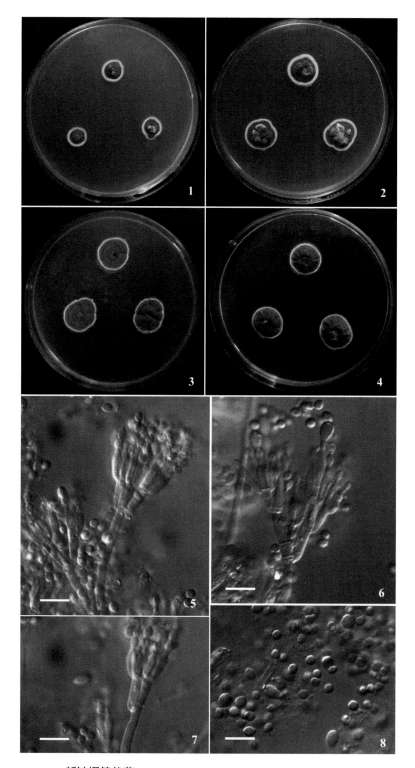

新皱褶篮状菌 *Talaromyces neorugulosus* CGMCC 3.18215

1~4. 在 CA、CYA、MEA、YES 上 25℃培养 7 天的菌落；5~7. 分生孢子梗；8. 分生孢子。标尺 = 10 μm

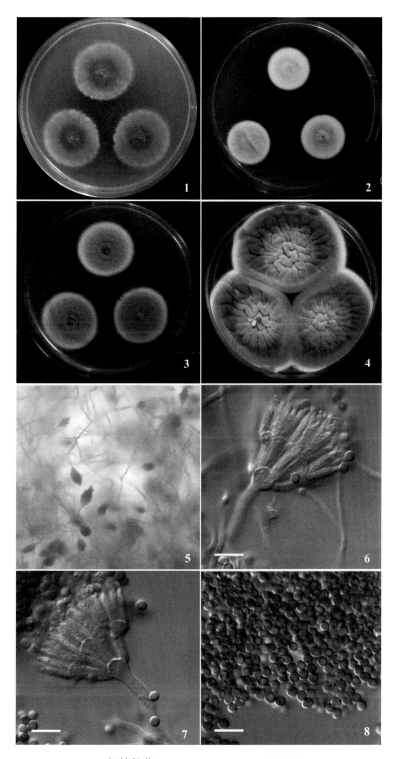

云杉篮状菌 *Talaromyces piceae* AS 3.5682

1~4. 在 CA、CYA、MEA、YES 上 25℃培养 7 天的菌落；5. 分生孢子链聚集成桧柏状；6, 7. 分生孢子梗；8. 分生孢子。

标尺 = 10 μm

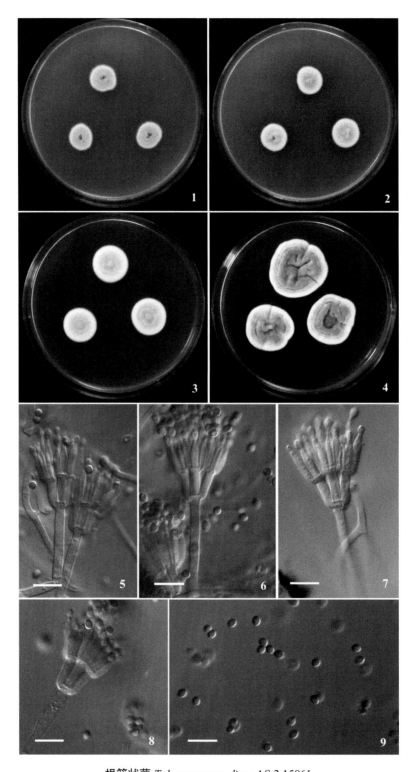

根篮状菌 *Talaromyces radicus* AS 3.15861

1~4. 在 CA、CYA、MEA、YES 上 25℃培养 7 天的菌落；5~8. 分生孢子梗；9. 分生孢子。标尺 = 10 μm

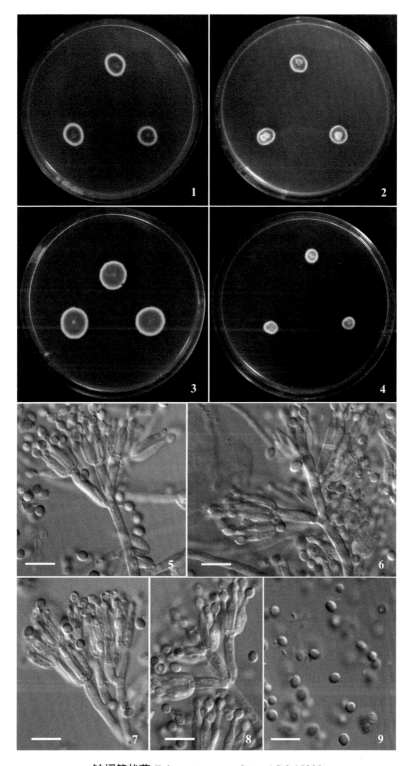

皱褶篮状菌 *Talaromyces rugulosus* AS 3.15899

1~4. 在 CA、CYA、MEA、YES 上 25℃培养 7 天的菌落；5~8. 分生孢子梗；9. 分生孢子。标尺 = 10 μm

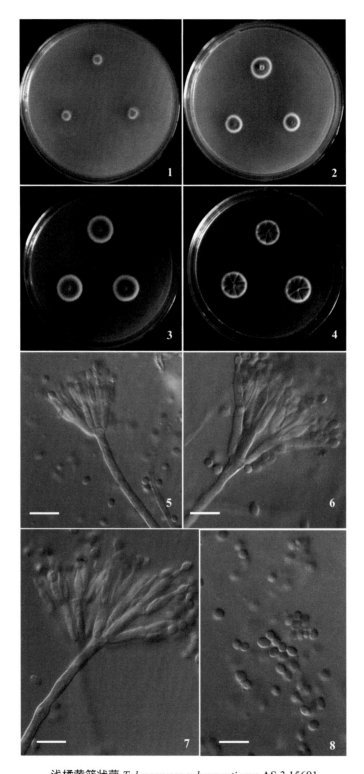

浅橘黄篮状菌 *Talaromyces subaurantiacus* AS 3.15691

1~4. 在 CA、CYA、MEA、YES 上 25℃培养 7 天的菌落；5~7. 分生孢子梗；8. 分生孢子。标尺 = 10 μm

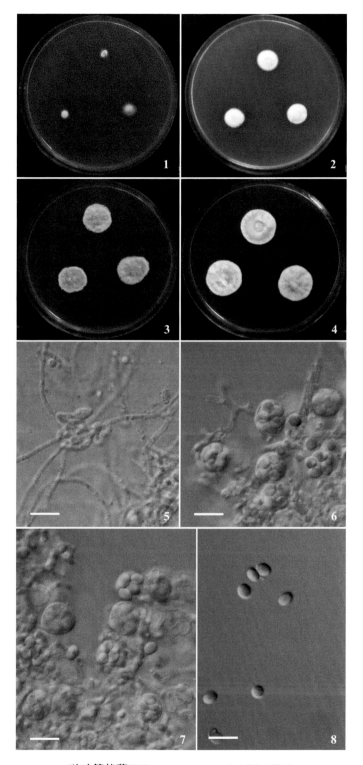

哒叻篮状菌 *Talaromyces tratensis* AS 3.15855

1~4. 在 CA、CYA、MEA、YES 上 25℃培养 7 天的菌落；5. 原基；6, 7. 子囊；8. 子囊孢子。标尺 = 10 μm

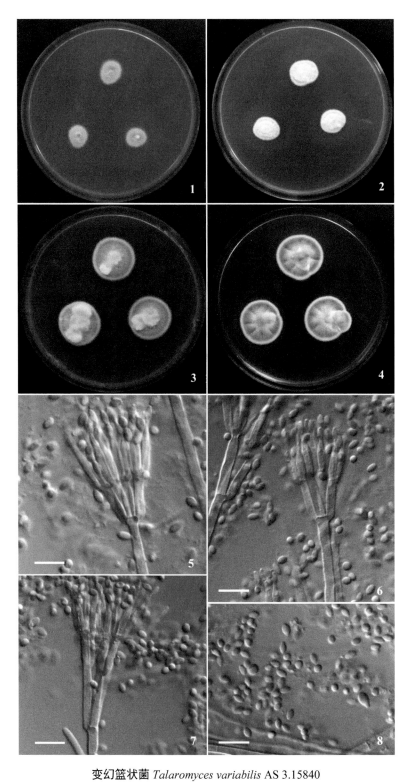

变幻篮状菌 *Talaromyces variabilis* AS 3.15840

1~4. 在 CA、CYA、MEA、YES 上 25℃培养 7 天的菌落；5~7. 分生孢子梗；8. 分生孢子。标尺 = 10 μm

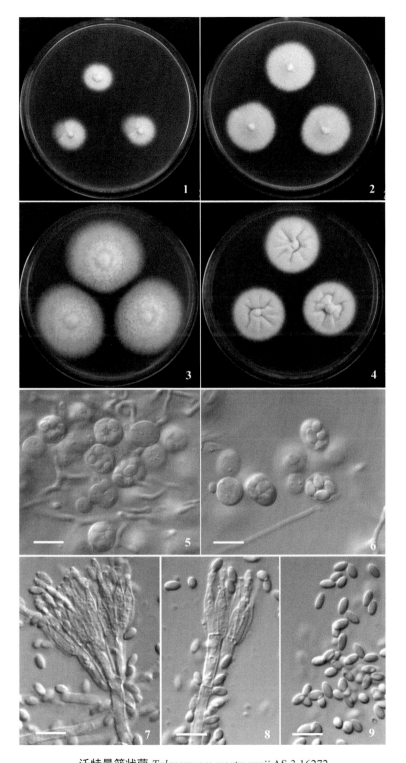

沃特曼篮状菌 *Talaromyces wortmannii* AS 3.16272

1~4. 在 CA、CYA、MEA、YES 上 25℃培养 7 天的菌落；5, 6. 子囊和子囊孢子；7, 8. 分生孢子梗；9. 分生孢子。

标尺 = 10 μm

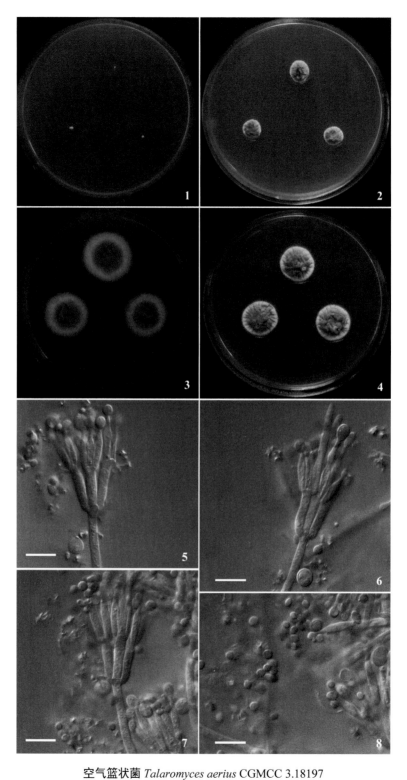

空气篮状菌 *Talaromyces aerius* CGMCC 3.18197

1~4. 在 CA、CYA、MEA、YES 上 25℃培养 7 天的菌落；5~7. 分生孢子梗；8. 分生孢子。标尺 = 10 μm

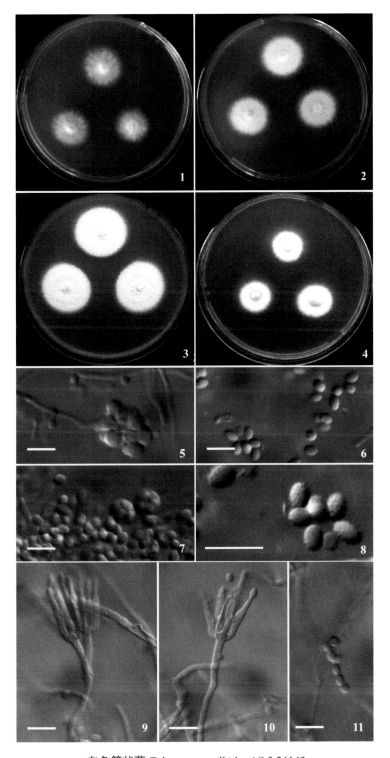

白色篮状菌 *Talaromyces albidus* AS 3.26143

1~4. 在 CA、CYA、MEA、YES 上 25℃培养 7 天的菌落；5. 原基；6, 8. 子囊孢子；7. 子囊；9, 10. 分生孢子梗；11. 分生孢子。标尺 = 10 μm

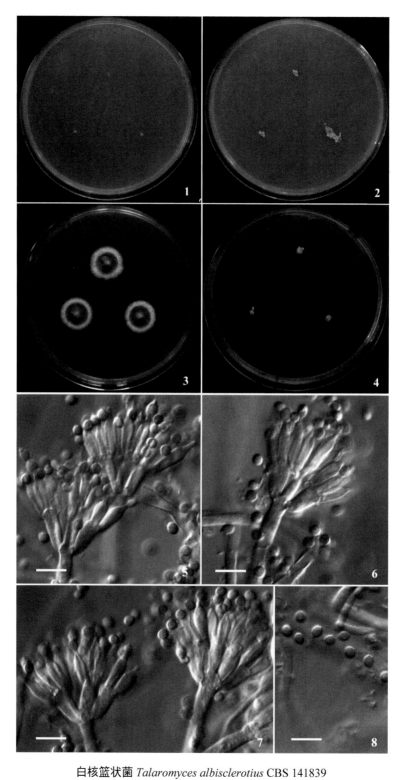

白核篮状菌 Talaromyces albisclerotius CBS 141839

1~4. 在 CA、CYA、MEA、YES 上 25℃培养 7 天的菌落；5~7. 分生孢子梗；8. 分生孢子。标尺 = 10 μm

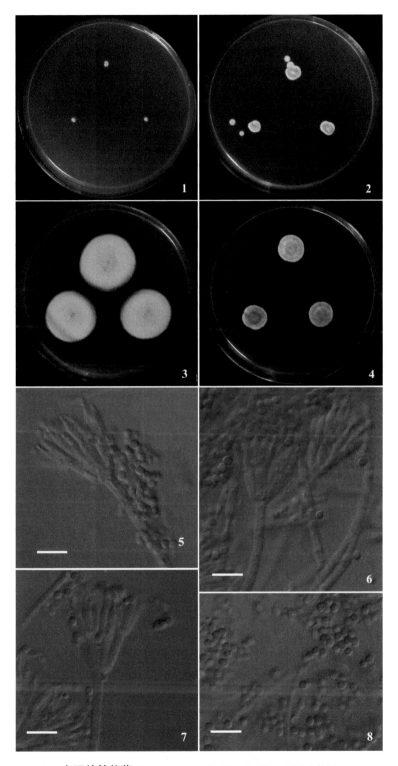

白双轮篮状菌 *Talaromyces albobiverticillius* AS 3.26031

1~4. 在 CA、CYA、MEA、YES 上 25℃培养 7 天的菌落；5~7. 分生孢子梗；8. 分生孢子。标尺 = 10 μm

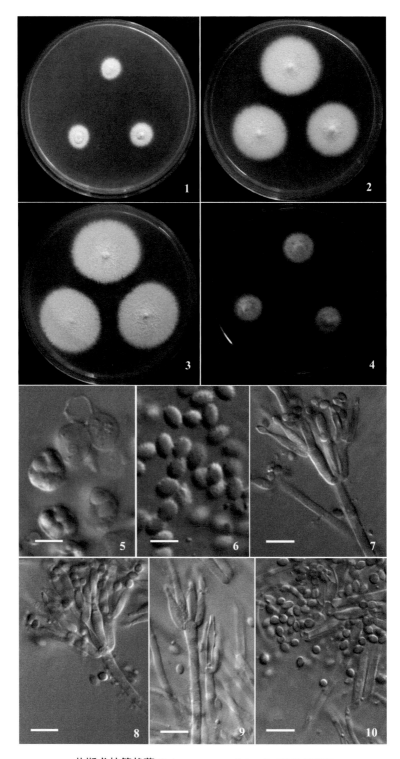

艾斯尤特篮状菌 *Talaromyces assiutensis* AS 3.15819

1~4. 在 CA、CYA、MEA、YES 上 25℃培养 7 天的菌落；5. 子囊；6. 子囊孢子；7~9. 分生孢子梗；10. 分生孢子。

标尺 = 10 μm

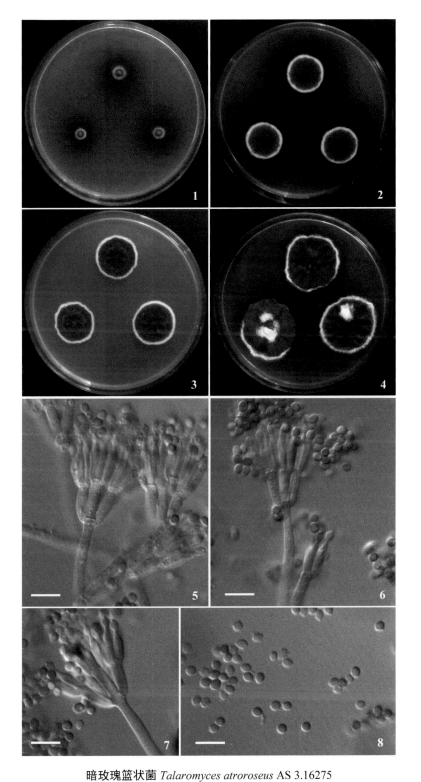

暗玫瑰篮状菌 *Talaromyces atroroseus* AS 3.16275

1~4. 在 CA、CYA、MEA、YES 上 25℃培养 7 天的菌落；5~7. 分生孢子梗；8. 分生孢子。标尺 = 10 μm

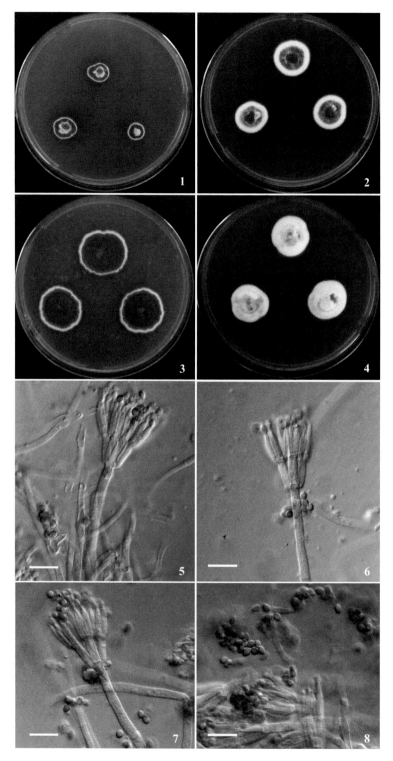

热微黄篮状菌 *Talaromyces calidominioluteus* AS 3.8022

1~4. 在 CA、CYA、MEA、YES 上 25℃培养 7 天的菌落；5~7. 分生孢子梗；8. 分生孢子。标尺 = 10 μm

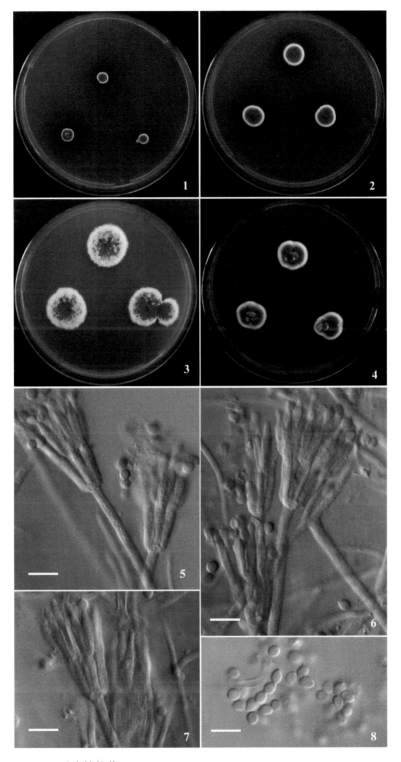

重庆篮状菌 *Talaromyces chongqingensis* CGMCC 3.20482

1~4. 在 CA、CYA、MEA、YES 上 25℃培养 7 天的菌落；5~7. 分生孢子梗；8. 分生孢子。标尺 = 10 μm

图版 LXXVI

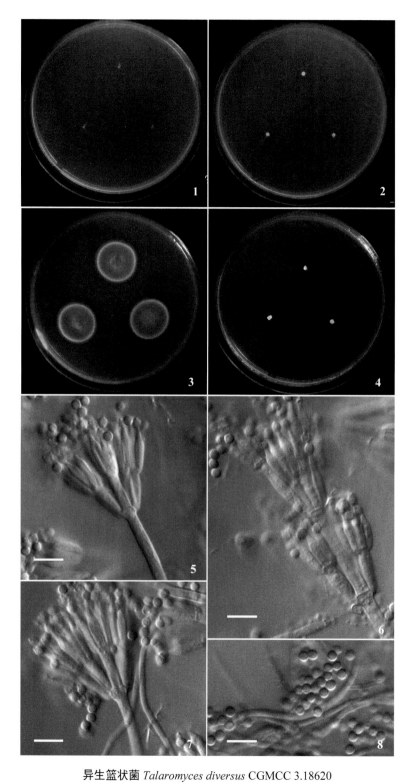

异生篮状菌 *Talaromyces diversus* CGMCC 3.18620

1~4. 在 CA、CYA、MEA、YES 上 25℃培养 7 天的菌落；5~7. 分生孢子梗；8. 分生孢子。标尺 = 10 μm

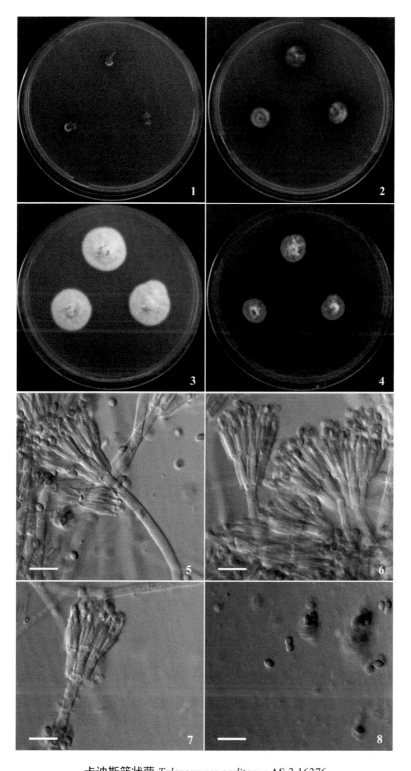

卡迪斯篮状菌 *Talaromyces gaditanus* AS 3.16376

1~4. 在 CA、CYA、MEA、YES 上 25℃培养 7 天的菌落；5~7. 分生孢子梗；8. 分生孢子。标尺 = 10 μm

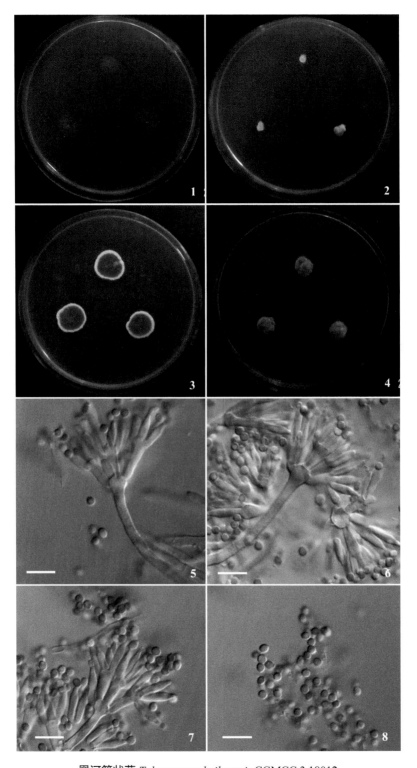

黑河篮状菌 *Talaromyces heiheensis* CGMCC 3.18012

1~4. 在 CA、CYA、MEA、YES 上 25℃培养 7 天的菌落；5~7. 分生孢子梗；8. 分生孢子。标尺 = 10 μm

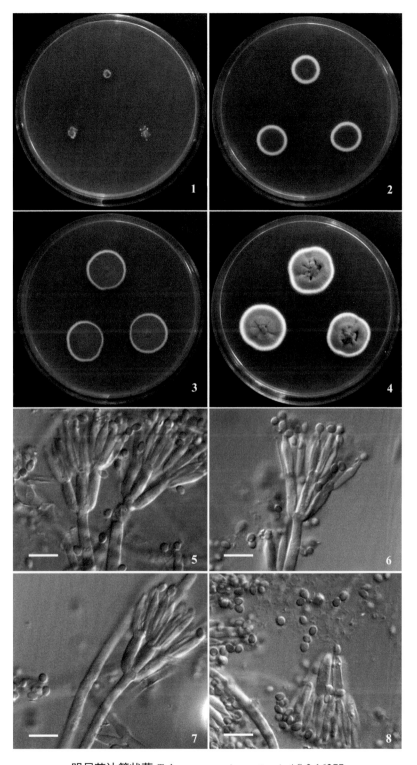

明尼苏达篮状菌 *Talaromyces minnesotensis* AS 3.16277

1~4. 在 CA、CYA、MEA、YES 上 25℃培养 7 天的菌落；5~7. 分生孢子梗；8. 分生孢子。标尺 = 10 μm

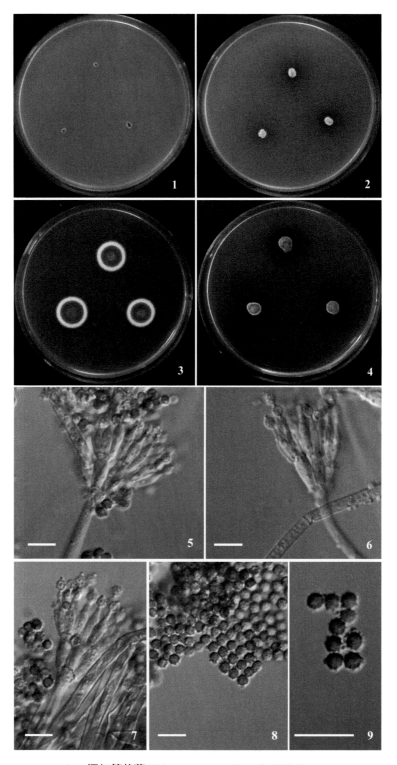

深红篮状菌 *Talaromyces rubidus* AS 3.26142

1~4. 在 CA、CYA、MEA、YES 上 25℃培养 7 天的菌落；5~7. 分生孢子梗；8, 9. 分生孢子。标尺 ＝ 10 μm

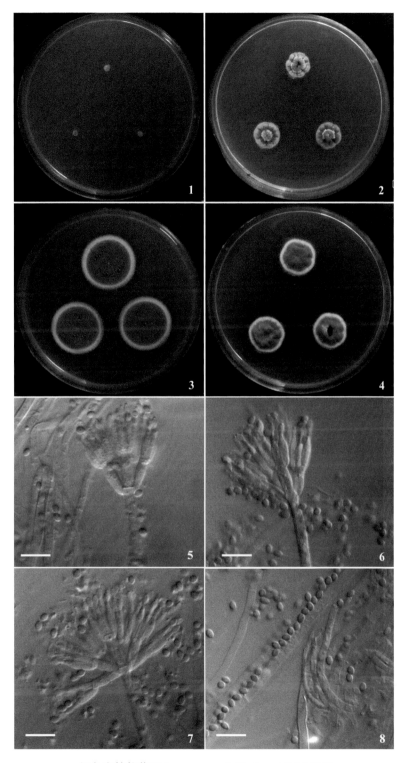

红色素篮状菌 *Talaromyces rubrifaciens* AS 3.16269

1~4. 在 CA、CYA、MEA、YES 上 25℃培养 7 天的菌落；5~7. 分生孢子梗；8. 分生孢子。标尺 = 10 μm

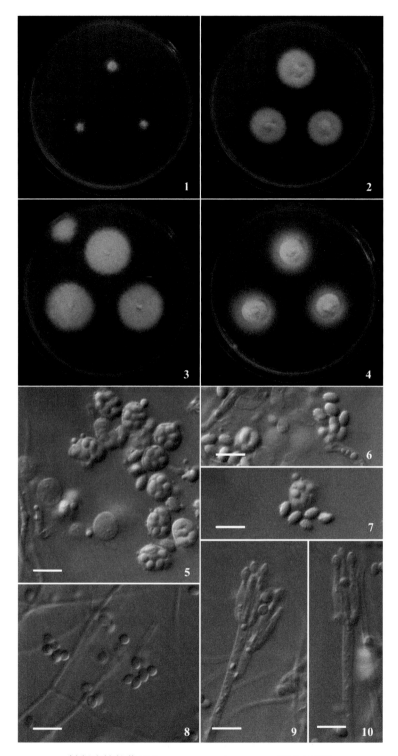

糙刺孢篮状菌 *Talaromyces trachyspermus* AS 3.16286

1~4. 在 CA、CYA、MEA、YES 上 25℃培养 7 天的菌落；5. 子囊；6, 7. 子囊孢子；8. 分生孢子；9, 10. 分生孢子梗。

标尺 = 10 μm

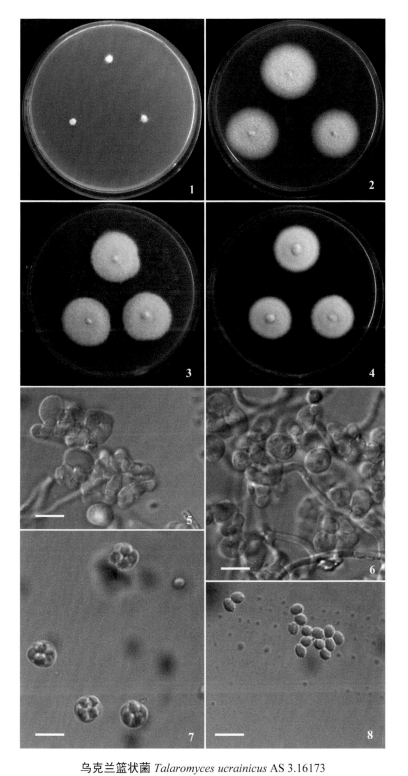

乌克兰篮状菌 *Talaromyces ucrainicus* AS 3.16173

1~4. 在 CA、CYA、MEA、YES 上 25℃培养 7 天的菌落；5. 原基；6. 未成熟子囊；7. 成熟子囊；8. 子囊孢子。

标尺 = 10 μm

图版 LXXXIV

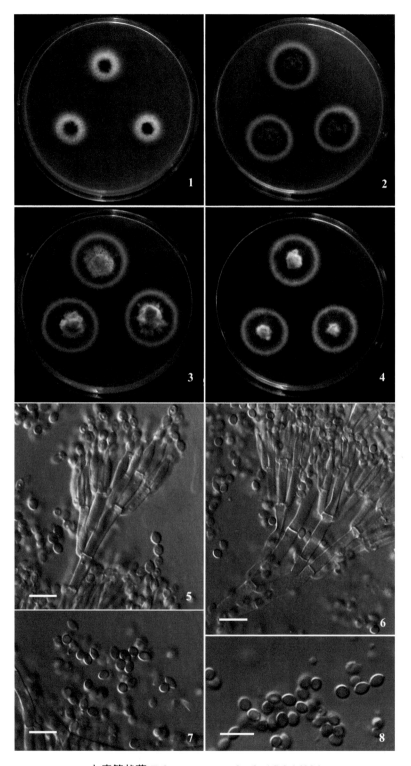

虫瘿篮状菌 *Talaromyces cecidicola* AS 3.16006

1~4. 在 CA、CYA、MEA、YES 上 25℃培养 7 天的菌落；5, 6. 分生孢子梗；7, 8. 分生孢子。标尺 = 10 μm

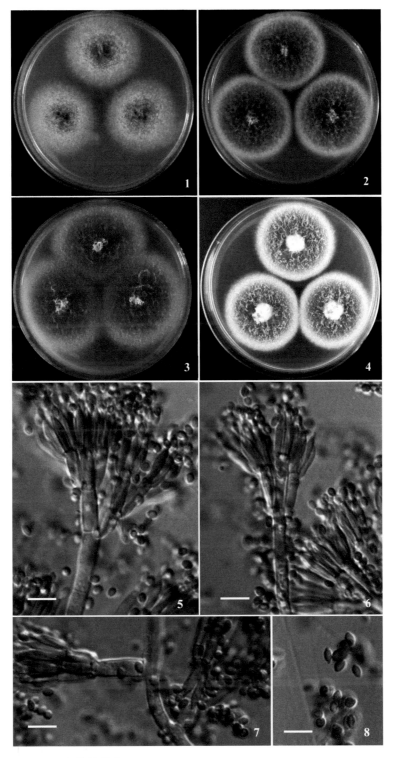

绿缘篮状菌 *Talaromyces chlorolomus* CGMCC 3.20173

1~4. 在 CA、CYA、MEA、YES 上 25℃培养 7 天的菌落；5~7. 分生孢子梗；8. 分生孢子。标尺 = 10 μm

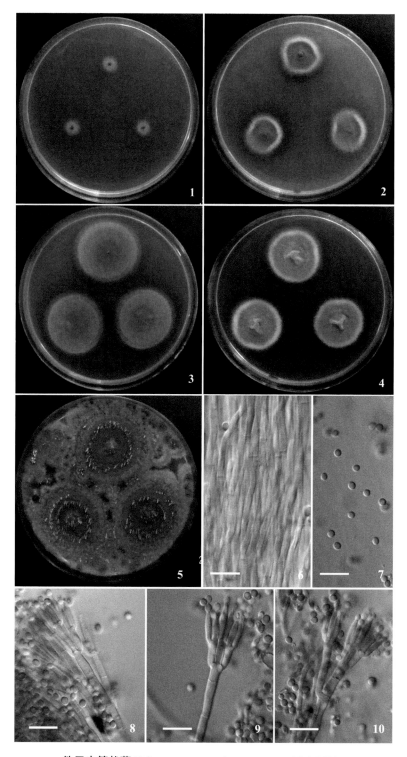

伪子座篮状菌 *Talaromyces pseudostromaticus* AS 3.16005

1~4. 在 CA、CYA、MEA、YES 上 25℃培养 7 天的菌落；5. 向光性菌丝束；6. 菌丝束；7. 分生孢子；8~10. 分生孢子梗。

标尺 = 10 μm

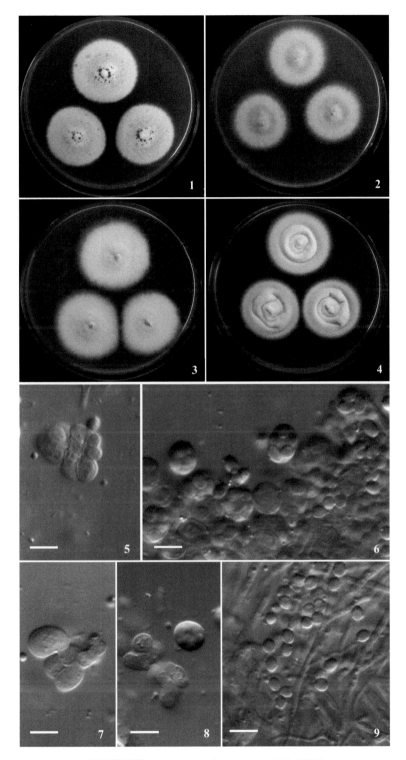

巴塞篮状菌 *Talaromyces barcinensis* AS 3.16172

1~4. 在 CA、CYA、MEA、YES 上 25℃培养 7 天的菌落；5. 原基；6. 成熟子囊；7, 8. 原基和未成熟子囊；9. 子囊孢子。

标尺 = 10 μm

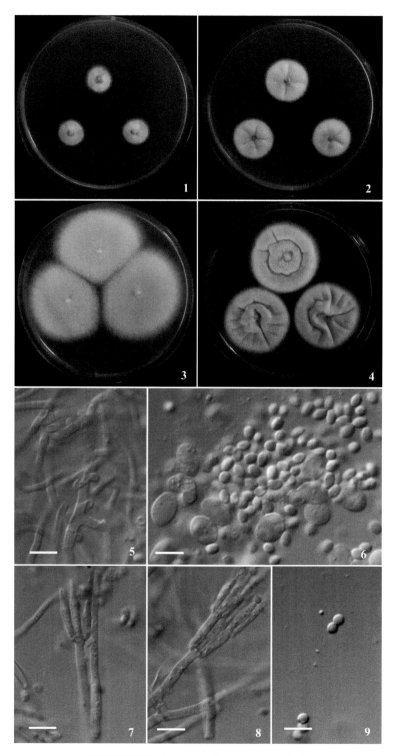

螺旋篮状菌 *Talaromyces helicus* AS 3.16274

1~4. 在 CA、CYA、MEA、YES 上 25℃培养 7 天的菌落；5. 原基；6. 子囊和子囊孢子；7, 8. 分生孢子梗；9. 分生孢子。

标尺 = 10 μm

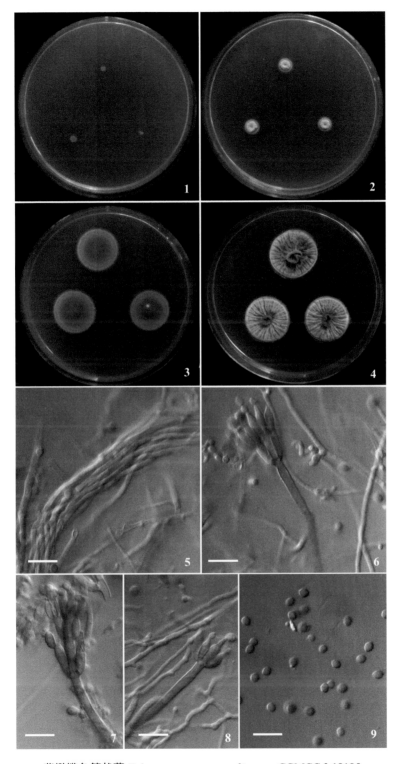

背橄榄色篮状菌 *Talaromyces reverso-olivaceus* CGMCC 3.18195

1~4. 在 CA、CYA、MEA、YES 上 25℃培养 7 天的菌落；5. 菌丝绳；6~8. 分生孢子梗；9. 分生孢子。标尺 = 10 μm

图版 XC

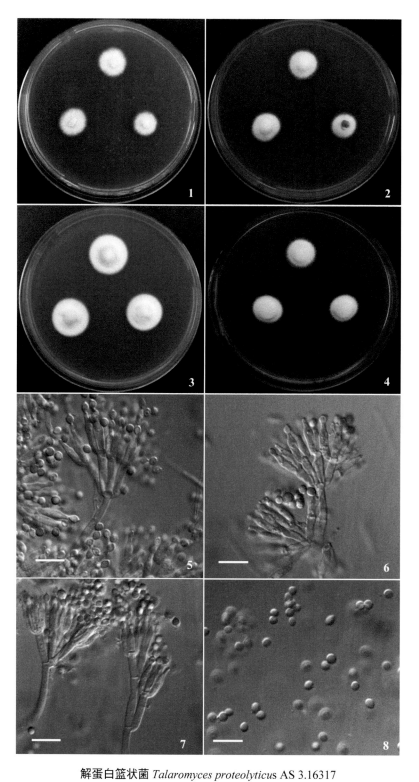

解蛋白篮状菌 *Talaromyces proteolyticus* AS 3.16317

1~4. 在 CA、CYA、MEA、YES 上 25℃培养 7 天的菌落；5~7. 分生孢子梗；8. 分生孢子。标尺 = 10 μm

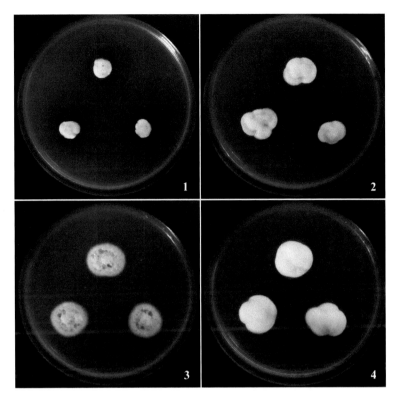

单脊篮状菌 *Talaromyces unicus* AS 3.26029

1~4. 在 CA、CYA、MEA、YES 上 25℃培养 7 天的菌落

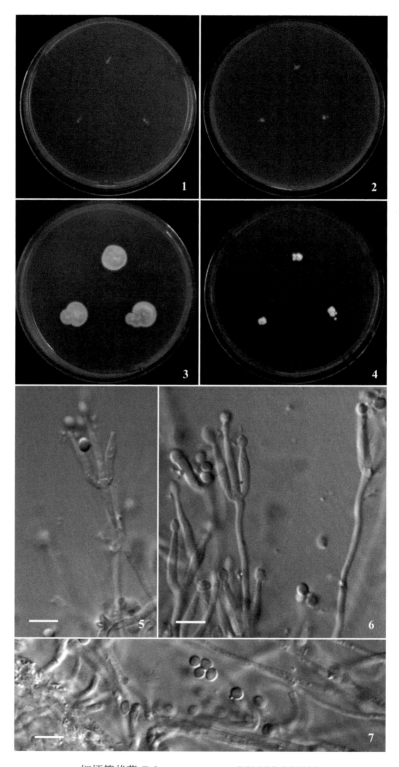

细梗篮状菌 *Talaromyces tenuis* CGMCC 3.26038

1~4. 在 CA、CYA、MEA、YES 上 25℃培养 7 天的菌落；5, 6. 分生孢子梗；7. 分生孢子。标尺 = 10 μm

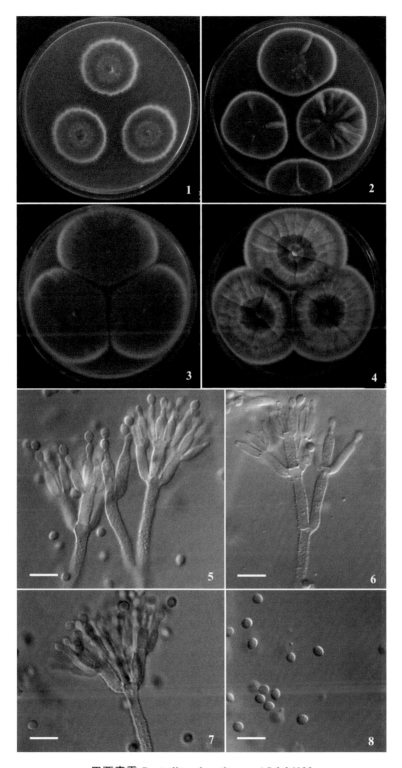

巴西青霉 *Penicillium brasilianum* AS 3.26022

1~4. 在 CA、CYA、MEA、YES 上 25℃培养 7 天的菌落；5~7. 分生孢子梗；8. 分生孢子。标尺 = 10 μm

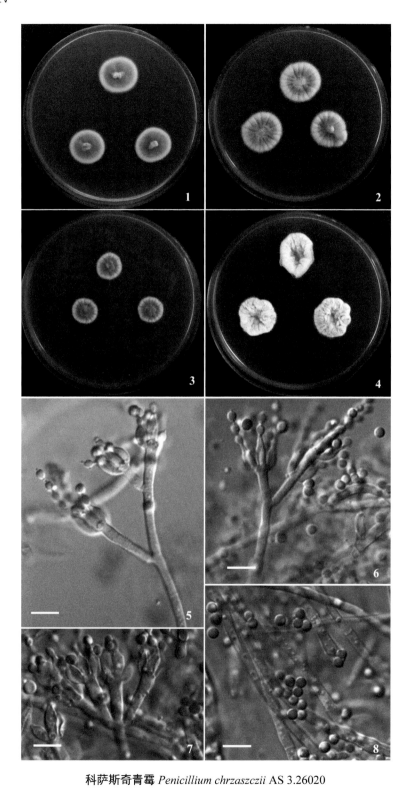

科萨斯奇青霉 *Penicillium chrzaszczii* AS 3.26020

1~4. 在 CA、CYA、MEA、YES 上 25℃培养 7 天的菌落；5~7. 分生孢子梗；8. 分生孢子。标尺 = 10 μm

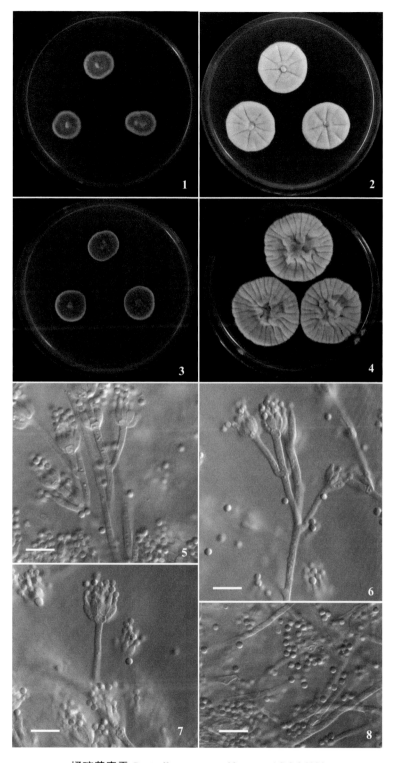

橘硫黄青霉 *Penicillium citreosulfuratum* AS 3.26023

1~4. 在 CA、CYA、MEA、YES 上 25℃培养 7 天的菌落；5~7. 分生孢子梗；8. 分生孢子。标尺 = 10 μm

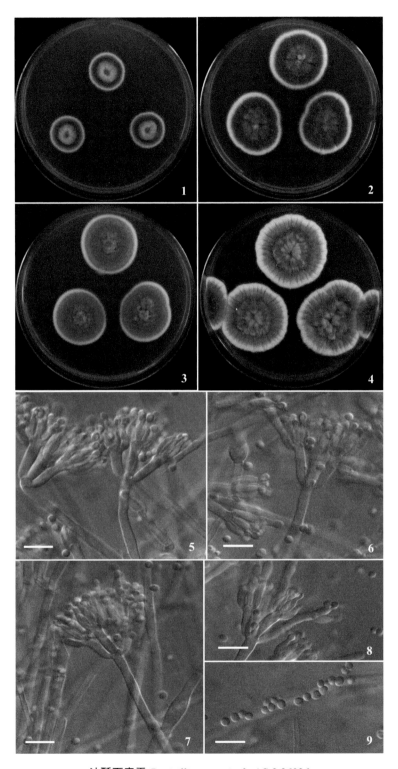

油酥面青霉 *Penicillium copticola* AS 3.26036

1~4. 在 CA、CYA、MEA、YES 上 25℃培养 7 天的菌落；5~8. 分生孢子梗；9. 分生孢子。标尺 = 10 μm

奶油灰青霉 *Penicillium cremeogriseum* AS 3.26012

1~4. 在 CA、CYA、MEA、YES 上 25℃培养 7 天的菌落; 5~7. 分生孢子梗; 8. 分生孢子。标尺 = 10 μm

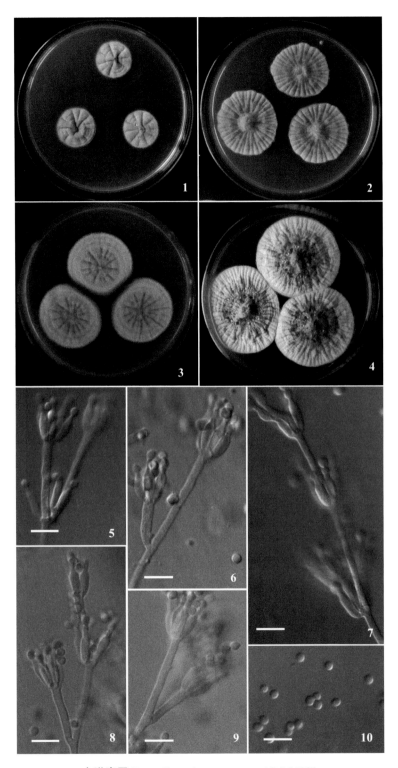

东港青霉 *Penicillium donggangicum* AS 3.15900

1~4. 在 CA、CYA、MEA、YES 上 25℃培养 7 天的菌落；5~9. 分生孢子梗；10. 分生孢子。标尺 = 10 μm

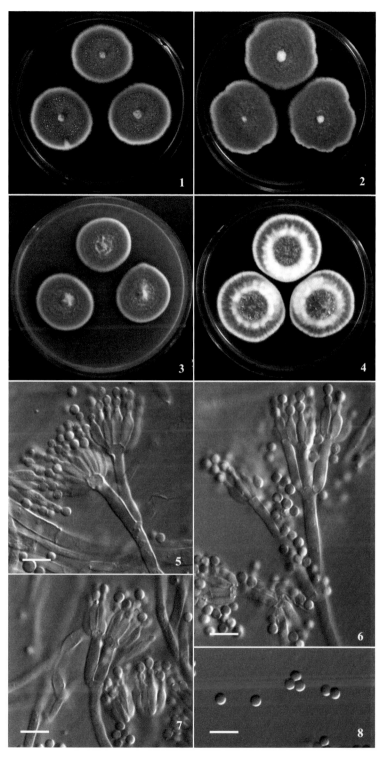

果干室青霉 *Penicillium fructuariae-cellae* AS 3.26021

1~4. 在 CA、CYA、MEA、YES 上 25℃培养 7 天的菌落；5~7. 分生孢子梗；8. 分生孢子。标尺 = 10 μm

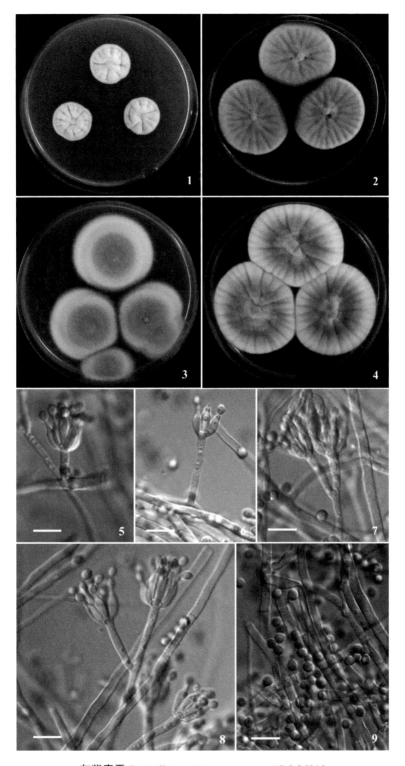

灰紫青霉 *Penicillium griseopurpureum* AS 3.26019

1~4. 在 CA、CYA、MEA、YES 上 25℃培养 7 天的菌落；5~8. 分生孢子梗；9. 分生孢子。标尺 = 10 μm

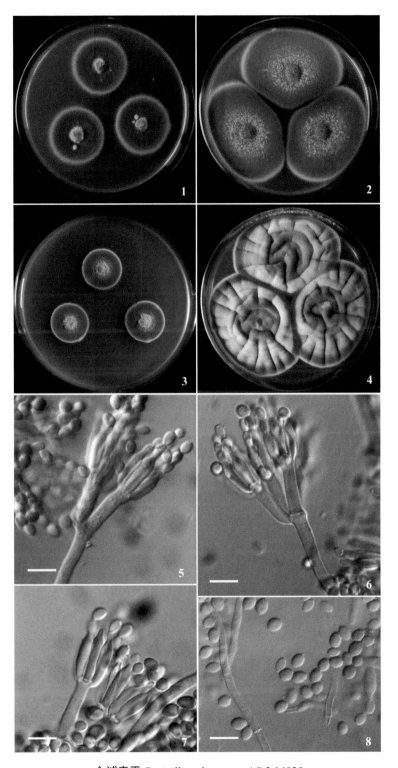

合浦青霉 *Penicillium hepuense* AS 3.16039

1~4. 在 CA、CYA、MEA、YES 上 25℃培养 7 天的菌落；5~7. 分生孢子梗；8. 分生孢子。标尺 = 10 μm

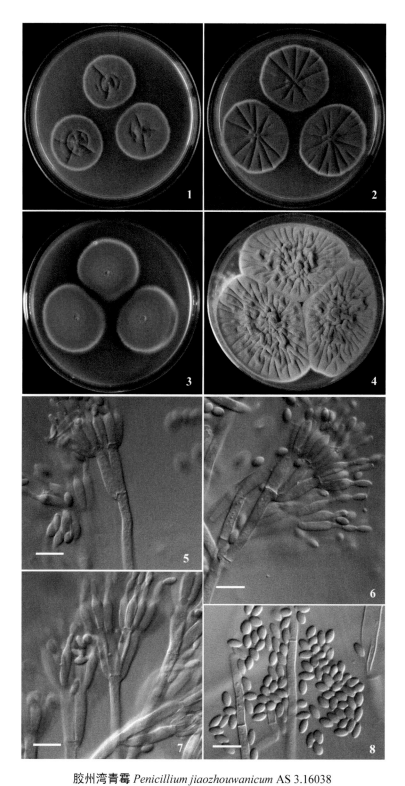

胶州湾青霉 *Penicillium jiaozhouwanicum* AS 3.16038

1~4. 在 CA、CYA、MEA、YES 上 25℃培养 7 天的菌落；5~7. 分生孢子梗；8. 分生孢子。标尺 = 10 μm

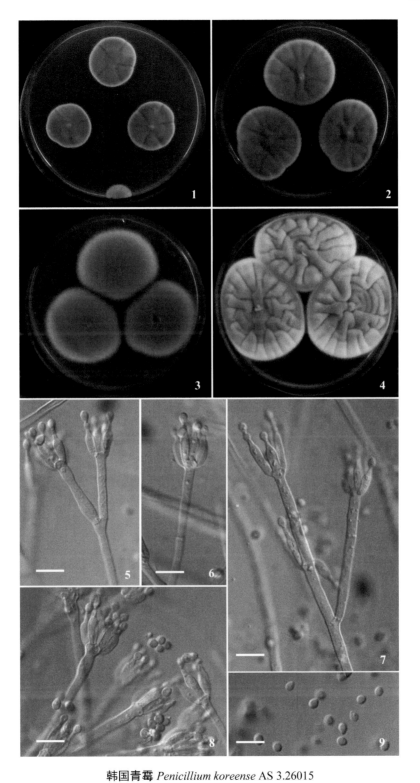

韩国青霉 *Penicillium koreense* AS 3.26015

1~4. 在 CA、CYA、MEA、YES 上 25℃培养 7 天的菌落；5~8. 分生孢子梗；9. 分生孢子。标尺 = 10 μm

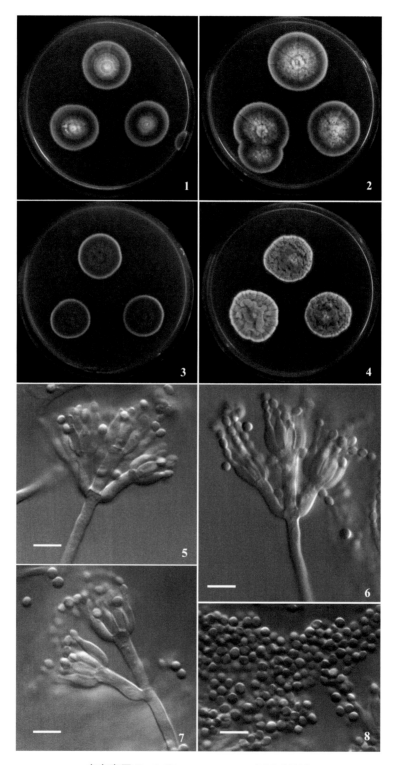

广布青霉 *Penicillium pancosmium* AS 3.26013

1~4. 在 CA、CYA、MEA、YES 上 25℃培养 7 天的菌落；5~7. 分生孢子梗；8. 分生孢子。标尺 = 10 μm

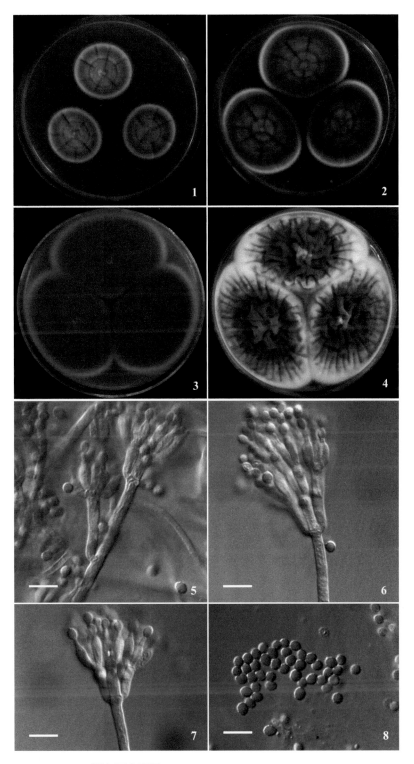

斯克亚宾青霉 Penicillium skrjabinii AS 3.26016

1~4. 在 CA、CYA、MEA、YES 上 25℃培养 7 天的菌落；5~7. 分生孢子梗；8. 分生孢子。标尺 = 10 μm

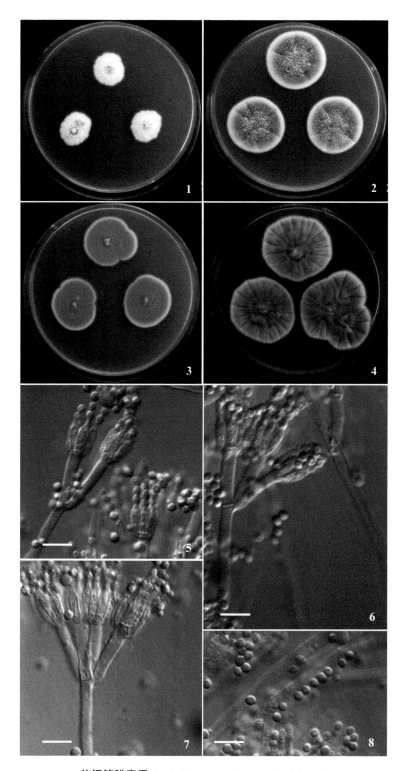

苏门答腊青霉 *Penicillium sumatraense* AS 3.26018

1~4. 在 CA、CYA、MEA、YES 上 25℃培养 7 天的菌落；5~7. 分生孢子梗；8. 分生孢子。标尺 = 10 μm

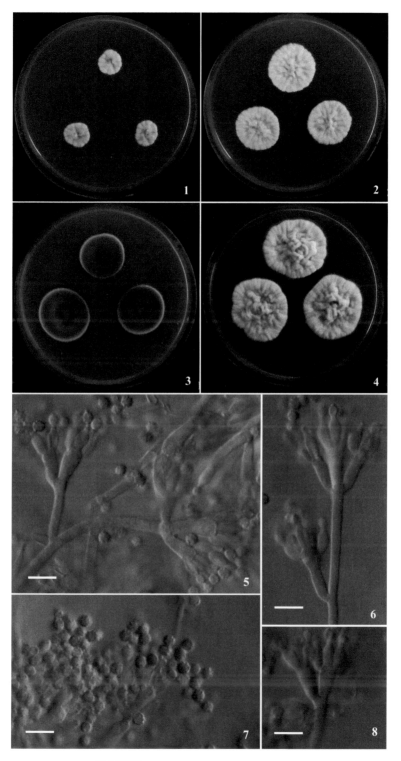

纹刺青霉 *Penicillium virgatum* AS 3.26017

1~4. 在 CA、CYA、MEA、YES 上 25℃ 培养 7 天的菌落；5, 6, 8. 分生孢子梗；7. 分生孢子。标尺 = 10 μm

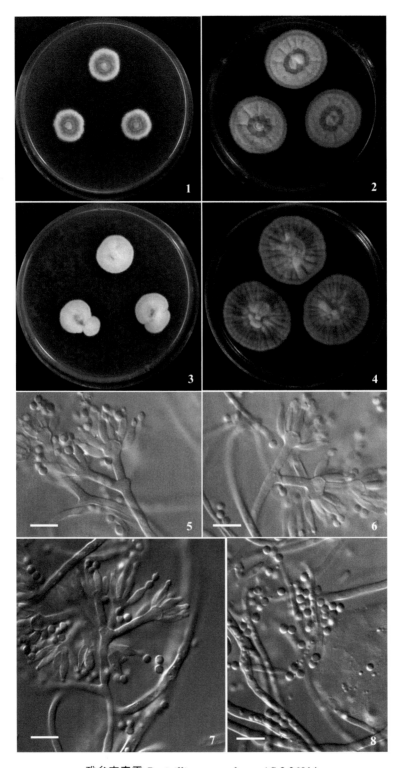

雅牟克青霉 *Penicillium yarmokense* AS 3.26014

1~4. 在 CA、CYA、MEA、YES 上 25℃培养 7 天的菌落；5~7. 分生孢子梗；8. 分生孢子。标尺 = 10 μm